物联网与
短距离无线通信技术
（第2版）

董 健 编著

电子工业出版社
Publishing House of Electronics Industry
北京·BEIJING

内 容 简 介

本书是依托中南大学国家级特色专业（物联网工程）的建设，结合国内物联网工程专业的教学情况编写的。本书主要介绍在物联网应用中常用的短距离无线通信技术，内容包括蓝牙、ZigBee（紫蜂）、无线局域网（WLAN）、IrDA（红外）、RFID（射频识别）、近场通信（NFC）、超宽带（UWB）、60 GHz 通信、可见光通信、Ad hoc 网络（自组网）等技术，在介绍每种短距离无线通信技术时，均采用循序渐进的讲述方式，有助于快速引导读者进入短距离无线通信技术这一生机勃勃的研究领域。

本书可作为普通高等学校物联网工程专业的教材，也可供从事物联网及其相关专业的人士阅读。

本书配有教学用的 PPT 课件，读者可登录华信教育资源网（www.hxedu.com.cn）免费注册后下载。

图书在版编目（CIP）数据

物联网与短距离无线通信技术 / 董健编著. —2 版. —北京：电子工业出版社，2016.8
国家级特色专业（物联网工程）规划教材
ISBN 978-7-121-29461-7

Ⅰ. ①物… Ⅱ. ①董… Ⅲ. ①互联网络－应用－高等学校－教材②智能技术－应用－高等学校－教材③无线电通信－高等学校－教材 Ⅳ. ①TP393.4②TP18③TN92

中国版本图书馆 CIP 数据核字（2016）第 170342 号

责任编辑：田宏峰
印　　刷：三河市君旺印务有限公司
装　　订：三河市君旺印务有限公司
出版发行：电子工业出版社
　　　　　北京市海淀区万寿路 173 信箱　邮编　100036
开　　本：787×980　1/16　印张：21.25　字数：480 千字
版　　次：2012 年 9 月第 1 版
　　　　　2016 年 8 月第 2 版
印　　次：2024 年 3 月第17次印刷
定　　价：49.80 元

凡所购买电子工业出版社图书有缺损问题，请向购买书店调换。若书店售缺，请与本社发行部联系，联系及邮购电话：（010）88254888，88258888。

质量投诉请发邮件至 zlts@phei.com.cn，盗版侵权举报请发邮件至 dbqq@phei.com.cn。

本书咨询联系方式：tianhf@phei.com.cn。

出版说明

　　物联网是通过射频识别（RFID）、红外感应器、全球定位系统、激光扫描器等信息传感设备，按约定的协议，把任何物品与互联网相连接，进行信息交换和通信，以实现智能化识别、定位、跟踪、监控和管理的一种网络概念。物联网是继计算机、互联网和移动通信之后的又一次信息产业的革命性发展。物联网产业具有产业链长、涉及多个产业群的特点，其应用范围几乎覆盖了各行各业。

　　2009 年 8 月，物联网被正式列为国家五大新兴战略性产业之一，写入"政府工作报告"，物联网在中国受到了全社会极大的关注。

　　2010 年年初，教育部下发了高校设置物联网专业申报通知，截至目前，我国已经有 100 多所高校开设了物联网工程专业，其中有包括中南大学在内的 9 所高校的物联网工程专业于 2011 年被批准为国家级特色专业建设点。

　　从 2010 年起，部分学校的物联网工程专业已经开始招生，目前已经进入专业课程的学习阶段，因此物联网工程专业的专业课教材建设迫在眉睫。

　　由于物联网所涉及的领域非常广泛，很多专业课涉及其他专业，但是原有的专业课的教材无法满足物联网工程专业的教学需求，又由于不同院校的物联网专业的特色有较大的差异，因此很有必要出版一套适用于不同院校的物联网专业的教材。

　　为此，电子工业出版社依托国内高校物联网工程专业的建设情况，策划出版了"国家级特色专业（物联网工程）规划教材"，以满足国内高校物联网工程的专业课教学的需求。

　　本套教材紧密结合物联网专业的教学大纲，以满足教学需求为目的，以充分体现物联网工程的专业特点为原则来进行编写。今后，我们将继续和国内高校物联网专业的一线教师合作，以完善我国物联网工程专业的专业课程教材的建设。

电子工业出版社

教材编委会

编委会主任：施荣华　黄东军

编委会成员：（按姓氏字母拼音顺序排序）
　　　　　　董　健　高建良　桂劲松　贺建飚
　　　　　　黄东军　刘连浩　刘少强　刘伟荣
　　　　　　鲁鸣鸣　施荣华　张士庚

前　言

编写背景

物联网技术被认为是继计算机、互联网之后信息产业的第三次浪潮，是通过物物互连实现感知世界的技术手段。物联网是在现有网络框架基础上的延伸，数量庞大的物联网终端将实现范围更加广阔的互连互通。物联网的出现，将信息互通的方式从 H2H（Human to Human）延伸至 M2M（Machine to Machine），为信息化提供了更加广阔的空间。这无疑也为传统的无线通信技术提供了基于泛在物联网络的新的发展契机。

短距离无线通信技术的范畴比较广泛，根据 CCSA 泛在网技术工作委员会（TC10）感知/延伸工作组（WG4）关于泛在网术语的最新商定，短距离无线通信技术一般指有效通信距离在厘米到百米范围内的无线通信技术。短距离无线通信技术旨在解决近距离设备的连接问题，可以支持动态组网并灵活实现与上层网络的信息交互功能。该技术定位满足了物联网终端组网，以及物联网终端网络与电信网络互连互通的要求，是短距离无线通信技术在物联网发展背景下彰显活力的根本原因。短距离无线技术已经广泛应用于热点覆盖、家庭办公网络、家庭数字娱乐、智能楼宇、物流运输管理等方面，并以其丰富的技术种类和优越的技术特点，满足了物物互连的应用需求，逐渐成为物联网架构体系的主要支撑技术。

本书是"国家级特色专业（物联网工程）规划教材"之一。目前，市面上的物联网教材多是"物联网导论"、"物联网基础"等之类的书籍，侧重介绍物联网的基本概念、基本原理以及相关应用等综述性知识，而介绍物联网短距通信领域的相关核心技术的专门教材比较少。在过去十多年时间里，人们对短距离无线通信技术的研究与应用取得了丰硕的成果，但这些成果大多散落在论文、报告、标准、网页等中，因此编写一本全面概括短距离无线通信技术及其物联网相关应用的教材，有助于快速引导读者进入这一生机勃勃的研究领域。这也是作者编写本书的初衷。

本书第 1 版自 2012 年 9 月出版以来，已有几十家高等院校相关专业采用本教材，连续印刷 6 次，总印数 12000 多册，受到各高校相关专业教师与学生们的广泛好评。近年来，随着物联网与移动互联网的蓬勃兴起，各种短距无线通信技术发展日新月异，物联网通信的专业教学与人才培养等都面临全新的挑战，因此，本教材的适时更新与不断完善也势在必行。本次修订在尽量保持前版教材的"组织结构、内容体系和特色"不变的前提下，努力在物联网短距通信技术的发展现状、标准化、应用实例等内容的时效性方面有所更新和充实。修订的主要内容有：

第一，对第 1 版中有关排版、编辑、内容等方面存在的纰漏和差错进行订正。通过修订，力求做到概念准确、表述正确、数字精确。

第二，对有关章节的教材内容和条目顺序进行调整、充实、更改甚至重写。通过修订，力求做到条理清晰、兼顾理论与实践。

第三，对有关章节的技术发展与标准化、应用实例等内容的时效性进行更新，并增补相应的参考文献。特别地，还增加了近年来兴起且非常热门的可见光通信技术章节。通过修订，力求做到资料翻新、应用更新、思维创新。

第四，对教材配套的多媒体教学课件、电子书籍进行补充。通过补充，力求做到方便教学与资源共享。

内容安排

本书系统全面地介绍物联网架构体系中的重要支撑技术——短距离无线通信技术的基本概念、基本原理、技术特点、应用范围及发展前景等，内容包括蓝牙、Zigbee（紫蜂）、无线局域网（WLAN）、IrDA（红外）、RFID（射频识别）、近场通信（NFC）、超宽带（UWB）、60 GHz 通信、可见光通信、Ad hoc 网络（自组网）等技术。全书共分 11 章，各章内容安排如下：

第 1 章为概述。首先概要介绍物联网的概念与发展，并简单描述物联网的体系结构和关键技术。然后介绍物联网通信，包括移动通信、宽带无线接入、短距离无线通信以及无线传感网络等。最后对多种典型的短距离无线通信技术进行了简要概述并分析比较各自的特点。

第 2 章介绍蓝牙。首先介绍蓝牙技术的发展及技术特点。然后重点介绍蓝牙协议体系、协议子集及应用规范。接着从分析微微网入手介绍蓝牙的网络拓扑结构和路由机制。最后简要介绍蓝牙技术的应用。

第 3 章介绍 ZigBee。首先介绍 ZigBee 技术的概念、特点及发展历程。接着着重介绍 ZigBee 协议栈结构及其安全问题。然后介绍 ZigBee 网络拓扑结构、组网技术和路由协议。最后介绍 ZigBee 无线传感器网络的工作模式及特点，并展望 ZigBee 的应用前景。

第 4 章介绍无线局域网（WLAN）。首先介绍 WLAN 的技术标准，通过与有线接入网的比较，介绍 WLAN 的技术特点。然后重点介绍 WLAN 的物理层、MAC 层技术和网络安全技术。最后介绍 WLAN 的具体应用。

第 5 章介绍 IrDA（红外）。首先简要介绍 IrDA 的发展情况。然后详细描述 IrDA 标准和两种规范——物理层规范和链接建立协议层规范，IrDA 协议栈作为红外通信的核心，本章从核心协议层和可选协议层两方面介绍 IrDA 协议栈。最后简要介绍 IrDA 的应用。

第 6 章介绍 RFID（射频识别）。首先从射频的概念和自动识别技术的起源与发展讲起，试图给出一个广阔的知识背景。接着介绍 RFID 技术的基本原理、系统组成、技术特点、技术标准等。然后从天线、防碰撞技术、安全与隐私三个方面重点阐述 RFID 的关键技术。最后介绍 RFID 技术的发展前景。

第 7 章介绍近场通信（NFC）技术。首先简述 NFC 的概念、发展历程和技术特点。然后详细介绍 NFC 的技术原理，包括工作原理、工作模式以及技术标准等，并对 NFC 安全问题进行讨论。最后，介绍 NFC 的应用及发展前景。

第 8 章介绍超宽带（UWB）技术。首先概述 UWB 技术的产生、发展、技术特点及信道传播特征。接下来从脉冲成形、调制与多址、接收机等方面介绍 UWB 的关键技术。然后详细描述 UWB 的系统和技术方案。最后介绍 UWB 的应用和研究方向。

第 9 章介绍 60 GHz 无线通信技术。首先简要介绍 60 GHz 毫米波无线通信的技术特点及优势。然后概述 60 GHz 无线通信国内外发展现状及标准化概况，总结当前 60 GHz 无线通信的关键技术，包括收发电路、天线、电路集成等技术。最后介绍 60 GHz 无线通信技术的相关应用。

第 10 章介绍可见光无线通信技术。首先简要介绍可见光通信的概念、特点及发展现状，接着介绍短距离可见光通信的标准化。然后重点讨论可见光通信的若干关键技术，包括光源布局、信道编码、调制复用等技术。最后介绍可见光通信的相关应用及发展前景。

第 11 章介绍 Ad hoc 网络（自组网）。首先概述 Ad hoc 技术的起源与发展、特点及关键技术等。接着重点介绍 Ad hoc 技术的 MAC 协议和路由协议。然后介绍移动 Ad hoc 网络的 QoS 相关研究，包括 QoS 服务模型、QoS 信令等。最后介绍 Ad hoc 技术的应用。

本书汇聚了短距无线通信领域最具实际应用意义的研究成果，不仅介绍各项技术的基本原理、技术特点及其在物联网中的应用等，而且对该领域的最新前沿课题给予关注，为读者进一步的深入研究奠定基础。

本书配有教学课件，读者可登录华信教育资源网（www.hxedu.com.cn）免费注册后下载。

致谢

在本书第 2 版的修订编写过程中，作者参阅了国内外有关各种短距离无线通信技术的研究成果，具体内容已列在每章末尾的参考文献中。在此对所参阅文献的作者表示衷心的感谢！

感谢中南大学信息科学与工程学院副院长施荣华教授、计算机工程系主任黄东军教授对本书撰写的大力支持和悉心指导！作为中南大学物联网专业的学科带头人，两位教授为本书的选题、内容组织以及审阅付出了大量的心血。编者实验室的研究生余夏苹、谢羽嘉、朱炫滋、叶睿、王浩等人为本书初版和再版的资料收集、录入、排版校对、绘图等做了大量的工作，多年来使用本教材的各高校老师学生们也对本教材的编写提出了若干意见和建议，在此一并表示感谢。

本书得以顺利再版，还要感谢电子工业出版社和本书责任编辑田宏峰先生的大力支持与辛勤工作。田宏峰编辑的热情高效、细致负责的工作方式给作者留下了深刻的印象。

由于作者水平有限，本书错误和疏漏之处在所难免，恳请读者提出宝贵意见和建议。联系邮箱：dongjian@mail.csu.edu.cn。

董　健

2016 年 6 月于长沙

目 录

目 录

第1章
概　述

20世纪40年代计算机的发明，使得人们对信息的理解和处理能力大大加强，信息作为一种独立的因素和力量开始深刻地塑造和改变人类世界。到了20世纪90年代，互联网的兴起大大加强了信息的传播能力，一个信息快速产生、流通和消亡的虚拟空间就此诞生。到了今天，互联网已经成为一个无比庞大的虚拟数字世界，包含着海量的信息，连接着数以十亿计的网络用户。进入21世纪以来，随着传感设备、嵌入式系统与互联网的普及，物联网被认为是继计算机、互联网之后的第三次信息革命浪潮。物联网已经在全世界得到极大的重视，主要工业化国家纷纷提出了各自的物联网发展战略。

1.1　物联网概述

1.1.1　物联网的概念

最初的物联网（Internet of Things，IoT）也称为传感网，它是将各种信息传感设备，如射频识别（RFID）装置、红外感应器、全球定位系统、激光扫描器等装置，与互联网结合起来而形成的一个巨大网络，其目的是让所有物品都与网络连接在一起，方便识别和管理。

2009年1月28日美国总统奥巴马与美国工商业领袖举行了一次"圆桌会议"，作为仅有的两名代表之一，IBM首席执行官彭明盛首次提出了"智慧地球"这一概念。智慧地球，就是把感应器嵌入和配置到电网、铁路、桥梁、隧道、公路、建筑、供水系统、大坝、油气管道等各种物体中，并且被普遍连接，形成物联网。2009年9月，在北京举办的"物联网与企业环境中欧研讨会"上，欧盟委员会信息和社会媒体公司RFID部门负责人Lorent Ferderix博士给出了欧盟对物联网的定义：物联网是一个动态的全球网络基础设施，它具有基于标准和互操作通信协议的自组织能力，其中物理的和虚拟的"物"具有身份标识、物理属性、虚拟特性和智能接口，并与信息网络无缝整合。物联网将与媒体互联网、服务互联网和企业互联网一道，共同构成未来的互联网。

目前，对物联网有一个为业界基本接受的定义：物联网是通过各种信息传感设备及系统［如传感器网络、射频识别（Radio Frequency Identification，RFID）、红外感应器、条码与二维码、全球定位系统、激光扫描器等］和其他基于物物通信模式的短距离无线传感器网络，按约定的协议，把任何物体通过各种接入网与互联网连接起来所形成的一个巨大的智能网络，通过这一网络可以进行信息交换、传递和通信，以实现对物体的智能化识别、定位、跟踪、监控和管理。

上述定义同时说明了 IoT 的技术组成和联网的目的。如果说互联网可以实现人与人之间的交流，那么 IoT 则可以实现人与物、物与物之间的连通。按照这一定义，IoT 的概念模型如图 1.1 所示。可以看到，物联网将生活中的各类物品与它们的属性标识后连接到一张巨大的互联网上，使得原来只是人与人交互的互联网升级为连接世界万物的物联网。通过物联网，人们可以获得任何物品的信息，而对这些信息的提取、处理并合理运用将使人类的生产和生活产生巨大的变革。具有以下条件的"物"才能被纳入"物联网"的范围：相应物品信息的接收器、数据传输通路、一定的存储功能、CPU、操作系统、专门的应用程序、数据发送器、遵循物联网的通信协议，以及在网络中有可被识别的唯一编号。

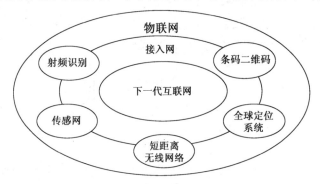

图 1.1　物联网的概念模型

在物联网时代，通过在各种各样的物品中嵌入一种短距离的移动收发器，人类在信息与通信世界里将获得一个新的沟通维度，从任何时间任何地点的人与人之间的沟通连接扩展到人与物和物与物之间的沟通连接。

1.1.2　物联网的发展

1999 年，美国麻省理工学院（MIT）的 Auto-ID 中心创造性地提出了当时被称为产品电子代码（Electronic Product Code，EPC）系统的物联网构想雏形。通过把所有物品经由射频识别等信息传感设备与互联网连接起来，实现初步的智能化识别和管理。一个 EPC 物联网体系架构主要由 EPC 编码、EPC 标签及 RFID 读写器、中间件系统、ONS 服务器和 EPC IS 服务器等部分构成，其工作流程如图 1.2 所示。

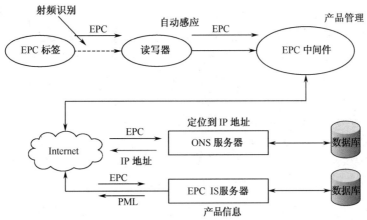

图1.2 EPC系统工作流程示意图

2004年日本总务省提出了u-Japan构想,希望在2010年将日本建设成一个"任何时间、任何地点、任何物品、任何人"都可以上网的环境。同年,韩国政府制定了u-Korea战略,韩国信通部发布《数字时代的人本主义:IT839战略》以具体呼应u-Korea。

2005年11月17日,在突尼斯举行的信息社会世界峰会(WSIS)上,国际电信联盟(ITU)发布《ITU互联网报告2005:物联网》,从此物联网的概念正式诞生。这里,物联网的定义发生了变化,覆盖范围有了较大的拓展,不再只是指基于RFID的物联网。报告指出,无所不在的"物联网"通信时代即将来临,世界上所有的物体,从轮胎到牙刷、从房屋到纸巾都可以通过因特网主动进行信息交换。射频识别技术(RFID)、传感器技术、纳米技术、智能嵌入技术将得到更加广泛的应用。物联网概念的兴起,很大程度上得益于国际电信联盟2005年以物联网为标题的年度互联网报告。然而,ITU的报告对物联网的定义仍然是初步的。

2008年,欧盟智慧系统整合科技联盟(EPOSS)在《2020的物联网:未来蓝图》报告中大胆地预测了物联网的发展阶段:2010年之前,RFID被广泛应用于物流、零售和制药领域;2010—2015年物体互连;2015—2020年物体进入半智能化;2020年之后物体进入全智能化。

2009年1月,美国IBM首席执行官彭明盛首次提出"智慧地球"这一概念,物联网在全球开始受到极大的关注,中国与美国等国家均把物联网的发展提到了国家级的战略高度,相关行业为之鼓舞,各大公司纷纷推出相应的计划和举措,因而2009年又被称为"物联网元年"。

2009年,欧盟委员会发表了《欧盟物联网行动计划》,它描述了物联网技术应用的前景,并提出了加强对物联网的管理、完善隐私和个人数据保护、提高物联网的可信度、推广标准化、建立开放式的创新环境、推广物联网应用等建议。2009 年 7 月，日本 IT 战略本部颁布了日本新一代的信息化战略——i-Japan 战略，以让数字信息技术融入每一个角落。将政策目标聚焦在三大公共事业：电子化政府治理、医疗健康信息服务、教育与人才培养。并提出到 2015 年，通过数字技术达到"新的行政改革"，实现行政流程简单化、效率化、标准化、透明化，同时推动电子病历、远程医疗、远程教育等应用的发展。与此同时，韩国信通部发布了新修订的《IT839 战略》，明确提出了物联网基础设施构建基本规划，将物联网市场确定为新增长动力；认为无处不在的网络社会将是由智能网络、最先进的计算技术，以及其他领先的数字技术基础设施武装而成的社会形态。在无所不在的网络社会中，所有人可以在任何地点、任何时刻享受现代信息技术带来的便利。

2009 年 8 月，温家宝总理在无锡视察时指出，要在激烈的国际竞争中迅速建立中国的传感信息中心或"感知中国中心"，表示中国要抓住机遇，大力发展物联网技术。同年 11 月，温家宝总理在人民大会堂向北京科技界发表了题为《让科技引领可持续发展》的重要讲话，表示要将物联网列入信息网络的发展，并强调信息网络产业是世界经济复苏的重要驱动力。2009 年 12 月，工业和信息化部开始统筹部署宽带普及、三网融合、物联网及下一代互联网发展计划。2010 年 3 月 5 日，温家宝总理在十一届全国人大三次会议上作政府工作报告时指出，要积极推动三网融合，加快物联网发展。2010 年 9 月《国务院关于加快培育和发展战略性新兴产业的决定》中确定了七大战略性新兴产业，明确将物联网作为新一代信息战略性产业。

2011 年以来，我国有更多城市、科研机构、企业和学校加入物联网的队伍中来，物联网市场规模迅速增长。2015 年，我国 M2M（Machine to Machine）连接数突破 7300 万，同比增长 46%。RFID 产业规模超过 300 亿元，传感器市场规模接近 1000 亿元，但产业优势主要集中在中低端硬件领域。整体来看，我国在 M2M 服务、中高频 RFID、二维码等产业环节具有一定优势，在基础芯片设计、高端传感器制造、智能信息处理等产业环节较为薄弱；物联网大数据处理和公共平台服务处于起步阶段，物联网相关的终端制造、应用服务、平台运营管理仍在成长培育阶段。2015 年全球物联网市场规模达到 624 亿美元，同比增长 29%。2016 年，物联网迈向 2.0 时代，全球物联网技术生态系统将加速构建。在我国，物联网的发展一直处于政府主导与保护阶段，新一届政府将物联网作为重点产业打造，十三五规划中明确提出"要积极推进云计算和物联网发展，推进物联网感知设施规划布局，发展物联网开环应用"。随着物联网应用示范项目的大力开展，"中国制造 2025"、"互联网+"等国家战略的推进，以及云计算、大数据等技术和市场的驱动，将激发我国物联网市场的需求。据预测，到 2020 年全球会有超过 240 亿台物联网设备连网，其中，用于运动健身、休闲娱乐、医疗健康等的可穿戴设备会成为主要应用。2035 年前后，我国的传感网终端将达到数千亿个；到 2050 年传感器在生活中将无处不在。

　　回顾物联网的发展史，针对我国经济的状况，我们可以发现，我国政府在大规模的基础建设执行中，植入"智慧"的理念，积极促进物联网产业的发展，不仅能够在短期内有力地刺激经济、促进就业，而且能够从长远上为中国打造一个成熟的智慧基础设施平台。目前，在现实生活中，物联网的具体应用已不再陌生，如远程防盗、高速公路不停车收费、智能图书馆、远程电力抄表等。物联网为我们构建了一个十分美好的蓝图，可以想象，在不远的未来，人们可以通过物物相连的庞大网络实现智能交通、智能安防、智能监控、智能物流，以及家庭电器的智能化控制。图1.3 展示了物联网发展的社会背景。

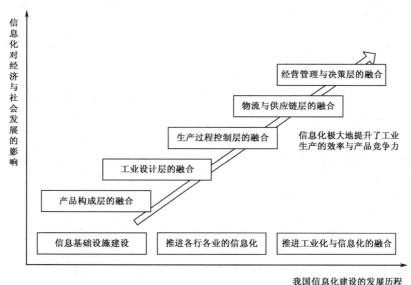

图1.3　物联网发展的社会背景

1.1.3　物联网的体系结构

　　物联网有别于互联网，互联网的主要目的是构建一个全球性的计算机通信网络，而物联网则主要是从应用出发，利用互联网、无线通信网络资源进行业务信息的传送，是互联网、移动通信网应用的延伸，是自动化控制、遥控遥测及信息应用技术的综合展现。当物联网概念与近距离通信、信息采集与网络技术、用户终端设备结合后，其价值才将逐步得到展现。因此，设计物联网系统结构时应该遵循以下几条原则。

　　（1）多样性原则：物联网体系结构需根据物联网的服务类型、节点的不同，分别设计多种类型的系统结构，不能也没有必要建立起统一的标准系统结构。

　　（2）时空性原则：物联网尚在发展之中，其系统结构应能满足在物联网的时间、空间和能源方面的需求。

（3）互连性原则：物联网体系结构需要平滑地与互联网实现互连互通，试图另行设计一套互连通信协议及其描述语言是不现实的。

（4）可扩展性原则：对于物联网系统结构的架构，应该具有一定的扩展性设计，以便最大限度地利用现有网络通信基础设施，保护已有投资利益。

（5）安全性原则：物物互连之后，物联网的安全性将比计算机互联网的安全性更为重要，因此物联网的系统结构应能够防御大范围的网络攻击。

（6）健壮性原则：物联网系统结构应具备相当好的健壮性和可靠性。

根据信息生成、传输、处理和应用的过程，可以把物联网系统从结构上分为四层：感知层、传输层、支撑层、应用层，如图 1.4 所示。

感知层是为了实现全面感知，即利用 RFID、传感器、二维码等随时随地获取物体的信息；传输层的目的是可靠传递，通过各种电信网络与互联网的融合，将物体的信息实时准确地传递出去；支撑层的功能是智能处理，利用云计算、模糊识别等各种智能计算技术，对海量数据和信息进行分析和处理，对物体实施智能化的控制；应用层利用经过分析处理的感知数据，为用户提供丰富的服务。

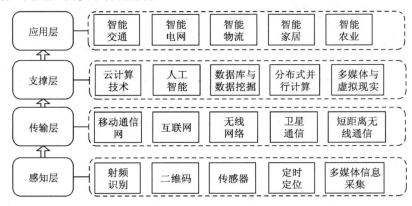

图 1.4　物联网的系统结构

1. 感知层

感知层主要用于采集物理世界中发生的物理事件和数据，包括各类物理量、标识、音频、视频数据。物联网的数据采集涉及传感器、RFID、多媒体信息采集、二维码和实时定位等技术。例如，温度感应器、声音感应器、图像采集卡、震动感应器、压力感应器、RFID读写器、二维码识读器等，都是用于完成物联网应用的数据采集和设备控制。

传感器网络的感知主要通过各种类型的传感器对物体的物质属性、环境状态、行为态势等静/动态信息进行大规模、分布式的信息获取与状态辨识。针对具体感知任务，通常采

用协同处理的方式对多种类、多角度、多尺度的信息进行在线或实时计算，并与网络中的其他单元共享资源进行交互与信息传输，甚至可以通过执行器对感知结果做出反应，对整个过程进行智能控制。

在感知层，主要采用的设备是装备了各种类型传感器（或执行器）的传感网节点和其他短距离组网设备（如路由节点设备、汇聚节点设备等）。一般这类设备的计算能力都有限，主要的功能和作用是完成信息采集和信号处理工作，这类设备中多采用嵌入式系统软件与之适应。由于需要感知的地理范围和空间范围比较大，包含的信息也比较多，该层中的设备还需要通过自组织网络技术，以协同工作的方式组成一个自组织的多节点网络进行数据传递。

2．传输层

传输层的主要功能是直接通过现有互联网（IPv4/IPv6 网络）、移动通信网（如 GSM、TD-SCDMA、WCDMA、CDMA、无线接入网、无线局域网等）、卫星通信网等基础网络设施，对来自感知层的信息进行接入和传输。网络层主要利用现有的各种网络通信技术，实现对信息的传输功能。

传输层主要采用能够接入各种异构网的设备，如接入互联网的网关、接入移动通信网的网关等。由于这些设备具有较强的硬件支撑能力，因此可以采用相对复杂的软件协议进行设计，其功能主要包括网络接入、网络管理和网络安全等。目前的接入设备多为传感网与公共通信网（如有线互联网、无线互联网、GSM 网、TD-SCDMA 网、卫星网等）的连通。

3．支撑层

支撑层主要是在高性能网络计算环境下，将网络内大量或海量信息资源通过计算整合成一个可互连互通的大型智能网络，为上层的服务管理和大规模行业应用建立一个高效、可靠和可信的网络计算超级平台。例如，通过能力超强的超级计算中心、存储器集群系统（如云计算平台、高性能并行计算平台等）和各种智能信息处理技术，对网络内的海量信息进行实时高速处理，对数据进行智能化挖掘、管理、控制与存储。支撑层利用了各种智能处理技术、高性能分布式并行计算技术、海量存储与数据挖掘技术、数据管理与控制等多种现代计算机技术。

支撑层主要的系统设备包括大型计算机群、海量网络存储设备、云计算设备等，在这一层次上需要采用高性能计算技术及大规模的高速并行计算机群，对获取的海量信息进行实时控制和管理，以便实现智能化信息处理、信息融合、数据挖掘、态势分析、预测计算、地理信息系统计算，以及海量数据存储等，同时为上层应用提供一个良好的用户接口。

4．应用层

应用层中包括各类用户界面显示设备，以及其他管理设备等，这也是物联网系统结构的最高层。应用层根据用户的需求可以面向各类行业实际应用的管理平台和运行平台，并根据各种应用的特点集成相关的内容服务，如智能交通系统、环境监测系统、远程医疗系统、智能工业系统、智能农业系统、智能校园等。

为了更好地提供准确的信息服务，在应用层必须结合不同行业的专业知识和业务模型，同时需要集成和整合各种各样的用户应用需求并结合行业应用模型（如水灾预测、环境污染预测等），构建面向行业实际应用的综合管理平台，以便完成更加精细和准确的智能化信息管理。例如，当对自然灾害、环境污染等进行检测和预警时，需要相关生态、环保等各种学科领域的专门知识和行业专家的经验。

在应用层建立的诸如各种面向生态环境、自然灾害监测、智能交通、文物保护、文化传播、远程医疗、健康监护、智能社区等的应用平台，一般以综合管理中心的形式出现，并可按照业务分解为多个子业务中心。

1.1.4　物联网的关键技术

物联网是一种复杂、多样的系统技术。从物联网技术体系结构角度解读物联网，可以将支持物联网的技术分为四个层次：感知技术、传输技术、支撑技术、应用技术。

1．感知技术

感知技术是指能够用于物联网底层感知信息的技术，包括射频识别（RFID）技术、传感器技术、GPS定位技术、多媒体信息采集技术及二维码技术等。

（1）射频识别技术。它是物联网中让物品"开口说话"的关键技术。在物联网中，RFID标签上存储着规范且具有互用性的信息，通过无线数据通信网把它们自动采集到中央信息系统，实现物品（商品）的识别。RFID技术可以识别高速运动物体并同时识别多个标签，操作快捷方便。RFID技术与互联网、通信等技术相结合，可实现全球范围内物品跟踪与信息共享。工业界经常将RFID系统分为标签（Tag）、阅读器（Reader）和天线（Antenna）三大组件，如图1.5所示。阅读器通过天线发送电子信号，标签接收到信号后发射内部存储的标识信息，阅读器通过天线接收并且识别标签发回的信息，最后阅读器再将识别结果发送给主机。

Tag　　　　　　Reader　　　　　　Antenna

图1.5　RFID系统组成部件图

（2）传感器技术。在物联网中，传感技术主要负责接收物品"讲话"的内容。传感技术是关于从自然信源获取信息，并对之进行处理、变换和识别的一门多学科交叉的现代科学与工程技术，它涉及传感器、信息处理和识别的规划设计、开发、制造、测试、应用及评价改进等活动。

（3）GPS 与物联网定位技术。GPS 技术又称为全球定位系统，是具有海、陆、空全方位实时三维导航与定位能力的新一代卫星导航与定位系统。GPS 作为移动感知技术，是物联网延伸到移动物体、采集移动物体信息的重要技术，更是物流智能化、智能交通的重要技术。

（4）多媒体信息采集与处理技术。多媒体信息采集技术使用各种摄像头、相机、麦克风等设备采集视频、音频、图像等信息，并将这些采集到的信息进行抽取、挖掘和处理，将非结构化的信息从大量的采集到的信息中抽取出来，然后保存到结构化的数据库中，从而为各种信息服务系统提供数据输入的整个过程。

（5）二维码技术。二维码是采用某种特定的几何图形按一定规律在平面（二维方向上）分布的黑白相间的图形记录数据符号信息，它在代码编制上巧妙地利用构成计算机内部逻辑基础的"0"、"1"比特流的概念，使用若干个与二进制相对应的几何形体来表示文字数值信息，通过图像输入设备或光电扫描设备自动识读以实现信息自动处理。二维条码/二维码能够在横向和纵向两个方位同时表达信息，能在很小的面积内表达大量的信息。

2. 传输技术

传输技术是指能够汇聚感知数据，并实现物联网数据传输的技术，它包括移动通信网、互联网、无线网络、卫星通信、短距离无线通信等。

（1）移动通信网（Mobile Communication Network）。移动通信是移动体之间的通信，或移动体与固定体之间的通信。移动体可以是人，也可以是汽车、火车、轮船、收音机等在移动状态中的物体。移动通信系统由两部分组成：空间系统和地面系统（卫星移动无线电台、天线、关口站、基站）。若要同某移动台通信，移动交换局通过各基台向全网发出呼叫，被叫台收到后发出应答信号，移动交换局收到应答后分配一个信道给该移动台并从此话路信道中传送一信令使其振铃。

（2）互联网（Internet）。即广域网、局域网及单机按照一定的通信协议组成的国际计算机网络。互联网是指将两台计算机或者是两台以上的计算机终端、客户端、服务端通过计算机信息技术的手段互相联系起来的结果，人们可以与远在千里之外的朋友相互发送邮件、共同完成一项工作、共同娱乐。

（3）无线网络（Wireless Network）。在物联网中，物品与人的无障碍交流，必然离不开高速、可进行大批量数据传输的无线网络。无线网络既包括允许用户建立远距离无线连接的全球语音和数据网络，也包括为近距离无线连接进行优化的红外线技术及射频技术，与有线网络的用途十分类似，最大的不同在于传输媒介的不同，利用无线电技术取代网线，可以和有线网络互为备份。

（4）卫星通信（Satellite Communication）。简单地说，卫星通信就是地球上（包括地面和低层大气中）的无线电通信站间利用卫星作为中继而进行的通信。卫星通信系统由卫星和地球站两部分组成，其特点是：通信范围大；只要在卫星发射的电波覆盖范围内，任何两点之间都可以进行通信；可靠性高，不易受陆地灾害的影响；开通电路迅速，只要设置地球站电路即可开通；同时可在多处接收，能经济地实现广播、多址通信（多址特点）；电路设置非常灵活，可随时分散过于集中的话务量；同一信道可用于不同方向或不同区间（多址连接）。

（5）短距离无线通信（Short Distance Wireless Communication）。短距离无线通信泛指在较小的区域内（数百米）提供无线通信的技术，目前常见的技术大致有 IEEE 802.11 系列无线局域网、蓝牙、NFC（近场通信）技术和红外传输技术等。

3. 支撑技术

支撑技术是指用于物联网数据处理和利用的技术，它包括云计算技术、嵌入式系统、人工智能技术、数据库与数据挖掘技术、分布式并行计算和多媒体与虚拟现实等。

（1）云计算（Cloud Computing）技术。物联网的发展离不开云计算技术的支持，物联网中的终端的计算和存储能力有限，云计算平台可以作为物联网的"大脑"，实现对海量数据的存储、计算。云计算是分布式计算技术的一种，其最基本的概念是通过网络将庞大的计算处理程序自动分拆成无数个较小的子程序，再交由多部服务器所组成的庞大系统经搜寻、计算分析之后将处理结果回传给用户。

（2）嵌入式系统（Embedded System）。嵌入式系统就是嵌入到目标体系中的专用计算机系统，它以应用为中心，以计算机技术为基础，并且软/硬件可裁剪，适用于应用系统对功能、可靠性、成本、体积、功耗有严格要求的专用计算机系统。嵌入式系统把计算机直接嵌入到应用系统中，它融合了计算机软/硬件技术、通信技术和微电子技术，是集成电路发展过程中的一个标志性成果。物联网与嵌入式关系密切，物联网的各种智能终端大部分表现为嵌入式系统，可以说没有嵌入式技术就没有物联网应用的美好未来。

（3）人工智能技术（Artificial Intelligence Technology，AIT）。人工智能是研究使计算机来模拟人的某些思维过程和智能行为（如学习、推理、思考、规划等）的技术。人工智能是探索研究用各种机器模拟人类智能的途径，使人类的智能得以物化与延伸的一门学科，它借鉴仿生学思想，用数学语言抽象描述知识，用以模仿生物体系和人类的智能机制，目

前主要的方法有神经网络、进化计算和粒度计算三种。在物联网中，人工智能技术主要负责将物品"讲话"的内容进行分析，从而实现计算机自动处理。

（4）数据库与数据挖掘技术。数据库技术是信息系统的一个核心技术，是一种计算机辅助管理数据的方法，它研究如何组织和存储数据，如何高效地获取和处理数据，是通过研究数据库的结构、存储、设计、管理及应用的基本理论和实现方法，并利用这些理论来实现对数据库中的数据进行处理、分析和理解的技术。即：数据库技术是研究、管理和应用数据库的一门软件科学。数据挖掘（Data Mining）就是从大量的、不完全的、有噪声的、模糊的、随机的实际应用数据中，提取隐含在其中的、人们事先不知道的，但又是潜在有用的信息和知识的过程。在物联网中，数据库和数据挖掘技术扮演着海量数据存储与分析处理的重要角色，它们是支撑物联网应用系统的重要工具之一。

（5）分布式并行计算。并行计算可分为时间上的并行和空间上的并行。时间上的并行就是指流水线技术，而空间上的并行则是指用多个处理器并发的执行计算。分布式计算研究如何把一个需要非常巨大的计算能力才能解决的问题分成许多小的部分，然后把这些小的部分分配给许多计算机进行处理，最后把这些计算结果综合起来得到最终的结果。分布式并行计算是将分布式计算和并行计算综合起来的一种计算技术，物联网与分布式并行计算关系密切，它是支撑物联网的重要计算环境之一。

（6）多媒体与虚拟现实。多媒体技术是利用计算机对文本、图形、图像、声音、动画、视频等多种信息综合处理、建立逻辑关系和人机交互作用的技术。虚拟现实技术是人们借助计算机技术、传感器技术、仿真技术等仿造或创造的人工媒体空间。它是虚拟的，但又有真实感，它通过多种传感设备，模仿人的视觉、听觉、触觉和嗅觉，使用户沉浸在此环境中并能与此环境直接进行自然交互、在三维空间中进行构想，使人进入一种虚拟的环境，产生身临其境的感觉。虚拟现实技术的广泛应用前景，将给人类的工作、生活带来极大的改变和享受。多媒体技术可以使物联网感知世界，表现感知结果的手段更丰富、更形象、更直观；虚拟现实技术成为人类探索客观世界规律的三大手段之一，也是未来物联网应用的一个重要的技术手段。

4．应用技术

应用技术是指用于直接支持物联网应用系统运行的技术，应用层主要是根据行业特点，借助互联网技术手段，开发各类行业应用解决方案，将物联网的优势与行业的生产经营、信息化管理、组织调度结合起来，形成各类物联网解决方案，构建智能化的行业应用。

例如，交通行业涉及的是智能交通技术，电力行业采用的是智能电网技术，物流行业采用的智慧物流技术等。一般来讲，各类应用还要更多地涉及专家系统、系统集成技术、编/解码技术等。

（1）专家系统（Expert System）。专家系统是一个含有大量某个领域专家水平的知识与经验，能够利用人类专家的知识和经验来处理该领域问题的智能计算机程序系统，它属于信息处理层技术。

（2）系统集成（System Integrate）技术。系统集成是指在系统工程科学方法的指导下，根据用户需求，优选各种技术和产品，将各个分离的子系统连接成为一个完整可靠、经济、有效的整体，并使之能彼此协调工作，发挥整体效益，达到整体性能最优。

（3）编/解码（Coder and Decoder）技术。物联网不仅包含着传感数据、视频图像、音频、文本等各种媒体形式的数据，而且数据量巨大，因此资源发布成了一个重要课题。基本上，我们通过编码与解码技术，实现数据的有效存储和传输，使它占用更少的磁盘存储空间和更短的传输时间。数据压缩的依据是数字信息中包含了大量的冗余，有效的编码技术旨在将这些冗余信息占用的空间和带宽节省出来，用较少的符号或编码代替原来的数据。

1.2　物联网通信

通信是物联网的关键功能，没有通信，物联网感知的大量信息就无法进行有效的交换和共享，从而也不能利用基于这些物理世界的数据产生丰富的多层次的物联网应用。没有通信的保障，物联网设备无法接入虚拟数字世界，数字世界与物理世界的融合也就无从谈起。物联网通信构成了物物互连的基础，是物联网从专业领域的应用系统发展成为大规模泛在信息化网络的关键。

由于物联网对通信的强烈需求，物联网通信包含了几乎现有的所有通信技术，包括有线和无线通信。然而考虑到物联网的泛在化特征，要求物联网设备的广泛互连和接入，最能体现该特征的是无线通信技术。正是无线通信技术的发展，使得大量的物，以及与物相关的电子设备能够接入到数字世界，而且能够适应现实世界的运动性。物联网虽然用到大量的有线通信技术，但本书重点介绍无线通信技术，包括移动通信网络、宽带无线接入、射频与微波通信等。

移动通信网络是一个广域的通信网络，需要中心化的基站和核心网来支持与维护移动终端间的通信。在物联网的应用场景中，传感器等物联网设备需要实时交互共享信息，采用对等通信的方式，需要具有低功耗、无中心特征的短距离无线通信技术及无线传感器网络技术来建立局部范围内的物联网，再通过网关等特定设备接入互联网或广域核心网，成为名副其实的物联网。物联网设备分为一般的嵌入式系统和传感器两类，其中短距离无线通信技术目前主要用于包含嵌入式系统的电子设备之间的互连，无线传感器网络主要用于传感器之间的互连。

因此，考虑物联网的泛在特征，本书主要介绍与物联网密切相关的无线通信技术；考虑到全局网络和局部网络的关系，本书也将介绍全局范围的移动通信网络、局部范围的无线短距离通信技术和无线传感器网络。

1.2.1　移动通信

移动通信网络具有覆盖广、建设成本低、部署方便、具备移动性等特点，而物联网的终端都需要以某种方式连接起来发送或者接收数据（这些数据种类也是多种多样的，如声音、视频、普通信息数据等），即物联网需要一个无处不在的通信网络。考虑到方便性（需要数据线连接）、信息基础设施的可用性（不是所有地方都有方便的固定接入能力），以及一些应用场景本身需要随时监控的目标就处在移动状态下，因此移动通信网络将是物联网最主要的接入手段之一。

1．移动通信的特点

所谓移动通信，就是指移动物体之间的通信，或移动物体与固定物体之间的通信。移动物体可以是人，也可是汽车、火车、轮船、飞机等在移动状态中的物体。顾名思义，移动通信最本质的特色是"移动"二字，也就是说这类通信不是传统静态的固定式通信，而是动态的移动式通信。

随着现代通信的发展，尤其是移动通信这一综合利用了有线和无线的传输方式商业化后，满足了人们在活动中与固定终端或其他移动载体上的对象进行通信联络的要求，移动通信具有受时空限制少和实时性好的优点，从而得到了广泛的应用和迅速发展。

移动通信与有线通信比较起来，主要有以下不同之处。

（1）移动性，就是要保持物体在移动状态中的通信，因而它必须是无线通信，或无线与有线通信的结合。

（2）电波传播条件复杂，因为移动物体可能在各种环境中运动，电磁波在传播时会产生反射、折射、绕射、多普勒效应等现象，产生多径干扰、信号传播延迟和频谱展宽等现象。

（3）噪声和干扰严重，在城市环境中存在诸如汽车火花噪声、各种工业噪声，以及移动用户之间的互调干扰、邻道干扰、同频干扰等。

（4）系统和网络结构复杂，移动通信是一个多用户通信系统和网络，必须使用户之间互不干扰，能协调一致地工作；此外，移动通信系统还应与市话网、卫星通信网、数据网等互连，整个网络结构比较复杂。

（5）要求频带利用率高，设备性能好。

总之，传播的开放性、接收环境的复杂性和通信用户的随机移动性，这三个特点共同构成了移动通信的主要特点。移动信道的主要特点和电磁传播的方式特点，决定了将会对无线信号的传输产生三类不同的损耗和四种效应。

三类损耗包括路径传播损耗、大尺度衰落损耗、小尺度衰落损耗，具体含义如下。

（1）路径传播损耗：又称为衰耗，它是指电磁波在宏观大范围（即千米级）空间传播所产生的损耗。它反映了传播在空间距离的接收信号电平的变化趋势。

（2）大尺度衰落损耗：这是由于在电波传播路径上受到建筑物及山丘等的阻挡所产生的阴影效应而产生的损耗。它反映了中等范围内数百波长量级接收电平的均值变化而产生的损耗，一般遵从对数正态分布，因其变化率较慢故又称为慢衰落。

（3）小尺度衰落损耗：这主要是由于多径传播而产生的衰落，反映微观小范围内数十波长量级接收电平的均值变化而产生的损耗，一般遵从瑞利或莱斯分布。其变化率比慢衰耗快，所以称为小尺度衰落或快衰落。它又可以进一步划分为空间选择性衰落、频率选择性衰落、时间选择性衰落。选择性是指在不同的空间、频率、时间，其衰落特性不一样。

四种效应包括阴影效应、远近效应、多径效应、多普勒效应，具体含义如下所述。

（1）阴影效应：由于大型建筑物和其他物体的阻挡，在电波传播的接收区域中产生传播半盲区，类似于太阳光受阻挡后可产生的阴影。光波的波长较短，因此阴影可见；电磁波波长较长，阴影不可见，但是接收终端（如手机）与专用仪表可以测试出来。

（2）远近效应：由于接收用户的随机移动性，移动用户与基站之间的距离也是在随机变化的，若各移动用户发射信号功率一样，那么到达基站时信号的强弱将不同，离基站近者信号强，离基站远者信号弱。通信系统中的非线性将进一步加重信号强弱的不平衡性，甚至出现了以强压弱的现象，并使弱者（即离基站较远的用户）产生掉话（通信中断）现象，通常称这一现象为远近效应。

（3）多径效应：由于接收者所处地理环境的复杂性，使得接收到的信号不仅有直射波的主径信号，还有从不同建筑物反射过来和绕射过来的多条不同路径信号，而且它们到达时的信号强度、到达时间以及到达时的载波相位都是不一样的。所接收到的信号是上述各路径信号的矢量和，也就是说多径信号之间可能产生自干扰，这类自干扰称为多径干扰或多径效应。这类多径干扰非常复杂，有时根本收不到主径直射波，收到的是一些连续反射波等。

（4）多普勒效应：由于接收用户处于高速移动中，如车载通信时传播频率的扩散而引起的，其扩散程度与用户运动速度成正比。这一现象只产生在高速（≥70 km/h）车载通信时，而对于通常慢速移动的步行和准静态的室内通信，则不予考虑。

2．移动通信的发展

现代移动通信技术的发展始于 20 世纪 20 年代。从 20 世纪 20 年代至 40 年代，在短波频段上开发出专用移动通信系统，其代表是美国底特律市警察使用的车载无线电系统。该系统的工作频率为 2 MHz，到 40 年代工作频率提高到 30～40 MHz。通常认为这个阶段是现代移动通信的起步阶段，主要是专用系统，特点是工作频率较低。

20 世纪 40 年代中期至 60 年代初期，公用移动通信业务开始问世。1946 年，根据美国联邦通信委员会（FFC）的计划，贝尔系统在圣路易斯城建立了世界上第一个公用汽车电话网，称为"城市系统"。当时使用 3 个频道，每个频道间隔为 120 kHz，采用单工通信方式。随后，德国（1950 年）、法国（1956 年）、英国（1959 年）等相继研制了公用移动电话系统。美国贝尔实验室完成了人工交换系统的接续问题。这一时期的移动通信从专用移动网向公用移动网过渡，采用人工接续方式，全网的通信容量较小。

从 20 世纪 60 年代中期到 70 年代中期，美国推出了改进型移动电话系统（IMTS），使用 150 MHz 和 450 MHz 频段，采用大区制、中大容量，实现了无线频道自动选择并能够自动接续到公司电话网。同期，德国也推出了具有相同技术水平的 B 网。这一时期，移动通信系统的特点是采用大区制、中小容量，使用 450 MHz 频段，实现了自动选频与自动接续。

20 世纪 70 年代中期至 80 年代中期是移动通信蓬勃发展的时期。1978 年年底，美国贝尔实验室研制成功了采用小区制的先进移动电话系统（AMPS），建成了蜂窝状移动通信网，大大提高了系统容量，开始了第一代陆地公众蜂窝移动通信系统。1983 年，该系统首次在芝加哥投入商用。同年 12 月，在华盛顿也开始启用。之后，服务区域在美国逐渐扩大。到 1985 年 3 月已扩展到 47 个地区，约 10 万移动用户。其他工业化国家也相继开发出蜂窝式公用移动通信网。日本于 1979 年推出 800 MHz 汽车电话（HAMTS），在东京、大阪、神户等地投入商用。德国于 1984 年完成 C 网，频段为 450 MHz。英国在 1985 年开发出全地址通信系统（TACS），首先在伦敦投入使用，以后覆盖了全国，频段是 900 MHz。加拿大推出 450 MHz 移动电话系统 MTS。瑞典等北欧四国于 1980 年开发出 NMT-450 移动通信网，并投入使用，频段为 450 MHz。这一时期，无线移动通信系统发展的主要特点是小区制、大容量的蜂窝状移动通信网成为使用系统，并在世界各地迅速发展，奠定了现代移动通信高速发展的基础。

移动通信大发展的原因，除了用户需求这一主要推动力之外，还有几方面技术进展所提供的条件。首先，微电子技术在这一时期得到长足发展，这使得通信设备的小型化、微型化有了可能性，各种轻便终端设备被不断地推出。其次，提出并形成了移动通信新体制。随着用户数量增加，大区制所能提供的容量很快饱和，这就必须探索新体制。在这方面最重要的突破是贝尔实验室在 20 世纪 70 年代提出的蜂窝网的概念。蜂窝网，即所谓小区制，由于实现了频率复用，大大提高了系统容量。可以说，蜂窝概念真正解决了公用移动通信系统的要求与频率资源有限的矛盾。第三方面的进展是微处理器技术日趋成熟，以及计算机技术的迅猛发展，从而为大型通信网的管理与控制提供了技术手段。

以 AMPS 和 TACS 为代表的第一代蜂窝移动通信网是模拟系统。模拟蜂窝网虽然取得了很大成功，但也暴露了一些问题，如频谱利用率低、移动设备复杂、费用较高、业务种类受限制，以及通话易被窃听等，最主要的问题是其容量已不能满足日益增长的移动用户需求。解决这些问题的方法是开发新一代数字蜂窝移动通信系统。从 20 世纪 80 年代中期开始，数字移动通信系统逐渐发展和成熟。数字通信的频谱利用率高，可大大提高系统的容量，能提供语音、数据等多种业务服务。欧洲首先推出了泛欧数字移动通信网（GSM）的体系。随后，美国和日本也制定了各自的数字移动通信体制。GSM 于 1991 年 7 月开始投入商用。在世界各地，特别是在亚洲，GSM 系统取得了极大成功，并更名为全球移动通信系统。在十多年内，数字蜂窝移动通信处于一个大发展时期，GSM 已成为陆地公用移动通信的主要系统。

移动通信技术在 20 世纪 90 年代呈现出加快发展的趋势。当数字蜂窝网刚进入实用阶段之时，关于未来移动通信的讨论已如火如荼地展开，新的技术与系统不断推出。美国高通公司于 20 世纪 90 年代初推出了窄带码分多址（CDMA）蜂窝移动通信系统，这是移动通信中具有重要意义的事件。从此，码分多址这种新的无线接入技术在移动通信领域占有了越来越重要的地位。这个时期，不断推出的移动通信系统还有移动卫星通信系统、数字无绳电话系统等，移动通信呈现出多样化的趋势。

从 20 世纪末到 21 世纪初，第三代移动通信系统（3G）的开发和推出，使移动通信进入一个全新的发展阶段。3G 最早在 1985 年国际电信联盟（ITU）提出，当时考虑到该系统可能在 2000 年左右进入市场，工作频段在 2 000 MHz，且最高业务速率为 2 000 kbps，故在 1996 年正式更名为 IMT-2000（International Mobile Telecommunication-2000）。3G 是一种能提供多种类型、高质量多媒体业务的全球漫游移动通信网络，能实现静止 2 Mbps 的传输速度，中低速 384 kbps、高速 144 kbps 速率的通信网。但由于各国、各厂商的利益差异，产生目前三大主流技术标准 WCDMA、CDMA2000 和 TD-SCDMA，而焦点集中在 WCDMA（3GPP）和 CDMA2000（3GPP2）上，随着 3GPP 和 3GPP2 的标准化工作逐渐深入和趋向稳定，ITU 又将目光投向能提供更高无线传输速率和统一灵活的全 IP 网络平台的下一代移动通信标准，称为 Beyond 3G（B3G）或 4G。

目前我国正推行 4G 移动通信技术，它是集 3G 与 WLAN 于一体并能够传输高质量视频图像，以及图像传输质量与高清晰度电视不相上下的技术产品。4G 系统能够以 100 Mbps 的速度下载，比拨号上网快 2000 倍，上传的速度也能达到 20 Mbps，并能够满足几乎所有用户对于无线服务的要求。正当 LTE（Long Term Evolution，长期演进）和 WiMax 在全球

电信业大力推进时，前者（LTE）也是最强大的 4G 移动通信主导技术。IBM 数据显示，67% 运营商正考虑使用 LTE，因为这是他们未来市场的主要来源，而只有 8% 的运营商考虑使用 WiMax。尽管 WiMax 可以给其客户提供市场上传输速度最快的网络，但仍然不是 LTE 技术的竞争对手。LTE 项目是 3G 的演进，它改进并增强了 3G 的空中接入技术，采用 OFDM 和 MIMO 作为其无线网络演进的唯一标准。

目前我国和世界上部分发达国家已经开始了面向未来的 5G 移动通信技术与系统的研究。就世界各国的初步估计，包括 5G 移动通信技术在内的无线移动网络，其在网络业务能力上的提升势必会在三个维度上同步进行：第一，引进先进的无线传输技术之后，网络资源的利用率将在 4G 移动通信技术的基础上提高至少 10 倍以上；第二，新的体系结构（如高密集型的小区结构等）的引入，智能化能力在深度上的扩展，有望推进整个无线网络系统的吞吐率提升 25 倍左右；第三，深入挖掘更为先进的频率资源，如可见光、毫米波、高频段等，使得未来的无线移动通信资源较 4G 时代扩展 4 倍左右。

按照国际电信联盟的时间表，预计 2020 年后，5G 将全面投入商用。在 MWC2016（世界移动通信大会）上，美国 Verizon 宣布其已经开始在 TexasOregon 和 NewJersey 两地开始进行 5G 测试。同时，AT&T 也宣布，开始在其实验室进行 5G 测试。国内，中国移动提出满足 2020 年 5G 商用部署的需求，那么也意味着商用将在 5 年后启动，并且有望于 2018 年启动试验网。

1.2.2　宽带无线接入

随着无线通信技术的发展，宽带无线接入技术能通过无线的方式，以与有线接入技术相当的数据传输速率和通信质量接入核心网络，有些宽带无线接入技术还能支持用户终端构成小规模的 Ad hoc 网络。因此，宽带无线接入技术在高速 Internet 接入、信息家电联网、移动办公、军事、救灾、空间探险等领域具有非常广阔的应用空间。国际电子电气工程师协会（IEEE）成立了无线局域网（Wireless Local Area Network，WLAN）标准委员会，并于 1997 年制定出第一个无线局域网标准 IEEE 802.11。此后 IEEE 802.11 迅速发展了一个系列标准，并在家庭、中小企业、商业领域等方面取得了成功的应用。1999 年，IEEE 成立了 802.16 工作组开始研究建立一个全球统一的宽带无线接入城域网（Wireless Metropolitan Area Network，WMAN）技术规范。虽然宽带无线接入技术的标准化历史不长，但发展却非常迅速。已经制定或正在制定的 IEEE 802.11、IEEE 802.15、IEEE 802.16、IEEE 802.20、IEEE 802.22 等宽带无线接入标准集，覆盖了无线个域网（Wireless Personal Area Network，WPAN）、无线局域网（WLAN）、无线城域网（WMAN）、无线广域网（Wireless Wide Area Network，WWAN）等无线网络，宽带无线接入技术在无线通信领域的地位越来越重要。图 1.6 和表 1.1 给出了 IEEE 802 无线标准体系及其特征对比。

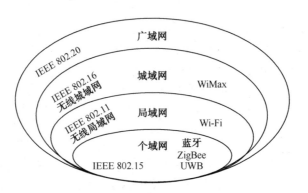

图 1.6　IEEE 802 无线标准体系

表 1.1　IEEE 802 无线标准系列及其特征比较

标准系列	工作频段	传输速率	覆盖距离	网络应用	主要特性及应用
802.20x	3.5 GHz 以下	16 Mbps/40 Mbps	1～15 km	WWAN	点对多点无线连接，用于高速移动的无线接入，移动中用户的接入速率可达 1 Mbps，面向全球覆盖
802.16x	2～11/11～66 GHz	70 Mbps	1～50 km	WMAN	点对多点无线连接，支持基站间的漫游与切换，用于①WLAN 业务接入；②无线 DSL，面向城域覆盖；③移动通信基站回程链路及企业接入网
802.11x	2.4/5 GHz	1～54 Mbps/600 Mbps	100 m	WLAN	点对多点无线连接，支持 AP 间的切换，用于企业 WLAN、PWLAN、家庭/SOHO 无线网关
802.15x	2.4 GHz/3.1～10.6 GHz	0.25/1～55/110 Mbps	10～75 m/10 m	WPAN	点对点短距离连接，工作在个人操作环境，用于家庭及办公室的高速数据网络，802.15.4 工作在低速率家庭网络

1. 无线个域网

无线个域网（Wireless Personal Area Network，WPAN）是为了实现活动半径小、业务类型丰富、面向特定群体、无线无缝的连接而提出的新兴无线通信网络技术。WPAN 能有效地解决"最后的几米电缆"的问题，进而将无线联网进行到底。

WPAN 是一种与无线广域网（WWAN）、无线城域网（WMAN）、无线局域网（WLAN）并列但覆盖范围相对较小的无线网络。在网络构成上，WPAN 位于整个网络链的末端，用于实现同一地点终端与终端间的连接，如连接手机和蓝牙耳机等。WPAN 所覆盖的范围一般在 10 m 半径以内，必须运行于许可的无线频段。WPAN 设备具有价格便宜、体积小、易操作和功耗低等优点。

WPAN 被定位于短距离无线通信技术，但根据不同的应用场合又分为高速 WPAN（HR-WPAN）和低速 WPAN（LR-WPAN）两种。发展高速 WPAN 是为了连接下一代便携式消费者电器和通信设备，支持各种高速率的多媒体应用，包括高质量声像配送、多兆字节音乐和图像文档传输等。这些多媒体设备之间的对等连接要提供 20 Mbps 以上的数据速

率，以及在确保的带宽内提供一定的服务质量（QoS）。高速率 WPAN 在宽带无线移动通信网络中占有一席之地。发展低速 WPAN 是因为在我们的日常生活中并不是都需要高速应用。

在家庭、工厂与仓库自动化控制，安全监视，保健监视，环境监视，军事行动，消防队员操作指挥，货单自动更新，库存实时跟踪，以及在游戏和互动式玩具等方面都可以开展许多低速应用。有许多低速应用比高速应用对我们的生活更为重要，甚至能够挽救我们的生命。例如，当你忘记关掉煤气灶或者睡前忘锁门的时候，有了低速 WPAN 就可以使你获救或免于财产损失。

从网络构成上来看，WPAN 位于整个网络架构的底层，用于很小范围内的终端与终端之间的连接，即点到点的短距离连接。WPAN 是基于计算机通信的专用网，工作在个人操作环境，把需要相互通信的装置构成一个网络，且无须任何中央管理装置及软件。用于无线个域网的通信技术有很多，如蓝牙（Bluetooth）、超宽带（UWB）、红外（IrDA）、HomeRF、ZigBee 等。

2．无线局域网

对于铺设电缆或者检查电缆是否断线这种耗时的工作，很容易令人失去耐心，也不容易在短时间内找出断线所在。再者，由于配合企业及应用环境的不断更新与发展，原有的企业网络必须配合重新布局，需要重新安装网络线路，虽然电缆本身并不贵，可是请技术人员来配线的成本很高，尤其是老旧的大楼，配线工程的费用就更高了。因此，架设无线局域网络就成为最佳解决方案。

基于 IEEE 802.11 标准的无线局域网允许在局域网络环境中使用未授权的 2.4 GHz 或 5.3 GHz 射频波段进行无线连接。它们应用广泛，从家庭到企业再到 Internet 接入热点。

大楼之间：大楼之间建构网络的连接，取代专线，简单又便宜。

餐饮及零售：餐饮服务业可利用无线局域网，直接从餐桌即可输入并传送客人点菜内容至厨房、柜台。零售商促销时，可使用无线局域网产品设置临时收银柜台。

医疗：使用具有无线局域网功能的手提电脑取得实时信息，医护人员可借此避免对伤患救治的迟延、不必要的纸上作业、单据循环的迟延及误诊等，从而提升对伤患照顾的品质。

企业：当企业内的员工使用无线局域网时，不管他们在办公室的任何一个角落，有无线局域网的地方就能随意地发电子邮件、分享档案及上网浏览。

仓储管理：一般仓储人员的盘点事宜，通过无线网络的应用，能立即将最新的资料输入计算机仓储系统。

货柜集散场：一般货柜集散场的桥式起重车，可以在调动货柜时，将实时信息传回办公室，以利于相关作业的按步骤进行。

监视系统：主控站一般位于远方且需要监控被监控现场，由于布线困难，可通过无线网络将远方的影像传回主控站。

展示会场：如一般的电子展、计算机展，由于网络需求极高，而且布线又会让会场显得凌乱，因此无线网络是最佳选择。

无线局域网具有的优点包括：

（1）灵活性和移动性。在有线网络中，网络设备的安放位置受网络位置的限制，而无线局域网在无线信号覆盖区域内的任何一个位置都可以接入网络。无线局域网另一个最大的优点在于其移动性，连接到无线局域网的用户可以移动且能同时与网络保持连接。

（2）安装便捷。无线局域网可以免去或最大限度地减少网络布线的工作量，一般只要安装一个或多个接入点设备，就可以建立覆盖整个区域的无线局域网。

（3）易于进行网络规划和调整。对于有线网络来说，办公地点或网络拓扑的改变通常意味着重新建网。重新布线是一个昂贵、费时、浪费和琐碎的过程，无线局域网可以避免或减少以上情况的发生。

（4）故障定位容易。有线网络一旦出现物理故障，尤其是由于线路连接不良而造成的网络中断，往往很难查明，而且检修线路需要付出很大的代价；无线网络则很容易定位故障，只须更换故障设备即可恢复网络连接。

（5）易于扩展。无线局域网有多种配置方式，可以很快地从只有几个用户的小型局域网扩展到上千用户的大型网络，并且能够提供节点间"漫游"等有线网络无法实现的特性。

由于无线局域网有以上诸多优点，因此其发展十分迅速。近几年来，无线局域网已经在企业、医院、商店、工厂和学校等场合得到了广泛的应用。

无线局域网在能够给网络用户带来便捷和实用的同时，也存在着一些缺陷，无线局域网的不足之处体现在以下几个方面。

（1）性能。无线局域网是依靠无线电波进行传输的，这些电波通过无线发射装置进行发射，而建筑物、车辆、树木和其他障碍物都可能阻碍电磁波的传输，所以会影响网络的性能。

（2）速率。无线信道的传输速率与有线信道相比要低得多，目前，无线局域网的最大传输速率为150 Mbps，只适合于个人终端和小规模网络应用。

（3）安全性。本质上无线电波不要求建立物理的连接通道，无线信号是发散的，从理

论上讲，很容易监听到无线电波广播范围内的任何信号，造成通信信息泄露。

由于无线局域网需要支持高速、突发的数据业务，在室内使用还需要解决多径衰落，以及各子网间串扰等问题。具体来说，无线局域网必须实现以下技术要求。

（1）可靠性：无线局域网的系统分组丢失率应该低于 5%～10%，误码率应该低于 8%～10%。

（2）兼容性：对于室内使用的无线局域网，应尽可能使其跟现有的有线局域网在网络操作系统和网络软件上相互兼容。

（3）数据速率：为了满足局域网业务量的需要，无线局域网的数据传输速率应该在 1 Mbps 以上。

（4）通信保密：由于数据通过无线介质在空中传播，无线局域网必须在不同层次采取有效的措施以提高通信保密和数据安全性能。

（5）移动性：支持全移动网络或半移动网络。

（6）节能管理：当无数据收发时使站点机处于休眠状态，当有数据收发时再激活，从而达到节省电力消耗的目的。

（7）小型化、低价格：这是无线局域网得以普及的关键。

（8）电磁环境：无线局域网应考虑电磁对人体和周边环境的影响问题。

3．无线城域网

无线城域网（Wireless Metropolitan Area Network，WMAN）是以无线方式构成的城域网，提供面向互联网的高速连接。无线城域网的推出是为了满足日益增长的宽带无线接入（Broadband Wireless Access，BWA）市场需求。无线城域网一般是通过 Wi-Fi 来布网实现的，可以使用无线网卡来搜索无线信号来实现上网，在热点地区速度最高可以达到 54 Mbps。

无线城域网的推出是为了满足日益增长的宽带无线接入（BWA）市场需求。虽然多年来 802.11x 技术一直与许多其他专有技术一起被用于 BWA，并获得很大成功，但是 WLAN 的总体设计及其提供的特点并不能很好地适用于室外的 BWA 应用。当其用于室外时，在带宽和用户数方面将受到限制，同时还存在着通信距离等其他一些问题。基于上述情况，IEEE 决定制定一种新的、更复杂的全球标准，这个标准应能同时解决物理层环境（室外射频传输）和 QoS 两方面的问题，以满足 BWA 和"最后一公里"接入市场的需要。

IEEE 802.16 是为制定无线城域网（Wireless MAN）标准成立的工作组，于 1999 成立，主要负责开发 2～66 GHz 频带的无线接入系统空中接口的物理层和 MAC 层规范。IEEE 802.16 工作组于 2001 年 12 月通过最早的 IEEE 802.16 标准，2003 年 4 月，发布了修正和扩展后的 IEEE 802.16a，该标准工作频段为 2～11 GHz，在 MAC 层提供了 QoS 保证机制，支持语音和视频等实时性业务。2004 年 7 月，通过了 IEEE 802.16d，对 2～66 GHz 频段的空中接口物理层和 MAC 层做了详细规定，该协议是相对成熟的版本，目前业界各大厂商都是基于该标准开发产品的。2005 年 12 月，IEEE 正式批准 IEEE 802.16e 标准，该标准在 2～6 GHz 频段上，支持终端车载速率下的移动宽带接入。

2001 年，业界主要的无线宽带接入厂商和芯片制造商成立了非营利工业贸易联盟组织 WiMax（Worldwide interoperability for Microwave Access）。该联盟对基于 IEEE 802.16 标准和 ETSI HiperMAN 标准的宽带无线接入产品进行兼容性、互操作性的测试和认证，发放 WiMax 认证标志，致力于在 IEEE 802.16 标准基础上的需求分析、应用推广、网络架构完善等后续研究工作，促进 IEEE 802.16 无线接入产业的成熟和发展。

协议规定了 MAC 层和 PHY 层的规范，MAC 层独立于 PHY 层，并且支持多种不同的 PHY 层。IEEE 802.16 协议结构如图 1.7 所示。

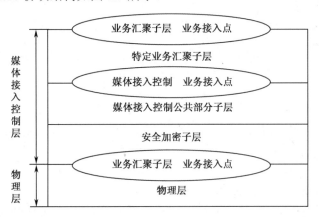

图 1.7　IEEE 802.16 协议结构

现从以下几个方面给出 IEEE 802.16 与 IEEE 802.11 的比较。

（1）覆盖。802.16 标准是为在各种传播环境（包括视距、近视距和非视距）中获得最优性能而设计的，即使在链路状况最差的情况下，也能提供可靠的性能。OFDM 波形在 2～40 km 的通信距离上支持高频谱效率（bps/Hz），在一个射频内速率可高达 70 Mbps。可以采用先进的网络拓扑（网状网）和天线技术（波束成形、STC、天线分集）来进一步改善覆盖。这些先进技术也可用来提高频谱效率、容量、复用，以及每射频信道的平均与峰值吞吐量。此外，不是所有的 OFDM 都是相同的，为 BWA 设计的 OFDM 具有支持较长距离传输和处理多径或反射的能力。

相反，WLAN 和 802.11 系统在它们的核心不是采用基本的 CDMA，就是使用设计大

不相同的 OFDM。它们的设计要求是低功耗,因此必然限制了通信距离。WLAN 中的 OFDM 是按照系统覆盖数十米或几百米设计的,而 802.16 被设计成高功率,OFDM 可覆盖数十千米。

(2)可扩展性。在物理层,802.16 支持灵活的射频信道带宽和信道复用(频率复用),当网络扩展时,可以作为增加小区容量的一种手段。此标准还支持自动发送功率控制和信道质量测试,可以作为物理层的附加工具来支持小区规划和部署,以及频谱的有效使用。当用户数增加时,运营商可通过扇形化和小区分裂来重新分配频谱。还有,此标准对多信道带宽的支持使设备制造商能够提供一种手段,以适应各国政府对频谱使用和分配的独特管制办法,这是世界各地的运营商都面临的一个问题。IEEE 802.16 标准规定的信道宽度为 1.75~20 MHz,在这中间还可以有许多选择。

但是,基于 Wi-Fi 的产品要求每一条信道至少为 20 MHz(802.11b 中规定在 2.4 GHz 频段为 22 MHz),并规定只能工作在不需牌照的频段上,包括 2.4 GHz ISM、5 GHz ISM 和 5 GHz UNII。

在 MAC 层,802.11 的基础是 CSMA/CA,基本上是一个无线以太网协议,其扩展能力较差,类似于以太网。当用户增加时,吞吐量就明显减小。而 802.16 标准中的 MAC 层却能在一个射频信道内从一个扩展到数百个用户。这是 802.11MAC 不可能做到的。

(3)QoS。802.16 的 MAC 层是靠同意/请求协议来接入媒体的,它支持不同的服务水平(如专用于企业的 T1/E1 和用于住宅的尽力而为服务)。此协议在下行链路采用 TDM 数据流,在上行链路采用 TDMA,通过集中调度来支持对时延敏感的业务,如语音和视像等。由于确保了无碰撞数据接入,802.16 的 MAC 层改善了系统总吞吐量和带宽效率,并确保数据时延受到控制,不致太大(相反,CSMA/CA 没有这种保证)。TDM/TDMA 接入技术还使支持多播和广播业务变得更容易。

WLAN 由于在其核心采用 CSMA/CA,故其目前已实施的系统无法提供 802.16 系统的 QoS。

4. 无线广域网

WWAN 是采用无线网络把物理距离极为分散的局域网(LAN)连接起来的通信方式。WWAN 连接地理范围较大,常常是一个国家或是一个洲,其目的是为了让分布较远的各局域网互连,它的结构分为末端系统(两端的用户集合)和通信系统(中间链路)两部分。IEEE 802.20 是 WWAN 的重要标准。IEEE 802.20 是由 IEEE 802.16 工作组于 2002 年 3 月提出的,并为此成立专门的工作小组,这个小组于 2002 年 9 月独立为 IEEE 802.20 工作组。802.20 是为了实现高速移动环境下的高速率数据传输,以弥补 IEEE 802.1x 协议族在移动性上的劣势而提出的,它可以有效解决移动性与传输速率相互矛盾的问题,是一种适用于高速移动环境下的宽带无线接入系统空中接口规范。

IEEE 802.20 标准在物理层技术上，以正交频分复用技术（OFDM）和多输入多输出技术（MIMO）为核心，充分挖掘时域、频域和空间域的资源，大大提高了系统的频谱效率。在设计理念上，基于分组数据的纯 IP 架构适应突发性数据业务的性能优于 3G 技术，与 3.5G 性能相当。在实现和部署成本上也具有较大的优势。IEEE 802.20 能够满足无线通信市场高移动性和高吞吐量的需求，具有性能好、效率高、成本低和部署灵活等特点。IEEE 802.20 的移动性优于 IEEE 802.11，在数据吞吐量上强于 3G 技术，其设计理念符合下一代无线通信技术的发展方向，因而是一种非常有前景的无线技术。目前，IEEE 802.20 系统技术标准仍有待完善，产品市场还没有成熟、产业链有待完善，所以还很难判定它在未来市场中的位置。

室外无线网桥设备在各行各业具有广泛的应用，例如，税务系统采用无线网桥设备可实现各个税务点、税收部门和税务局的无线联网；电力系统采用无线网桥产品可以将分布于不同地区的各个变电站、电厂和电力局连接起来，实现信息交流和办公自动化；教育系统可以通过无线接入设备在学生宿舍、图书馆和教学楼之间建立网络连接。无线网络建设可以不受山川、河流、街道等复杂地形限制，并且具有灵活机动、周期短和建设成本低的优势，政府机构和各类大型企业可以通过无线网络将分布于两个或多个地区的建筑物或分支机构连接起来。无线网络特别适用于地形复杂、网络布线成本高、分布较分散、施工困难的分支机构的网络连接，可以以较短的施工周期和较少的成本建立起可靠的网络连接。

毫无疑问，无线通信是通信领域发展最快的部分，同时通信发展越来越呈现出传输宽带化、业务多样化的趋势，而当以光通信为基础的核心网已经具备超高速、超容量的特征时，接入网建设就成为电信网必须解决的瓶颈。

宽带无线接入以其组网灵活迅速、升级方便等特点受到业界的青睐，但还存在尚未建立切实可行的赢利模式等诸多问题。近年来，由于 Wi-Fi（Wireless Fidelity）、WiMax（Worldwide Interoperability for Microwave Access）等宽带无线技术具有接入速率高、系统费用低等优点，使得利用 Wi-Fi、WiMax 取代 3G 的呼声很高。但从覆盖域、速率能力、基本业务类型、前向扩展演进走向等多方面综合考虑，WLAN、WiMax 等无线宽带技术更可能是 3G 的补充，而不是竞争对手。新技术的发展离不开与之相对应的应用，国内外电信发展实践表明，新技术脱离市场应用就无法体现价值，急于求成、盲目发展必然导致泡沫。正确处理技术与市场的关系，建立适应市场需求的发展模式也应该成为宽带无线通信技术的思路。

通信运营商都期望把宽带接入作为一个增长点，但发展结果不尽如人意。目前，宽带无线接入市场遇到的最大问题是尚未建立有效的赢利模式，因此运营商、设备供应商、内容供应商之间必须寻求利益平衡，建立紧密的合作共赢关系，形成产业链上下游各环节之间良性互动的发展局面。

1.2.3　短距离无线通信

随着电子技术的发展和各种便携式个人通信设备及家用电器等消费类电子产品的增加，人们对于各种消费类电子产品之间及其与其他设备之间的信息交互有了强烈的需求。对于使用便携设备并需要从事移动性工作的人们，希望通过一个小型的、短距离的无线网络为移动的商业用户提供各种服务，实现在任何时候、任何地点、与任何人进行通信并获取信息的个人通信，从而促使以蓝牙、Wi-Fi、超宽带（UWB）、ZigBee、NFC 等技术为代表的短距离无线通信技术应运而生。而物联网中"无处不在"这一概念正与此契合，因此随着短距离无线通信技术的发展，物联网的普及之路将变得更加清晰。与移动通信网络实现全局端到端物联网通信不同，短距离无线通信主要关注建立局部范围内临时性的物联网通信。

什么是短距离无线通信？到目前为止，学术界和工程界对此并无严格定义。一般来说，短距离无线通信的主要特点是通信距离短，覆盖范围一般在几十米或上百米之内；无线发射器的发射功率较低，一般小于 100 mW；工作频率多为免付费、免申请的全球通用的工业、科学、医学（Industrial Scientific and Medical，ISM）频段。短距离无线通信的范围很广，在一般意义上，只要通信收发双方通过无线电波传输信息，并且传输距离限制在较小范围内，通常是几十米以内，就可以称为短距离无线通信。

低成本、低功耗和对等通信，是短距离无线通信技术的三个重要特征和优势。从数据传输速率来说，短距离无线通信技术可分为高速短距离无线通信和低速短距离无线通信两类。高速短距离无线通信的最高数据速率高于 100 Mbps，通信距离小于 10 m，典型技术有高速 UWB 和 60 GHz；低速短距离无线通信的最低数据速率低于 1 Mbps，通信距离低于 100 m，典型技术有 ZigBee、低速 UWB、蓝牙。蓝牙技术载频选用在全球都可用的 2.45 GHz ISM 频带，使用了调频技术，数据速率可达 1 Mbps。在蓝牙 4.2 发布之后，2016 年蓝牙联盟发布了"速度增长一倍，能耗不增"的技术蓝图。ZigBee 可谓蓝牙的同族兄弟，它使用 2.45 GHz 波段，采用跳频技术，基本速率为 250 kbps。与蓝牙相比，ZigBee 速率低，但功率和成本也更低，并且可支持 254 个节点连网。超宽带技术通过基带脉冲作用于天线的方式发送数据。窄脉冲（小于 1 ns）产生极大带宽的信号，脉冲采用脉位调制或二相相位键控调制。UWB 允许在 3.1～10.6 GHz 的波段内工作，在 10 m 的传输范围内，信号传输速率可达 500 Mbps。60 GHz 采用 60 GHz 附近频段，使用了定向天线、波束成形等技术，连续 5～7 GHz 的带宽内可以提供数吉比特每秒的速率。

上述提到的各种近距离无线通信技术分别具有不同的优缺点，适用于不同的物联网应用场景。例如，ZigBee 技术和 Bluetooth 都可以用来实现智能家居，而新涌现出来的 60 GHz 无线通信技术都可以在 10 m 范围内传输无压缩的高清视频数据，因此根据不同的需要在不同的场景下可以使用不同的技术，而这也为物联网的实现提供了更多的选择，如图 1.8 所示。在 1.3 节，我们将对各种典型短距离无线通信技术作一个概览。

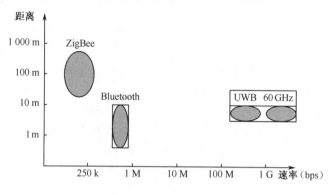

图 1.8　短距离无线通信技术一览

1.2.4　无线传感器网络

无线传感器网络（Wireless Sensor Network，WSN）是由部署在监测区域内的大量微型传感器节点组成的，节点之间通过无线通信方式形成多跳自组织网络系统，它是当前在国际上备受关注、涉及多学科的前沿研究领域，综合传感器技术、嵌入式计算技术、现代网络及无线通信技术、分布式信息处理技术等，其目的是协作地感知、采集和处理网络覆盖区域中感知对象的信息（如光强、温度、湿度、噪声、震动和有害气体浓度等物理现象），并以无线的方式发送出去，通过无线网络最终发送给观察者。传感器、感知对象和观察者构成了传感器网络的三个要素。如果说 Internet 构成了逻辑上的信息世界，改变了人与人之间的沟通方式，那么无线传感器网络就是将逻辑上的信息世界与客观中的物理世界融合在一起，改变人类与自然界的交互方式，也是物联网的基本组成部分。人们可以通过传感器网络直接感知客观世界，从而极大地扩展现有网络的功能和人类认识世界的能力。无线传感器网络作为一项新兴的技术，越来越受到国内外学术界和工程界的关注，其在军事侦察、环境监测、医疗护理、空间探索、智能家居、工业控制和其他商业应用领域展现出了广阔的应用前景，被认为是将对 21 世纪产生巨大影响的技术之一。

无线传感器网络除了具有 Ad hoc 网络的移动性、自组织性等特征以外，还具有很多其他鲜明的特点。这些特点向我们提出了一系列挑战性问题。

（1）动态性网络。无线传感器网络具有很强的网络动态性，由于能量、环境等问题会使传感器节点死亡，或者由于节点的移动性会有新节点随时加入网络中，从而使得整个网络的拓扑结构发生动态变化，这就要求无线传感器网络系统要能够适应这种变化，以使网络具有可调整性和可重构性。

（2）硬件资源有限。由于受价格、体积和功耗的限制，节点在通信能力、计算能力和内存空间等方面比普通的计算机要弱很多。节点的通信距离一般在几十米到几百米范围内，因此，节点只能与它的相邻节点直接通信，如果希望与其射频覆盖范围之外的节点进行通信，则需要通过中间节点进行路由，这样每个节点既可以是信息的发起者，也是信息的转发者。另外，由于节点的计算能力受限，而传统 Internet 上成熟的协议和算法对无线传感器网络而言开销太大，难以使用，必须重新设计简单有效的协议。

（3）能量受限。网络节点由电池供电，电池的容量一般不是很大。其特殊的应用领域决定了在使用过程中不能经常给电池充电或更换电池，一旦电池能量用完，这个节点也就失去了作用。因此在传感器网络设计过程中，任何技术和协议的使用都要以节能为前提。因此，如何在网络工作过程中节省能源、最大化网络的生命周期是无线传感器网络重要的研究课题之一。

（4）大规模网络。为了对一个区域执行高密度的监测感知任务，往往有成千上万甚至更多的传感器节点投放到该区域，较无线自组织网络规模成数量级的提高，甚至无法为单个节点分配统一的物理地址。传感器节点分布非常密集，才能够减少监测盲区，提高监测的精确性。此外，大量冗余节点的存在，使系统具有很强的容错性，但这也要求中心节点提高数据融合的能力。因此，无线传感器网络主要不是依靠单个设备能力的提升，而是通过大规模、冗余的嵌入式设备的协同工作来提高系统的可靠性和工作质量的。

（5）以数据为中心。在无线传感器网络中人们只关心某个区域的某个观测指标的值，而不会去关心具体某个节点的观测数据，这就是无线传感器网络以数据为中心的特点。而传统网络传送的数据是和节点的物理地址联系起来的。以数据为中心的特点要求无线传感器网络能够脱离传统网络的寻址过程，快速有效地组织起各个节点的感知信息并融合提取出有用信息直接传送给用户。

（6）广播方式通信。由于无线传感器网络中节点数目庞大，使得其在组网和通信时不可能像 Ad hoc 网络那样采用点对点的通信，而要采用广播方式，以加快信息传播的范围和速度，并可以节省电力。

（7）无人值守。传感器的应用与物理世界紧密联系，传感器节点往往密集分布于需要监控的物理环境中。由于规模巨大，不可能人工"照顾"每个节点，网络系统往往在无人值守的状态下工作。每个节点只能依靠自带或自主获取的能源（电池、太阳能）供电。由此导致的能源受限是阻碍无线传感器网络发展及应用的最重要的瓶颈之一。

（8）易受物理环境影响。无线传感器网络与其所在的物理环境密切相关，并随着环境的变化而不断变化。这些时变因素严重地影响了系统的性能，如低能耗的无线通信易受环境因素的影响；外界激励变化导致的网络负载和运行规模的动态变化；随着能量的消耗，

系统工作状态的变化都要求无线传感器网络系统要具有动态环境变化的适应性。

无线传感器网络结构如图 1.9 所示，传感器网络系统通常包括传感器节点、汇聚节点和管理节点。大量传感器节点随机部署在检测区域内部或附近，能够通过自组织方式构成网络。传感器节点检测到的数据沿着其他传感器节点逐跳地进行传输，在传输过程中检测数据可能被多个节点处理，经过多跳路由后到汇聚节点，最后通过互联网或卫星到达管理节点。用户通过管理节点对传感器网络进行配置和管理，发布检测任务并收集检测数据。

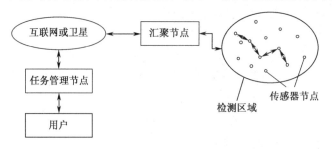

图 1.9　无线传感器网络结构

传感器节点的处理能力、存储能力和通信能力相对较弱，通过携带能量有限的电池供电。从网络功能上看，每个传感器节点兼顾传统网络节点的终端和路由器双重功能，除了进行本地信息收集和数据处理外，还要对其他节点转发来的数据进行存储、管理和融合等处理，同时与其他节点协作完成一些特定任务。汇聚节点的处理能力、存储能力和通信能力相对较强，它连接传感器网络与 Internet 等外部网络，实现两种协议栈之间的通信协议转换，同时发布管理节点的检测任务，并把收集的数据转发到外部网络上。汇聚节点既可以是一个具有增强功能的传感器节点，有足够的能量供给和更多的内存与计算资源，也可以是没有检测功能仅带有无线通信接口的特殊网关设备。

1.3　短距离无线通信技术概览

当今，无线通信在人们的生活中扮演着越来越重要的角色，低功耗、微型化是用户对当前无线通信产品尤其是便携产品的强烈追求，因此，作为无线通信技术的一个重要分支——短距离无线通信技术正逐渐引起越来越广泛的关注。

短距离无线通信技术的范围很广，在一般意义上，只要通信收发双方通过无线电波传输信息，并且传输距离限制在较短的范围内，通常是几十米以内，就可以称为近（短）距离无线通信。低成本、低功耗和对等通信，是短距离无线通信技术的三个重要特征和优势：首先，低成本是短距离无线通信的客观要求，因为各种通信终端的产销量都很大，要提供终端间的直通能力，没有足够低的成本是很难推广的。其次，低功耗是相对其他无线通信

技术而言的一个特点，这与其通信距离短这个先天特点密切相关，由于传播距离近，遇到障碍物的几率也小，发射功率普遍都很低，通常在毫瓦量级。第三，对等通信是短距离无线通信的重要特征，有别于基于网络基础设施的无线通信技术。终端之间对等通信，无须网络设备进行中转，因此空中接口设计和高层协议都相对比较简单，无线资源的管理通常采用竞争的方式（如载波侦听）。

按数据传输速率分，短距离无线通信技术一般分为高速短距离无线通信技术和低速短距离无线通信技术两类。高速短距离无线通信最高数据速率大于 100 Mbps，通信距离小于 10 m，典型技术有高速超宽带（UWB）等；低速短距离无线通信的最低数据速率小于 1 Mbps，通信距离小于 100 m，典型技术有 ZigBee、Bluetooth 等。目前，比较受关注的短距离无线通信技术包括蓝牙、802.11（Wi-Fi）、ZigBee、红外（IrDA）、超宽带（UWB）、近场通信（NFC）等，它们都有其立足的特点，或基于传输速度、距离、耗电量的特殊要求；或着眼于功能的扩充性；或符合某些单一应用的特别要求；或建立竞争技术的差异化等。但是没有一种技术可以完美到足以满足所有的要求。

短距离无线通信技术以其丰富的技术种类和优越的技术特点，满足了物物互连的应用需求，逐渐成为物联网架构体系的主要支撑技术。同时，物联网的发展也为短距离无线通信技术的发展提供了丰富的应用场景，极大地促进了短距离无线通信技术与行业应用的融合。

1.3.1 蓝牙

蓝牙（Bluetooth）是一种无线数据与语音通信的开放性全球规范，它以低成本的短距离无线连接为基础，可为固定的或移动的终端设备（如掌上电脑、笔记本电脑和手机等）提供廉价的接入服务。其实质内容是为固定设备或移动设备之间的通信环境建立通用的近距无线接口，将通信技术与计算机技术结合起来，使各种设备在没有电线或电缆相互连接的情况下，能在近距离范围内实现相互通信或操作。其传输频段为全球通用的 2.4 GHz ISM（Industrial Scientific Medical）频段，提供 1 Mbps 的传输速率和 10 m 的传输距离。

蓝牙技术诞生于 1994 年，爱立信公司当时决定开发一种低功耗、低成本的无线接口，以建立手机及其附件间的通信。该技术还陆续获得 PC 行业巨头的支持。1998 年 5 月，爱立信联合诺基亚、英特尔、IBM、东芝这 4 家公司一起成立了蓝牙特别兴趣小组（Special Interest Group，SIG），负责蓝牙技术标准的制定、产品测试，并协调各国蓝牙技术的具体使用。3COM、朗讯、微软和摩托罗拉也很快加盟到 SIG，与 SIG 的 5 个创始公司一同成为 SIG 的 9 个倡导发起者。自蓝牙规范 1.0 版推出后，蓝牙技术的推广与应用得到了迅猛发展。截至目前，SIG 的成员已经超过了 2500 家，几乎覆盖了全球各行各业，包括通信厂商、网络厂商、外设厂商、芯片厂商、软件厂商等，甚至消费类电器厂商和汽车制造商也加入了

SIG。对于蓝牙 2016 年的技术蓝图，蓝牙技术将实现更长通信距离、更快传输速度及 Mesh 联网功能。在通信距离上，Bluetooth Smart 的射程范围最多将可扩大 4 倍，改变智能家居和基础设施领域的应用，为整个室内空间或户外中的不同使用情境提供传输距离更长、连接品质更稳健的无线连接。传输速度在不增加功耗的情况下也将提升至当前的 2 倍，可为关键性应用如医疗设备实现更快速地数据传输，以提高反应速度并降低时间延迟。而 Mesh 联网功能则能让蓝牙网络的覆盖范围得以遍及整栋建筑或整户住宅，使得范围内的蓝牙设备彼此互联，开启智能家居和工业自动化的更多应用可能。

蓝牙协议的标准版本为 IEEE 802.15.1，基于蓝牙规范 V1.1 实现，后者已构建到现行很多蓝牙设备中。新版 IEEE 802.15.1a 基本等同于蓝牙规范 V1.2 标准，具备一定的 QoS 特性，并完整保持后向兼容性。IEEE 802.15.1a 的 PHY 层中采用先进的扩频跳频技术，提供 10 Mbps 的数据速率。另外，在 MAC 层中改进了与 802.11 系统的共存性，并提供增强的语音处理能力、更快速的建立连接能力、增强的服务品质，以及提高蓝牙无线连接安全性的匿名模式。

从目前的应用来看，由于蓝牙体积小、功率低，其应用已不局限于计算机外设，几乎可以被集成到任何数字设备之中，特别是那些对数据传输速率要求不高的移动设备和便携设备。蓝牙技术的特点可归纳为如下几点。

（1）全球范围适用。蓝牙工作在 2.4 GHz 的 ISM 频段，全球大多数国家 ISM 频段的范围是 2.4～2.4835 GHz，使用该频段无须向各国的无线电资源管理部门申请许可证。

（2）可同时传输语音和数据。蓝牙采用电路交换和分组交换技术，支持异步数据信道、三路语音信道，以及异步数据与同步语音同时传输的信道。每个语音信道数据速率为 64 kbps，语音信号编码采用脉冲编码调制（PCM）或连续可变斜率增量调制（CVSD）方法。当采用非对称信道传输数据时，速率最高为 721 kbps，反向为 57.6 kbps；当采用对称信道传输数据时，速率最高为 342.6 kbps。蓝牙有两种链路类型：异步无连接（Asynchronous Connection-Less，ACL）链路和同步面向连接（Synchronous Connection-Oriented，SCO）链路。

（3）可以建立临时性的对等连接（Ad hoc Connection）。根据蓝牙设备在网络中的角色，可分为主设备（Master）与从设备（Slave）。主设备是组网连接主动发起连接请求的蓝牙设备，几个蓝牙设备连接成一个皮网（Piconet，又名微微网）时，其中只有一个主设备，其余的均为从设备。皮网是蓝牙最基本的一种网络形式，最简单的皮网是一个主设备和一个从设备组成的点对点的通信连接。通过时分复用技术，一个蓝牙设备便可以同时与几个不同的皮网保持同步，具体来说，就是该设备按照一定的时间顺序参与不同的皮网，即某一时刻参与某一皮网，而下一时刻参与另一个皮网。

（4）具有很好的抗干扰能力。工作在 ISM 频段的无线电设备有很多种，如家用微波炉、无线局域网 WLAN 和 HomeRF 等产品，为了很好地抵抗来自这些设备的干扰，蓝牙采用了跳频（Frequency Hopping）方式来扩展频谱（Spread Spectrum），将 2.402～2.48 GHz 频段分成 79 个频点，相邻频点间隔 1 MHz。蓝牙设备在某个频点发送数据之后，再跳到另一个频点发送，而频点的排列顺序则是伪随机的，每秒频率改变 1600 次，每个频率持续 625 μs。

（5）蓝牙模块体积很小、便于集成。由于个人移动设备的体积较小，嵌入其内部的蓝牙模块体积就应该更小，如超低功耗射频专业厂商 Nordic Semiconductor 的蓝牙 4.0 模块 PTR5518，体积约为 15 mm×15 mm×2 mm。

（6）低功耗。蓝牙设备在通信连接（Connection）状态下，有四种工作模式：激活（Active）模式、呼吸（Sniff）模式、保持（Hold）模式和休眠（Park）模式。Active 模式是正常的工作状态，另外三种模式是为了节能所规定的低功耗模式。

（7）开放的接口标准。SIG 为了推广蓝牙技术的使用，将蓝牙的技术标准全部公开，全世界范围内的任何单位和个人都可以进行蓝牙产品的开发，只要最终通过 SIG 的蓝牙产品兼容性测试，就可以推向市场。

（8）成本低。随着市场需求的扩大，各个供应商纷纷推出自己的蓝牙芯片和模块，蓝牙产品价格飞速下降。

1.3.2　Wi-Fi

Wi-Fi（Wireless Fidelity，无线保真）技术与蓝牙技术一样，同属于在办公室和家庭中使用的短距离无线技术。该技术使用的使 2.4 GHz 附近的频段，该频段是无须申请的 ISM 无线频段。其目前可使用的标准有两个，分别是 IEEE 802.11a 和 IEEE 802.11b。该技术由于有着自身的优点，因此受到厂商的青睐。

其一，无线电波的覆盖范围广，基于蓝牙技术的电波覆盖范围非常小，半径大约只有 50 英尺（约 15 m），而 Wi-Fi 的半径则可达 300 英尺左右（约 100 m），办公室自不用说，就是在整栋大楼中也可使用。

其二，虽然由 Wi-Fi 技术传输的无线通信质量不是很好，数据安全性能比蓝牙差一些，传输质量也有待改进，但传输速率非常快（如 IEEE 802.11ac 数据传输速率甚至可达 422 Mbps/867 Mbps），符合个人和社会信息化的需求。

其三，厂商进入该领域的门槛比较低。厂商只要在机场、车站、咖啡店、图书馆等人员较密集的地方设置"热点"，并通过高速线路将因特网接入上述场所。这样，由于"热点"所发射出的电波可以达到距接入点半径数十米至 100 m 的地方，用户只要将支持 WLAN 的笔记本电脑或 PDA 拿到该区域内，即可高速接入因特网。也就是说，厂商不用耗费资金来进行网络布线接入，从而节省了大量的成本。

Wi-Fi 是以太网的一种无线扩展，理论上只要用户位于一个接入点四周的一定区域内，就能以最高约 11 Mbps 的速度接入 Web。但实际上，如果有多个用户同时通过一个点接入，带宽被多个用户分享，Wi-Fi 的连接速度一般将只有几百 kbps 的信号不受墙壁阻隔，在建筑物内的有效传输距离小于户外。

Wi-Fi 技术未来最具潜力的应用将主要在 SoHo、家庭无线网络，以及不便安装电缆的建筑物或场所。目前这一技术的用户主要来自机场、酒店、商场等公共热点场所。Wi-Fi 技术可将 Wi-Fi 与基于 XML 或 Java 的 Web 服务融合起来，可以大幅度减少企业的成本。例如，企业选择在每一层楼或每一个部门配备 802.11b 的接入点，而不是采用电缆线把整幢建筑物连接起来。这样一来，可以节省大量铺设电缆所需花费的资金。

最初的 IEEE 802.11 规范是在 1997 年提出的，称为 IEEE 802.11b，主要目的是提供 WLAN 接入，也是目前 WLAN 的主要技术标准，它的工作频率是 2.4 GHz ISM，与无绳电话、蓝牙等许多不需频率使用许可证的无线设备共享同一频段。随着 Wi-Fi 协议新版本，如 802.11a 和 802.11g 的先后推出，Wi-Fi 的应用将越来越广泛。速度更快的 802.11g 使用与 802.11a 相同的 OFDM（正交频分多路复用）调制技术，同样工作在 2.4 GHz 频段，速率可达 54 Mbps。根据国际消费电子产品的发展趋势判断，802.11g 将有可能被大多数无线网络产品制造商选择作为产品标准。当前在各地如火如荼展开的"无线城市"的建设，强调将 Wi-Fi 技术与 3G、LTE 等蜂窝通信技术的融合互补，通过 WLAN 对于宏网络数据业务的有效补充，为电信运营商创造出一种新的赢利运营模式；同时，也为 Wi-Fi 技术带来了新的巨大市场增长空间。

1.3.3 IrDA

红外线数据协会 IrDA（Infrared Data Association）成立于 1993 年，起初采用 IrDA 标准的无线设备仅能在 1 m 范围内以 115.2 kbps 的速率传输数据，很快发展到 4 Mbps（Fast Infrared，FIR）以及 16 Mbps（Very Fast Infrared，VFIR）的速率。

IrDA 是一种利用红外线进行点对点通信的技术，是第一个实现无线个域网（Wireless Personal Area Network，WPAN）的技术。目前它的软/硬件技术都很成熟，在小型移动设备，如 PDA、手机上广泛使用。事实上，当今每一个出厂的 PDA 及许多手机、笔记本电脑、打印机等产品都支持 IrDA。

IrDA 在技术上的主要优点有：

（1）无须专门申请特定频率的使用执照，在当前频率资源匮乏、频道使用费用增加的背景下，这一点是非常重要的。

（2）具有移动通信设备所必需的体积小、功率低、连接方便、简单易用的特点，与同类技术相比，耗电量也是最低的。

（3）传输速率在适合于家庭和办公室使用的微微网（Piconet）中是最高的，由于采用点到点的连接，数据传输所受到的干扰较少，速率可达 16 Mbps。

（4）红外线发射角度较小（30°以内），传输上安全性高。

除了在技术上有自己的技术特点外，IrDA 的市场优势也是十分明显的。在成本上，红外线 LED 及接收器等组件远较一般 RF 组件来得便宜。此外，IrDA 接收角度也由传统的 30°扩展到 120°。这样，在台式电脑上采用低功耗、小体积、移动余度较大的含有 IrDA 接口的键盘、鼠标就有了基本的技术保障。同时，由于 Internet 的迅猛发展和图形文件逐渐增多，IrDA 的高速率传输优势在扫描仪和数码相机等图形处理设备中更可大显身手。

但是，IrDA 也的确有其不尽如人意的地方。首先，IrDA 是一种视距传输技术，也就是说两个具有 IrDA 端口的设备之间如果传输数据，中间就不能有阻挡物，这在两个设备之间是容易实现的，但在多个电子设备间就必须彼此调整位置和角度等。而蓝牙就没有此限制，且不受墙壁的阻隔。其次，IrDA 设备中的核心部件——红外线 LED 不是一种十分耐用的器件，对于不经常使用的扫描仪、数码相机等设备虽然游刃有余，但如果经常用装配 IrDA 端口的手机上网，可能很快就不堪重负了。

总之，对于要求传输速率高、使用次数少、移动范围小、价格比较低的设备，如打印机、扫描仪、数码相机等，IrDA 技术是首选。

1.3.4 ZigBee

ZigBee 主要应用在短距离范围之内并且数据传输速率不高的各种电子设备之间。ZigBee 名字来源于蜂群使用的赖以生存和发展的通信方式，蜜蜂通过跳 ZigZag 形状的舞蹈来分享新发现的食物源的位置、距离和方向等信息。

ZigBee 联盟成立于 2001 年 8 月。2002 年下半年，Invensys、Mitsubishi、摩托罗拉和飞利浦半导体公司四大巨头共同宣布加盟 ZigBee 联盟，研发名为 ZigBee 的下一代无线通信标准。到目前为止，该联盟已有包括芯片、IT、电信和工业控制领域内约 500 多家世界著名企业会员。ZigBee 联盟负责制定网络层、安全层和 API（应用编程接口）层协议。2004 年 12 月 14 日，ZigBee 联盟发布了第一个 ZigBee 技术规范。ZigBee 的 PHY 层和 MAC 层由

IEEE 802.15.4 标准定义，802.15.4 定义了两个 PHY 层标准，分别对应于 2.4 GHz 频段和 868/915 MHz 频段。两者均基于直接序列扩频（DSSS），物理层数据包格式相同，区别在于工作频率、调制技术、扩频码片长度和传输速率等，具体见表 1.2。

表 1.2　ZigBee 在 2.4 GHz 频段和 868/915 MHz 频段物理层的区别

工作频率/MHz	频段/MHz	数据速率/kbps	调制方式
868/915	868～868.6	20	BPSK
	902～928	40	BPSK
2450	2400～2483.5	50	O-QPSK

ZigBee 可以说是蓝牙的同族兄弟。与蓝牙相比，ZigBee 更简单、速率更慢、功率及费用也更低。它的基本速率是 250 kbps，当降低到 28 kbps 时，传输范围可扩大到 134 m，并获得更高的可靠性。另外，它可与 254 个节点连网。可以比蓝牙更好地支持游戏、消费电子、仪器和家庭自动化应用。此外，人们期望能在工业监控、传感器网络、家庭监控、安全系统和玩具等领域拓展 ZigBee 的应用。

ZigBee 技术的特点如下。

（1）数据传输速率低，只有 20～250 kbps，专注于低传输应用。

（2）功耗低，在低耗电待机模式下，两节普通 5 号干电池可使用 6 个月以上，这也是 ZigBee 的支持者一直引以为豪的独特优势。

（3）成本低，因为 ZigBee 数据传输速率低、协议简单，所以大大降低了成本；积极投入 ZigBee 开发的摩托罗拉以及飞利浦，均已于 2003 年正式推出芯片，飞利浦预估，应用于主机端的芯片成本和其他终端产品的成本比蓝牙更具价格竞争力。

（4）网络容量大，每个 ZigBee 网络最多可支持 255 个设备，也就是说每个 ZigBee 设备可以与另外 254 台设备相连接。

（5）有效范围小，有效覆盖范围在 10～75 m 之间，具体依据实际发射功率的大小和各种不同的应用模式而定，基本上能够覆盖普通的家庭或办公室环境。

（6）工作频段灵活，使用的频段分别为 2.4 GHz、868 MHz（欧洲）及 915 MHz（美国），均为免执照频段。

根据 ZigBee 联盟目前的设想，ZigBee 的目标市场主要有 PC 外设（鼠标、键盘、游戏操控杆）、消费类电子设备（TV、VCR、CD、VCD、DVD 等设备上的遥控装置）、家庭内智能控制（照明、煤气计量控制及报警等）、玩具（电子宠物）、医护（监视器和传感器）、工控（监视器、传感器和自动控制设备）等非常广阔的领域。

1.3.5　RFID

射频识别（Radio Frequency Identification，RFID）是一种非接触式的自动识别技术，其基本原理是利用射频信号及其空间耦合（电感或电磁耦合）的传输特性，实现对静止或移动物品的自动识别。射频识别常称为感应式电子芯片或近接卡、感应卡、非接触卡、电子标签、电子条码等。一个简单的 RFID 系统由阅读器（Reader）、应答器（Transponder）和电子标签（Tag）组成，其原理是由读写器发射特定频率的无线电波能量给应答器，用以驱动应答器电路，读取应答器内部的 ID 码。应答器的形式有卡、纽扣、标签等多种类型，电子标签具有免用电池、免接触、不怕脏污，且芯片密码为世界唯一，无法复制，具有安全性高、寿命长等特点。所以，RFID 标签可以贴在或安装在不同物品上，由安装在不同地理位置的读写器读取存储于标签中的数据，实现对物品的自动识别。RFID 的应用非常广泛，目前典型应用有动物芯片、汽车芯片防盗器、门禁管制、停车场管制、生产线自动化、物料管理、校园一卡通等。

RFID 技术的主要特点是通过电磁耦合方式来传送识别信息，不受空间限制，可快速地进行物体跟踪和数据交换。由于 RFID 需要利用无线电频率资源，必须遵守无线电频率管理的诸多规范。具体来说，与同期或早期的接触式识别技术相比较，RFID 还具有如下特点。

（1）数据的读写功能。只要通过 RFID 读写器，不需要接触即可直接读取射频卡内的数据信息到数据库内，且一次可处理多个标签，也可以将处理的数据状态写入电子标签。

（2）电子标签的小型化和多样化。RFID 在读取上并不受尺寸大小与形状的限制，不需要为了读取精确度而配合纸张的固定尺寸和印刷品质。此外，RFID 电子标签更可向小型化发展，便于嵌入到不同物品内，因此可以更加灵活地控制物品的生产和加工，特别是在生产线上的应用。

（3）耐环境性。RFID 最突出的特点是可以非接触读写（读写距离可以从十厘米至几十米）、可识别高速运动物体，抗恶劣环境，且对水、油和药品等物质具有较强的抗污性。RFID 可以在黑暗或脏污的环境之中读取数据。

（4）可重复使用。由于 RFID 为电子数据，可以反复读写，因此可以回收标签重复使用，提高利用率，降低电子污染。

（5）穿透性。RFID 即使被纸张、木材和塑料等非金属、非透明材质包覆，也可以进行穿透性通信，但是它不能穿过铁质等金属物体进行通信。

（6）数据的记忆容量大。数据容量会随着记忆规格的发展而扩大，未来物品所需携带的数据量会越来越大，对卷标所能扩充容量的需求也会增加，对此，RFID 将不会受到限制。

（7）系统安全性。将产品数据从中央计算机中转存到标签上将为系统提供安全保障，大大地提高系统的安全性。射频标签中数据的存储可以通过校验或循环冗余校验的方法来得到保证。

1.3.6 NFC

近场通信（Near Field Communication，NFC）是由飞利浦、诺基亚和索尼公司主推的一种类似于 RFID（非接触式射频识别）的短距离无线通信技术标准。和 RFID 不同，NFC 采用了双向的识别和连接，工作频率为 13.56 MHz，工作距离在 20 cm 以内。

NFC 最初仅仅是 RFID 和网络技术的合并，但现在已发展成无线连接技术，它能快速自动地建立无线网络，为蜂窝设备、蓝牙设备、Wi-Fi 设备提供一个"虚拟连接"，使电子设备可以在短距离范围内进行通信。NFC 的短距离交互大大简化了整个认证识别过程，使电子设备间互相访问更直接、更安全和更清楚，不用再听到各种电子杂音。

NFC 通过在单一设备上组合所有的身份识别应用和服务，帮助解决记忆多个密码的麻烦，同时也保证了数据的安全保护。有了 NFC，多个设备如数码相机、PDA、机顶盒、电脑、手机等之间的无线互连、彼此交换数据或服务都将有可能实现。

此外 NFC 还可以将其他类型无线通信（如 Wi-Fi 和蓝牙）"加速"，实现更快和更远的数据传输。每个电子设备都有自己的专用应用菜单，而 NFC 可以创建快速安全的连接，而无须在众多接口的菜单中进行选择。与知名的蓝牙等短距离无线通信标准不同的是，NFC 的作用距离进一步缩短且不像蓝牙那样需要有对应的加密设备。

同样，构建 Wi-Fi 家族无线网络需要多台具有无线网卡的电脑、打印机和其他设备，除此之外，还得有一定技术的专业人员才能胜任这一工作。而 NFC 被置入接入点之后，只要将其中两个靠近就可以实现交流，比配置 Wi-Fi 连接容易得多。

与其他短距离通信技术相比，NFC 具有鲜明的特点，主要体现在以下几个方面。

（1）距离近、能耗低。NFC 是一种能够提供安全、快捷通信的无线连接技术，但由于 NFC 采取了独特的信号衰减技术，其他通信技术的传输范围可以达到几米，甚至几百米，通信距离不超过 20 cm。由于其传输距离较近，能耗相对较低。

（2）NFC 更具安全性。NFC 是一种近距离连接技术，提供各种设备间距离较近的通信。与其他连接方式相比，NFC 是一种私密通信方式，加上其距离近、射频范围小的特点，其通信更加安全。

（3）NFC 与现有非接触智能卡技术兼容。NFC 标准目前已经成为越来越多主要厂商支

持的正式标准，很多非接触智能卡都能够与 NFC 技术相兼容。

（4）传输速率较低。NFC 标准规定了数据传输速率具备了三种传输速率，最高的仅为 424 kbps，传输速率相对较低，不适合诸如音/视频流等需要较高带宽的应用。

NFC 有三种应用类型。

（1）设备连接。除了无线局域网，NFC 也可以简化蓝牙连接。例如，手提电脑用户如果想在机场上网，他只需要走近一个 Wi-Fi 热点即可实现。

（2）实时预定。例如，海报或展览信息背后贴有特定芯片，利用含 NFC 协议的手机或 PDA，便能取得详细信息，或者立即联机使用信用卡进行票券购买，而且这些芯片无须独立的能源。

（3）移动商务。飞利浦的 Mifare 技术支持了世界上几个大型交通系统及在银行业为客户提供 VISA 卡等各种服务。索尼的 FeliCa 非接触智能卡技术产品在中国香港及深圳、新加坡、日本的市场占有率非常高，主要应用在交通及金融机构。

总而言之，这项新技术正在改写无线网络连接的游戏规则，但 NFC 的目标并非是完全取代蓝牙、Wi-Fi 等其他无线技术，而是在不同的场合、不同的领域起到相互补充的作用。所以，目前后来居上的 NFC 发展态势相当迅速！

1.3.7 UWB

超宽带（Ultra Wide Band，UWB）技术是一种无线载波通信技术，它不采用正弦载波，而是利用纳秒级的非正弦波窄脉冲传输数据，因此其所占的频谱范围很宽。UWB 可在非常宽的带宽上传输信号，美国 FCC 对 UWB 的规定为：在 3.1～10.6 GHz 频段中占用 500 MHz 以上的带宽。由于 UWB 可以利用低功耗、低复杂度发射/接收机实现高速数据传输，在近年来得到了迅速发展。它在非常宽的频谱范围内采用低功率脉冲传送数据而不会对常规窄带无线通信系统造成大的干扰，并可充分利用频谱资源。

UWB 技术具有系统复杂度低、发射信号功率谱密度低、对信道衰落不敏感、低截获能力、定位精度高等优点，尤其适用于室内等密集多径场所的高速无线接入，非常适于建立一个高效的无线局域网或无线个域网（WPAN）。UWB 主要应用在小范围、高分辨率、能够穿透墙壁、地面和身体的雷达和图像系统中。除此之外，这种新技术适用于对速率要求非常高（大于 100 Mbps）的 LAN 或 PAN。

UWB 最具特色的应用将是视频消费娱乐方面的无线个域网（WPAN）。现有的无线通信方式，802.11b 和蓝牙的速率太慢，不适合传输视频数据；54 Mbps 速率的 802.11a 标准可以处理视频数据，但费用昂贵。而 UWB 有可能在 10 m 范围内，支持高达 110 Mbps 的数据传输率，不需要压缩数据，可以快速、简单、经济地完成视频数据处理。具有一定相容性和高速、低成本、低功耗的优点使得 UWB 较适合家庭无线消费市场的需求：UWB 尤其适合近距离内高速传送大量多媒体数据，可以穿透障碍物的突出优点，让很多商业公司将其看成一种很有前途的无线通信技术，应用于诸如将视频信号从机顶盒无线传送到数字电视等家庭场合。当然，UWB 未来的前途还要取决于各种无线方案的技术发展、成本、用户使用习惯和市场成熟度等多方面的因素。

1.3.8　60 GHz

随着 HDTV（高清晰度电视）的广泛应用，如高清机顶盒、蓝光 DVD 播放机、个人手持设备与个人电脑之间的海量数据交互，以及无线显示等应用都对无线高速传输提出了更高的要求。这些远远超过了目前无线通信系统所提供的传输能力，因此，必须通过研究新的无线通信技术来满足这些应用的需求。这些应用主要是在 2～20 m 范围提供传输速率高达几 Gbps 甚至几十 Gbps 的无线传输。60 GHz 毫米波技术为这种高速传输提供了有效的手段，其与我们熟知的 802.11n（工作在 2.4 GHz 和 5 GHz 频段）和 802.11ac（工作在 5 GHz 频段）技术标准不同的是，802.11ad 是工作在 60 GHz 频段。而选择 60 GHz 频段的好处就是带宽大且无干扰，就像你驾驶着全球最快的跑车，奔驰在自家的高速公路之上，没有其他人的影响，可以始终保持最高速度，60 GHz 技术可轻松达到 7 Gbps。此外，60 GHz 技术还在容量、功耗和延迟方面有着其他技术标准无法比拟的优势，特别是在延迟方面，其延迟通常仅有 10 μs，堪比有线。

正是因为在速度和延迟方面有着其他无线标准无法比拟的优势，使得 60 GHz 技术在 4K 时代实现了高速发展；同时随着虚拟现实 VR 的兴起，60 GHz 技术的前景更加被看好，因为它们都需要高带宽和低延迟的支持。随着物联网的兴起，其应用前景也变得更加广阔。除了配备与平板电视和蓝光播放机外，手机、摄像机、数码相机、上网本和计算机、汽车防撞雷达和卫星通信等方面也将是 60 GHz 无线传输技术的应用平台。无线 USB、蓝牙等无线连接方案也在考虑使用 60 GHz 无线传输技术作为载体。毫米波无线通信系统的研发可为大容量的无线传输提供一个可行的技术途径，可以极大地缓解目前 60 GHz 以下频段拥挤的问题，成为拓展未来无线通信系统的重要发展方向。

当然，60 GHz 技术也有自己的"软肋"。我们知道，频段越高，无线穿越物体的能力就越差，工作在 5 GHz 频段的 802.11ac 相比工作在 2.4 GHz 频段的 802.11n 已经可以看出差异，因此工作在 60 GHz 频段的 802.11ad，基本上不具备"穿墙"能力。

1.3.9　Z-Wave

Z-Wave 是一种新兴的基于射频的、低成本、低功耗、高可靠、适于网络的短距离无线通信技术，其工作频带为 868.42 MHz（欧洲）～908.42 MHz（美国），采用 FSK（BFSK/GFSK）

调制方式，数据传输速率为 9.6 kbps，信号的有效覆盖范围在室内是 30 m，室外可超过 100 m，适合于窄带应用场合。随着通信距离的增大，设备的复杂度、功耗及系统成本通常都会增加，而相对于现有的各种无线通信技术，Z-Wave 技术将是最低功耗和最低成本的技术，有力地推动着低速率无线个域网（WPAN）。

Z-Wave 技术设计用于住宅、照明商业控制，以及状态读取应用，如抄表、照明及家电控制、HVAC、接入控制、防盗及火灾检测等。Z-Wave 可将任何独立的设备转换为智能网络设备，从而可以实现控制和无线监测。Z-Wave 技术在最初设计时，就定位于智能家居无线控制领域。采用小数据格式传输，40 kbps 的传输速率足以应对，早期甚至使用 9.6 kbps 的速率传输。与同类的其他无线技术相比，拥有相对较低的传输频率、相对较远的传输距离和一定的价格优势。

Z-Wave 最初由丹麦 Zensys 公司提出，目前 Z-Wave 联盟已经具有 160 多家国际知名公司，范围基本覆盖全球各个国家和地区。尤其是思科与英特尔的加入，强化了 Z-Wave 在家庭自动化领域的地位。就市场占有率来说，Z-Wave 在欧美普及率比较高，知名厂商如 wintop、Leviton、control4 等。在 2011 年美国国际消费电子展（CES）中，wintop 已经推出基于互联网远程控制的产品，如远程监控、远程照明控制等。随着 Z-Wave 联盟的不断扩大，该技术的应用也将不仅仅局限于智能家居方面，在酒店控制系统、工业自动化、农业自动化等多个领域，都将发现 Z-Wave 无线网络的身影。从 2001 年第一代 Z-Wave 芯片发展到 2016 年已经到了第五代。Z-Wave 技术在第三代的时候，已经定义了 AES128 bit 加密通信，达到了银行的加密级别。到了第五代的芯片，已经用硬件实现了加密功能，等于说 Z-Wave 设备提供加密的功能是免费的，不需要用户去开发，这个非常方便。Z-Wave 自组网络中，每个设备都可以和别的设备协调工作，不需要控制器去做协调。因此，网络对于第三方没有依赖性，故障几率也会相对小一些。

此外，还有其他短距离无线通信技术，如 HomeRF、无线 1394、可见光通信、Ad hoc（自组织网络）技术等，这里就不一一介绍。

1.3.10　小结

技术的发展在于用户的需求，上述各种短距离无线通信技术都是满足用户一定的需求，在某个领域有其相关的应用。

蓝牙主要应用于短距离的电子设备直接的组网或点对点信息传输，如耳机、计算机、手机等。蓝牙节能性好，在数据流量不大的场合，完全可以替代有线网络技术。它问世的时间最早，目前已用于手机（如蓝牙耳机）等设备，但是存在兼容性的问题，例如不少蓝牙耳机与部分电话之间无法正常通信，令个人和集团消费者深感不便。另外，连接两台蓝牙设备的操作过程比较复杂，妨碍了它的推广和应用。

ZigBee 技术受到摩托罗拉、Honeywell、三星、ABB 和松下电气等企业的支持，这种技术的特点是连接设备的操作十分简便，通常只须按一个键，用户无须懂得专门的知识。ZigBee 非常适用于拥有大量无线传感器和控制操作的工业控制领域。ZigBee 技术能耗极低，可用于灯具、火警报警器和暖气系统等。例如，汽车内的灯光系统、扬声器、车载电话只须通过一枚 ZigBee 芯片，就可由仪表盘全部控制。它的另一个特点是只要有一两个产品就能使用，而不像其他无线技术那样，需要很多设备组成网络才能使用。一旦 ZigBee 开始应用于消费类电子设备和 PC 外围设备，一个不可避免的问题是，它将如何与蓝牙等其他无线通信技术共存。

Wi-Fi 提供一种接入互联网的标准，可以看成互联网的无线延伸。由于其热点覆盖、低移动性和高数据传输速率的特点，Wi-Fi 更适于小型办公场所或家庭网络。Wi-Fi 可以作为高速有线接入技术的补充，逐渐也会成为蜂窝移动通信的补充。现在 OFDM、MIMO（多入多出）、智能天线和软件无线电等，都开始应用到无线局域网中以提升 Wi-Fi 性能，比如 802.11n 采用 MIMO 与 OFDM 相结合，使数据速率成倍提高。另外，天线及传输技术的改进使得无线局域网的传输距离大大增加，可以达到几千米。

UWB 应用在家庭娱乐短距离的通信传输，直接传输大数据量宽带视频数据流。当需要从 USB 传出视频数据或从数码相机向电脑传输数码照片时，这种技术特别合适。但是，这种技术的使用范围只有几米，竞争力相对较弱。作为下一代高速无线数据传输技术的有力候选者，UWB 技术出现之初曾引起业界的广泛关注，以该技术为基础的 Wireless USB 等接口被认为可以很快普及。不过，由于欧洲、美国和日本对于 UWB 的严格管制，以及 UWB 标准的争端，UWB 技术的普及之路已变得铺满荆棘。从 2008 年开始，多家从事 UWB 技术研究的公司已经相继倒闭或合并，英特尔等大公司也放弃了推进 UWB 技术的努力，WiMedia Alliance 则已经宣告寿终正寝。与之相反，60 GHz 无线传输技术的数据传输速率和传输距离都超过 UWB，在业界的支持方面更显示出了令人乐观的前景。甚至有分析师认为，不久的将来，UWB 技术将在消费类电子领域销声匿迹，而 60 GHz 技术则将进入快速发展期。

近场通信（NFC）技术将 RFID 技术和互联网技术相融合，可满足用户包括移动支付与交易、对等式通信及移动中信息访问在内的多种应用。NFC 技术的出现正是为了解决蓝牙技术存在的操作问题。用户在使用时，只要使两台设备相距几厘米以内，NFC 芯片就会完成自动识别和连接，完全不用人操作。支持这项技术的企业有索尼、诺基亚、飞利浦等。鉴于 WXQ 技术安全性能好，VISA 信用卡公司有意将其应用于无线支付系统。NFC 作为一种新兴的技术，它的目标并非完全取代蓝牙、Wi-Fi 等其他无线技术，而是在不同的场合、不同的领域起到相互补充的作用。NFC 作为一种面向消费者的交易机制，比其他通信更可靠且简单得多。NFC 面向近距离交易，适用于交换财务信息或敏感的个人信息等重要数据；但是其他通信方式能够弥补 NFC 通信距离不足的缺点，适用于较长距离数据通信，比如快捷轻型的 NFC 协议可以用于引导两台设备之间的蓝牙配对过程，促进蓝牙的使用。因此，

NFC 与其他通信方式互为补充，共同存在。

表 1.3 给出了蓝牙、超宽带、ZigBee 和 WLAN 等 4 种主要短距离无线通信技术的比较。总的看来，这些流行的短距离无线通信技术各有千秋，这些技术之间存在着相互竞争，但在某些实际应用领域内它们又相互补充，没有一种技术可以完美到足以满足所有的要求。单纯地说"某种技术会取代另一种技术"，这是一种不负责任的说法，就好像飞机又快又稳，也没有取代自行车一样，各有各的应用领域。

表 1.3　4 种主要短距离无线通信技术的比较

项　　目		蓝牙	超宽带	ZigBee	WLAN
技术特性	速率	1～24 Mbps	100～480 Mbps	20～250 kbps	1～320 Mbps
	成本	中	高	低	高
	耗电	二者相当		最省电	最耗电
	距离	10～100 m	10 m	10～100 m	30～100 m
目标应用		控制、声音、PC 外设、移动应用、多媒体应用	移动和多媒体应用	控制、医疗护理、PC 外设、移动应用	家庭/企业/公众局域网络多媒体应用、移动应用
优势与机会		• 综合手机策略奏效； • 优异的语音支持能力； • 在短距离无线技术中居领先地位； • 可以与 WLAN 技术并存使用	• 应用面极广； • 芯片成本降低； • 有机会取代蓝牙	• 优异的成本结构和省电特性； • 与其他无线技术的市场区分明显	• 应用面极广； • 成功进入 PC 市场； • 使用者认知度最高； • 手持式装置和消费性电子市场应用
弱势与威胁		• 不同厂商设备互通性问题； • 竞争者实力雄厚，存在被取代的可能性； • 缺乏"无法被取代"的技术特性和市场应用	• 两大 UWB 方案标准化失败； • 与 WLAN 技术有部分市场重叠	• 爱立信正制定 Bluetooth Lite 标准； • 电力控制技术，如 Lon Works 已十分成熟	• 安全性和 QoS 议题； • 未来高数据传输率和高穿透性超宽带技术

1.4　本章小结

本章首先概要介绍了物联网的概念与发展，并简单描述了物联网的体系结构和关键技术；然后介绍物联网通信，包括移动通信、宽带无线接入、短距离无线通信及无线传感网络等；最后对几种短距离无线通信技术进行了简要概述并分析比较了各自的特点。需要指出的是，上述各种短距离无线通信技术都有其立足的特点，或基于传输速度、距离、耗电量的特殊要求，或着眼于功能的扩充性，或符合某些单一应用的特别要求，或建立竞争技术的差异化等。它们互为补充，共同存在，但是没有一种技术可以完美到足以满足所有的要求。在后续章节中，我们将逐一对各项典型的短距离无线通信技术进行详细阐述，包括其发展历程、工作原理、技术标准、技术特点、应用范围等。

短距离无线通信技术是物联网体系架构中的重要支撑技术，旨在解决近距离设备的连接问题，可以支持动态组网并灵活实现与上层网络的信息交互功能。该技术的定位满足了物联网终端组网、物联网终端网络与电信网络互连互通的要求，这是短距离无线通信技术在物联网发展背景下彰显活力的根本原因。

思考与练习

（1）什么是物联网？物联网的重要特征是什么？

（2）物联网是如何兴起的？其背后的驱动力是什么？

（3）物联网在系统结构上分为哪几个层次？每层实现什么功能？

（4）物联网关键技术有哪些？

（5）移动通信有哪些特点？

（6）宽带无线接入技术有哪些？

（7）短距离无线通信技术有哪些？其各自的特点是什么？

（8）如何看待各种短距离无线通信技术之间的关系？

参考文献

[1] 张春红，裴晓峰，夏海轮，等. 物联网技术与应用[M]. 北京：人民邮电出版社，2011.

[2] 刘化君. 物联网技术[M]. 北京：电子工业出版社，2010.

[3] 黄玉兰. 物联网概论[M]. 北京：人民邮电出版社，2011.

[4] Amardeo C, Sarma, J G. Identities in the future internet of things[J]. Wireless Personal Communications, 2009, 49(3): 353-363.

[5] 何丰如. 物联网体系结构的分析与研究[J]. 广州：广东广播电视大学学报, 2010, 19(82): 95-100.

[6] Yan Bo, Huang Guang Wen. Supply chain information transmission based on RFID and internet of things[C]//ISECS International Colloquium on Computing, Communication, Control and Management. 2009, 4: 166-169.

[7] IBM. http://www.ibm.com/smarterplanet/us/en/.

[8] http://spacetv.cctv.com/vedio/VIDEl268482063865885.

[9] A. Dohr, R. Modre-Opsrian, M. Drobics, et al. The internet of things for ambient assisted living [R]. 2012 Seventh International Conference on Information Technology: New Generations (ITNG), 2010, 4: 804-809.

[10] 吴功宜. 智慧的物联网[M]. 北京：机械工业出版社，2010.

[11] 刘化君. 物联网体系结构研究[J]. 中国新通信，2010.5(9): 17-21.

[12] Robert A. Dolin. Deploying the Internet of things [C]//International Symposium on Applications and the Internet, 2006: 216 - 219.

[13] Jing Lin, Sedigh Sahra, Ann Miller. A general framework for quantitative modeling of dependability in Cyber-Physical Systems: a proposal for doctoral research[C]//Proc of 33rd Annual IEEE International Computer Software and Applications Conference, 2009: 668 - 671.

[14] G.M. Youngblood, L.B. Holder, D.J. Cook. Managing adaptive versatile environments[C]//Third IEEE International Conference on Pervasive Computing and Communications, Kauai Island, Hawaii, USA, 2005: 351-360.

[15] 中国智能家居联盟网[EB/OL]. http://www.ehomecn.com.

[16] 朱晓荣，齐丽娜，孙君. 物联网与泛在通信技术[M]. 北京：人民邮电出版社，2010.

[17] 李德仁，龚健雅，邵振峰. 从数字地球到智慧地球[J]. 武汉大学学报（信息科学版），2012, 35(2): 127-132.

[18] 李劼，姚远，宋俊德. 近距离无线通信技术的发展现状与展望[J]. 移动通信，2008, 6: 5-9.

[19] 王亚丽，刘元安，吴帆. 近距离无线通信技术与物联网[J]. 通信技术与标准，2011: 35-42.

[20] Bray Jennifer, F. Sturman Charles. Bluetooth: Connect without cables[M]. Prentice Hall PTR, 2002.

[21] Pravin Bhagwat. Bluetooth: technology for short-Range wireless apps[J]. IEEE Internet Computing, 2001, 5(3): 96-103.

[22] 李仲令，李少谦，唐友喜，等. 现代无线与移动通信技术[M]. 北京：科学出版社，2007.

[23] 方旭明，何蓉. 短距离无线与移动通信网络[M]. 北京：人民邮电出版社, 2004.

[24] 徐小涛，吴延林. 无线个域网（WPAN）技术及其应用[M]. 北京：人民邮电出版社，2009.

[25] 郭梯云，杨家玮，李建东. 数字移动通信[M]. 北京：人民邮电出版社，2001.

[26] IEEE Std 802.15.1-2002. IEEE Standard for Telecommunications and Information Exchange Between Systems – LAN/MAN- Specific Requirements - Part 15: Wireless Medium Access Control (MAC) and Physical Layer (PHY) Specifications for Wireless Personal Area Networks (WPANs)[S]. IEEE Standards Association, 14th June 2002.

[27] Bluetooth SIG. Specification of the bluetooth system core version 1.1 [S]. 2001.

[28] IEEE Std 802.15.1a-2003. Supplement to IEEE Standard for Information technology—Telecommunications and information exchange between systems—Local and metropolitan area networks—Specific requirements—Part 15: Wireless Medium Access Control(MAC)and Physical Layer(PHY)Specifications for Wireless Personal Area Networks (WPANs)[S]. IEEE Standards Association, 2003.

[29] Bluetooth SIG. Specification of the Bluetooth system core version 1.2[S]. 2003.

第2章
蓝牙无线通信技术

蓝牙（Bluetooth）技术，实际上是一种短距离无线通信技术。蓝牙（Bluetooth）原是一位在 10 世纪统一丹麦的国王，他将当时的瑞典、芬兰与丹麦统一起来。用他的名字来命名这种新的技术标准，含有将四分五裂的局面统一起来的意思。蓝牙技术使用高速跳频（Frequency Hopping，FH）和时分多址（Time Division Multiple Access，TDMA）等先进技术，在近距离内最廉价地将几台数字化设备（各种移动设备、固定通信设备、计算机及其终端设备、各种数字数据系统，如数字照相机、数字摄像机等，甚至各种家用电器、自动化设备）呈网状连接起来。蓝牙技术将是网络中各种外围设备接口的统一桥梁，它消除了设备之间的连线，以无线连接取而代之。通过芯片上的无线接收器，配有蓝牙技术的电子产品能够在 10 m 左右的距离内彼此相通，传输速度可以达到 1 Mbps。以往红外线接口的传输技术需要电子装置在视线之内的距离，而现在有蓝牙技术，这样的麻烦也可以免除了。

2.1 蓝牙技术概述

2.1.1 蓝牙技术发展概况

蓝牙（Bluetooth）一词是斯堪的纳维亚语中 Blåtand / Blåtann (即古挪威语 blátǫnn) 的一个英语化版本，该词是 10 世纪的一位国王 Harald Bluetooth 的绰号，他将纷争不断的丹麦部落统一为一个王国，传说中他还引入了基督教。以此为蓝牙命名的想法最初是 Jim Kardach 于 1997 年提出的，Kardach 开发了能够允许移动电话与计算机通信的系统。他的灵感来自于当时他正在阅读的一本由 Frans G. Bengtsson 撰写的描写北欧海盗和 Harald Bluetooth 国王的历史小说《The Long Ships》，意指蓝牙也将把通信协议统一为全球标准。

1998 年 5 月，爱立信、诺基亚、东芝、IBM 和英特尔公司 5 家著名厂商，在联合开展短程无线通信技术的标准化活动时提出了蓝牙技术，其宗旨是提供一种短距离、低成本的无线传输应用技术。这 5 家厂商还成立了蓝牙特别兴趣小组（SIG），以使蓝牙技术能够成为未来的无线通信标准。芯片霸主英特尔公司负责半导体芯片和传输软件的开发，爱立信负责无线射频和移动电话软件的开发，IBM 和东芝负责笔记本电脑接口规格的开发。1999年下半年，著名的业界巨头微软、摩托罗拉、3COM、朗讯与蓝牙特别兴趣小组的 5 家公司共同发起成立了蓝牙技术推广组织，从而在全球范围内掀起了一股"蓝牙"热潮。全球业界随之开发了一大批蓝牙技术的应用产品，使蓝牙技术呈现出极其广阔的市场前景，在 21世纪初掀起了波澜壮阔的全球无线通信浪潮。截至目前，SIG 成员已经超过了 2500 家，几乎覆盖了全球各行各业，包括通信厂商、网络厂商、外设厂商、芯片厂商、软件厂商等，甚至消费类电器厂商和汽车制造商也加入了 SIG。

蓝牙协议的标准版本为 IEEE 802.15.1，基于蓝牙规范 V1.1 实现，后者已构建到现行很多蓝牙设备中。新版 IEEE 802.15.1a 基本等同于蓝牙规范 V1.2 标准，具备一定的 QoS 特性，并完整保持后向兼容性。IEEE 802.15.1a 的 PHY 层中采用先进的扩频跳频技术，提供 10 Mbps的数据速率。另外，在 MAC 层中改进了与 802.11 系统的共存性，并提供增强的语音处理能力、更快速的建立连接能力、增强的服务品质以及提高蓝牙无线连接安全性的匿名模式。2010 年 7 月，蓝牙技术联盟（Special Interest Group，SIG）宣布正式采纳蓝牙 4.0 核心规范，并启动对应的认证计划。蓝牙 4.0 实际是个三位一体的蓝牙技术，它将三种规格合而为一，分别是传统蓝牙、低功耗蓝牙和高速蓝牙技术，这三个规格可以组合或者单独使用。蓝牙4.0 的标志性特色是 2009 年年底宣布的低功耗蓝牙无线技术规范。蓝牙 4.0 最重要的特性是功耗低，极低的运行和待机功耗可以使一粒纽扣电池连续工作数年之久。此外，低成本和跨厂商互操作性、3 ms 低延迟、100 m 以上的超长传输距离、AES-128 加密等诸多特色，使其可以用于计步器、心律监视器、智能仪表、传感器物联网等众多领域，大大扩展了蓝牙技术的应用范围。蓝牙 4.0 依旧向下兼容，包含经典蓝牙技术规范和最高速度 24 Mbps 的蓝牙高速技术规范。

2013 年 12 月，蓝牙技术联盟发布了蓝牙 4.1。蓝牙 4.1 主要是为了实现物联网，迎合可穿戴连接，对通信功能的改进。在传输速度的方面，蓝牙 4.1 在蓝牙 4.0 的基础上进行升级，使得批量数据可以以更高的速度传输，但这一改进仅仅针对兴起的可穿戴设备，而不可以用蓝牙高速传输流媒体视频。在网络连接方面，蓝牙 4.1 支持 IPv6，使有蓝牙的设备能够通过蓝牙连接到可以上网的设备上，实现 Wi-Fi 相同的功能。另外，蓝牙 4.1 支持多连一，即用户可以把多款设备连接到一个蓝牙设备上。

蓝牙 4.2 发布于 2014 年 12 月 2 日，它为 IoT 推出了一些关键性能，是一次硬件的更新。但是一些旧有蓝牙硬件也能够获得蓝牙 4.2 的一些功能，如通过固件实现隐私保护更新。具体来说，蓝牙 4.2 的最大改进是支持灵活的互联网连接选项 6LowPAN，亦即基于 IPv6 协议的低功耗无线个人局域网技术。这一技术允许多个蓝牙设备通过一个终端接入互联网或局域网。另一改进则表现在隐私方面，现在蓝牙设备只会连接受信任的终端，在与陌生终端连接之前会请求用户许可，这一改进可以避免用户无意间暴露自己的位置或留下自己的记录。在传输性能方面，蓝牙 4.2 标准将数据传输速率提高了 2.5 倍，主要由于蓝牙智能数据包的容量相比此前提高了 10 倍，同时降低了传输错误率。

2.1.2 蓝牙的技术特点

蓝牙是一种短距离无线通信的技术规范，它起初的目标是取代现有的计算机外设、掌上电脑和移动电话等各种数字设备上的有线电缆连接。蓝牙规范在制定之初，就建立了统一全球的目标，其规范向全球公开，工作频段为全球统一开放的 2.4 GHz 频段。从目前的应用来看，由于蓝牙在小体积和低功耗方面的突出表现，它几乎可以被集成到任何数字设备之中，特别是那些对数据传输速率要求不高的移动设备和便携设备。蓝牙技术标准制定的目标如下所述。

（1）全球范围适用。蓝牙工作在 2.4 GHz 的 ISM 频段，全球大多数国家 ISM 频段的范围是 2.4～2.4835 GHz，使用该频段无须向各国的无线电资源管理部门申请许可证。

（2）可同时传输语音和数据。蓝牙采用电路交换和分组交换技术，支持异步数据信道、三路语音信道或异步数据和同步语音同时传输的信道。其中每个语音信道为 64 kbps，语音信号的调制采用脉冲编码调制（Pulse Code Modulation，PCM）或连续可变斜率增量调制（Continuous Variable Slope Delta，CVSD）。对于数据信道，如果采用非对称数据传输，则单向最大传输速率为 721 kbps，反向为 57.6 kbps；如果采用对称数据传输，则速率最高为 342.6 kbps。蓝牙定义了两种链路类型：异步无连接（AsynChronous Connectionless，ACL）链路和面向同步连接（Synehronous Connection-Oriented，SCO）链路。ACL 链路支持对称或非对称、分组交换不和多点连接，主要用来传输数据；SCO 链路支持对称、电路交换和点到点的连接，主要用来传输语音。

（3）可以建立临时性的对等连接（Ad hoc Connection）。蓝牙设备根据其在网络中的角色，可以分为主设备（Master）与从设备（Slave）。蓝牙设备建立连接时，主动发起连接请求的为主设备，响应方为从设备。当几个蓝牙设备连接成一个微微网（Piconet）时，其中只有一个主设备，其余的均为从设备。微微网是蓝牙最基本的一种网络，由一个主设备和一个从设备所组成的点对点的通信是最简单的微微网。蓝牙微微网的结构如图 2.1 所示。

几个微微网在时间和空间上相互重叠，进一步组成了更加复杂的网络拓扑结构，成为散射网（Scatternet）。散射网中的蓝牙设备可能是某个微微网的从设备，也可能同时是另一个微微网的主设备，如图 2.2 所示。

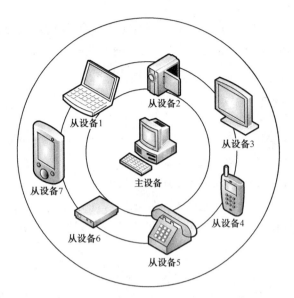

图 2.1　蓝牙微微网

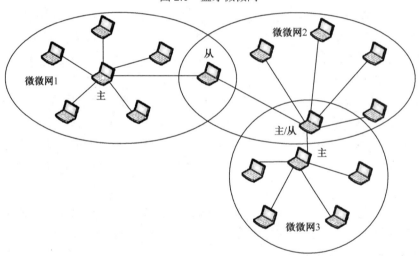

图 2.2　蓝牙散射网

不同的微微网之间的跳频频率各自独立、互不相关，其中每个微微网可由不同的跳频序列来标识，参与同一微微网的所有设备都与此微微网的跳频序列同步。尽管在开放的 ISM 频段原则上不允许有多个微微网的同步，但通过时分复用技术，一个蓝牙设备便可以同时与几个不同的微微网保持同步。具体来说，就是该设备按照一定的时间顺序参与不同的微微网，即某一时刻参与一个微微网，而下一时刻参与另一个微微网。

（4）具有很好的抗干扰能力。工作在 ISM 频段的无线电设备有很多种，如家用微波炉、无线局域网（Wireless Local Area Network，WLAN）和 HomeRF 等技术产品，蓝牙为了很好地抵消来自这些设备的干扰，采取了跳频（Frequency Hopping）方式来扩展频谱（Spread Spectrum），将 2.402～2.48 GHz 的频段分成 79 个频点，每两个相邻频点间隔 1 MHz。数据分组在某个频点发送之后，再跳到另一个频点发送，而对于频点的选择顺序则是伪随机的，每秒频率改变 1600 次，每个频率持续 625 μs。

（5）具有很小的体积，以便集成到各种设备中。由于个人移动设备的体积较小，嵌入其内部的蓝牙模块体积就应该更小，如超低功耗射频专业厂商 Nordic Semiconductor 的蓝牙 4.0 模块 PTR5518，尺寸约为 15mm×15mm×2mm。

（6）微小的功耗。蓝牙设备在通信连接（Connection）状态下，有 4 种工作模式：激活（Active）模式、呼吸（Sniff）模式、保持（Hold）模式和休眠（Park）模式。Active 模式是正常的工作状态，另外 3 种模式是为了节能所规定的低功耗模式。Sniff 模式下的从设备周期性地被激活；Hold 模式下的从设备停止监听来自主设备的数据分组，但保持其激活成员地址；Park 模式下的主从设备仍保持同步，但从设备不需要保留其激活成员地址。这 3 种节能模式中，Sniff 模式的功耗最高，但对于主设备的响应最快，Park 模式的功耗最低，对于主设备的响应最慢。

（7）开放的接口标准。SIG 为了推广蓝牙技术的使用，将蓝牙的技术标准全部公开，全世界范围内的任何单位和个人都可以进行蓝牙产品的开发，只要最终通过 SIG 的蓝牙产品兼容性测试，就可以推向市场。这样一来，SIG 就可以通过提供技术服务和出售芯片等业务获利，同时大量的蓝牙应用程序也可以得到大规模推广。

（8）低成本，使得设备在集成了蓝牙技术之后只需增加很少的费用。蓝牙产品刚刚面世时，价格昂贵，一副蓝牙耳机的售价就达到 5000 元左右。随着市场需求的扩大，各个供应商纷纷推出自己的蓝牙芯片和模块，如爱立信、飞利浦、CSR、索尼、英特尔等公司，蓝牙产品的价格也飞速下降。对于购买蓝牙产品的用户来说，仅仅一次性增加较少的投入，却换来了永久的便捷与效率。

2.1.3 蓝牙系统组成

蓝牙的关键特性是健壮性、低复杂性、低功耗和低成本。

蓝牙工作在全球通用的 2.4 GHz 的 ISM 频段，并采用跳频收发信机来达到抗干扰和抑制信号衰减的作用，采用二进制调频（FM）模式降低收发信机的复杂性，其符号速率为 1 Mbps。划分为时隙的信道采用 625 μs 的标称时隙长度。蓝牙系统采用全双工时分（TDD）传输方案实现双工传输。在信道中，信息可以以分组方式进行交换。各信息分组可采用不同跳频频率实现传输。理论上讲，一个分组覆盖一个单时隙，而实际上一个分组可扩展至覆盖 5 个时隙。蓝牙协议使用电路交换和分组交换的混合方式。时隙保留用于同步分组。

同时，蓝牙能够支持一条异步数据信道，乃至 3 个同步语音信道，或一条同时支持异步数据和同步语音的信道。每个语音信道在每个方向上支持 64 kbps 同步语音信道连接。异步信道最大可不对称支持 723.2 kbps（回程为 57.6 kbps），或对称支持 433.9 kbps 的传输速率。

蓝牙系统由无线部分、链路控制部分、链路管理支持部分和主终端接口组成，如图 2.3 所示。

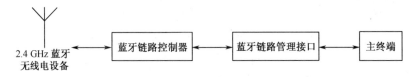

图 2.3　蓝牙系统结构

蓝牙系统提供点对点连接方式或一对多连接方式，其连接方式如图 2.4 所示。

图 2.4　蓝牙系统连接方式

在一对多连接方式中，多个蓝牙单元之间共享一条信道。共享同一信道的两个或两个以上的单元形成一个微微网。其中，一个蓝牙单元作为微微网的主单元，其余则为从单元。在一个微微网中最多可有 7 个活动从单元。另外，更多的从单元可被锁定于某一主单元，该状态称为休眠状态。在该信道中，不能激活这些处于休眠状态的从单元，但仍可使之与主单元之间保持同步。对处于激活或休眠状态的从单元而言，信道访问都是由主单元进行控制的。

具有重叠覆盖区域的多个微微网构成一个散射网络（Scatternet）结构，如图 2.5 所示。每个微微网只能有一个主单元，从单元可基于时分复用参加不同的微微网。另外，在一个微微网中的主单元仍可作为另一个微微网的从单元，各微微网间不必以时间或频率同步，它们有自己的跳频信道。

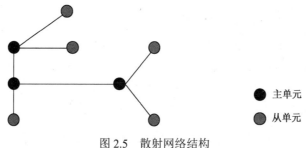

主单元

从单元

图 2.5　散射网络结构

2.2　蓝牙协议体系结构

　　蓝牙技术规范的目的是使符合该规范的各种应用之间能够互通，为此，本地设备与远端设备需要使用相同的协议栈。

　　不同的应用可以在不同的协议栈上运行。但是，所有的协议栈都要使用蓝牙技术规范中的数据链路层和物理层。完整的蓝牙协议栈如图 2.6 所示，在其顶部支持蓝牙使用模式的相互作用的应用被构造出来。不是任何应用都必须使用全部协议，相反，应用只会采用蓝牙协议栈中垂直方向的协议。图 2.6 显示了数据经过无线传输时，各个协议如何使用其他协议所提供的服务，但在某些应用中这种关系是有变化的，如需控制连接管理器时，一些协议如逻辑链路控制应用协议（L2CAP），二元电话控制规范（TCS Binary）可使用连接管理协议（LMP）。完整的协议包括蓝牙专用协议（LMP 和 L2CAP）和蓝牙非专用协议（如对象交换协议 OBEX 和用户数据报协议 UDP）。设计协议和协议栈的主要原则是尽可能利用现有的各种高层协议，保证现有协议与蓝牙技术的融合及各种应用之间的互通性，充分利用兼容蓝牙技术规范的软/硬件系统。蓝牙技术规范的开放性保证了设备制造商可自由地选用蓝牙专用协议或常用的公共协议，在蓝牙技术规范基础上开发新的应用。

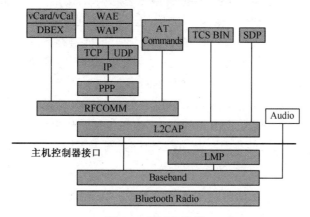

图 2.6　蓝牙协议栈

蓝牙协议体系中的协议由 SIG 分为 4 层。

- 蓝牙核心协议：Baseband、LMP、L2CAP、SDP。
- 电缆替换协议：RFCOMM。
- 电话传送控制协议：TCS Binary、AT Commands。
- 选用协议：PPP、UDP/TCP/IP、OBEX、vCard、vCal、IrMC、WAE。

除上述协议层外，蓝牙规范还定义了主机控制器接口（HCI），它为基带控制器、连接管理器提供命令接口，并且可通过它访问硬件状态和控制寄存器。HCI 位于 L2CAP 的下层，但 HCI 也可位于 L2CAP 上层。蓝牙核心协议由 SIG 制定的蓝牙专利协议组成，绝大部分蓝牙设备都需要蓝牙核心协议（包括无线部分），而其他协议根据应用的需要而定。总之，电缆替换协议、电话控制协议和被采用的协议构成了面向应用的协议，允许各种应用运行在核心协议之上。

2.2.1 蓝牙核心协议

1. 基带协议（Baseband）

基带就是蓝牙的物理层，它负责管理物理信道和链路中除了错误纠正、数据处理、调频选择和蓝牙安全之外的所有业务。基带在蓝牙协议栈中位于蓝牙射频之上，基本上起链路控制和链路管理的作用，如承载链路连接和功率控制这类链路级路由等。基带还管理异步和同步链路、处理数据包、寻呼、查询接入和查询蓝牙设备等。基带收发器采用时分复用 TDD 方案（交替发送和接收），因此除了不同的跳频之外（频分），时间都被划分为时隙。在正常的连接模式下，主单元会总是以偶数时隙启动，而从单元则总是从奇数时隙启动（尽管可以不考虑时隙的序数而持续传输）。

基带可以处理两种类型的链路：SCO（同步连接）和 ACL（异步无连接）链路。SCO 链路是微微网中单一主单元和单一从单元之间的一种点对点对称的链路，主单元采用按照规定间隔预留时隙（电路交换类型）的方式可以维护 SCO 链路，SCO 链路携带语音信息，主单元可以支持多达三条并发 SCO 链路，而从单元则可以支持两条或者三条 SCO 链路，SCO 数据包永不重传，SCO 数据包用于 64 kbps 语音传输。ACL 链路是微微网内主单元和全部从单元之间点对多点的链路，在没有为 SCO 链路预留时隙的情况下，主单元可以对任意从单元在每时隙的基础上建立 ACL 链路，其中也包括了从单元已经使用某条 SCO 链路的情况（分组交换类型）。只能存在一条 ACL 链路，对大多数 ACL 数据包来说都可以应用数据包重传。

基带和链路控制层确保了微微网内各蓝牙设备单元之间由射频构成的物理连接。蓝牙的射频系统是一个跳频扩展频谱系统，其任一分组在指定时隙、指定频率上发送，它使用查询和寻呼进程来同步不同设备间的发送跳频和时钟。蓝牙提供了两种物理连接方式及其相应的基带数据分组：同步面向连接和异步无连接，而且在同一射频上可实现多路数据传送。ACL 只用于数据分组，SCO 适用于音频及音频与数据的组合，所有音频与数据分组都附有不同级别的前向纠错（FEC）或循环冗余校验（CRC），而且可进行加密。此外，不同数据类型（包括连接管理信息和控制信息）都被分配了一个特殊通道。

2. 链路管理协议（LMP）

链路管理协议（LMP）和逻辑链路控制与适应协议（L2CAP）都是蓝牙的核心协议，L2CAP 与 LMP 共同实现 OSI 数据链路层的功能。

LMP 负责蓝牙设备之间的链路建立，包括鉴权、加密等安全技术及基带层分组大小的控制和协商，它还控制无线设备的功率以及蓝牙节点的连接状态。L2CAP 在高层和基带层之间作适配协议，它与 LMP 是并列的，区别在于 L2CAP 向高层提供负载的传送，而 LMP 不能，即 LMP 不负责业务数据的传递。

链路管理协议（LMP）有以下关键作用：

（1）链路管理协议（LMP）负责蓝牙组件间连接的建立和断开。在两个不同的蓝牙设备之间建立连接时，该连接由 ACL 链路组成（先传递参数），然后就可以建立起一条或多条 SCO 链路。链路管理协议（LMP）支持由主、从单元初始化 SCO 链路，支持由主、从单元请求改变 SCO 链路参数；它还提供了一种协商呼叫方案的方法，并支持通过协商确定基带数据分组大小。

（2）通过监控信道特性、支持测试模式和出错处理来维护信道。链路管理器负责监控无线单元（射频部分）的信号场强和信号发射功率；链路管理器负责监控在 DM（Data-Medium Rate，中等速率数据）和 DH（Data-High Rate，高速率数据）之间基于质量的信道变化；链路管理器还提供支持服务质量（QoS）的能力；每一条蓝牙链路都具有一个用于链路监控的计时器，链路管理器利用该计时器对超时进行监控；另外，LMP 具有不同蓝牙测试模式的 PDU，测试模式主要用于对兼容蓝牙无线电和基带的测试（也可用于蓝牙设备的鉴权）；链路管理器中针对各种错误，有相应的出错处理，还能够监测链接中错误消息的数量，一旦超过阈值就将其断开。

（3）通过连接的发起、交换、核实、进行身份鉴权和加密等安全方面的任务。包括链接字（用于身份鉴权）的创建、改变、匹配检验；协商加密模式、加密字长度；加密的开始和停止等。

（4）控制微微网内及微微网之间蓝牙组件的时钟补偿和计时精度。蓝牙的链路管理器可以从其他链路管理器那里请求时钟偏移信息（主单元请求，从单元告诉它目前从单元存储的时钟偏移，而该时间偏移则是从单元自身在和主单元进行某些数据包交换的过程中得到的）、时隙偏移信息（时隙偏移就是微微网内主单元和从单元传送的开始时隙之间的时间差，时间差的单位是毫秒）、计时精度信息（时钟漂移和抖动）。这些信息对微微网内部和微微网间的正常通信是至关重要的，LMP 还支持多时隙分组控制。

（5）控制微微网内蓝牙组件的工作模式。链路管理器还可以控制工作模式转换过程（强迫或者请求某台设备把所处工作模式转换为以下模式之一：保持、呼吸或者休眠）。在休眠模式下，链路管理器会负责广播消息给休眠的设备、处理信号参数，以及唤醒休眠的设备等任务，链路管理器还会负责解除休眠。

（6）其他功能。包括支持对链路管理器协议版本信息的请求、请求命名、主从角色切换等。

3. 逻辑链路控制和适配协议（L2CAP）

逻辑链路控制和适配协议（L2CAP）位于基带层之上，向上层协议提供服务，可以认为它与 LMP 并行工作，它们的区别在于 L2CAP 为上层提供服务时，负荷数据从不通过 LMP 消息进行传递。

L2CAP 向上层提供面向连接的和无连接的数据服务，它采用了多路技术、分割和重组技术、群提取技术。L2CAP 允许高层协议及应用以最大为 64 KB 的长度收发数据包。

虽然基带协议提供了 SCO 和 ACL 两种连接类型，但 L2CAP 只支持 ACL 连接，不支持 SCO 连接。

L2CAP 有以下关键作用：完成数据的拆装，基带与高层协议间的适配，并通过协议复用、分段及重组操作为高层提供数据业务和分类提取，它允许高层协议和应用接收或发送达 64 KB 的 L2CAP 数据包。数据重传和低级别流控也由 L2CAP 协议完成。

（1）协议复用。L2CAP 支持协议复用，因为基带协议不能识别并支持任何类型段，而这些类型段则用于标识要复用的更高层协议。L2CAP 必须能够区分高层协议，如蓝牙服务搜索协议（SDP）、RFCOMM 和电话控制（TCS）。在信道上收到的每一个 L2CAP 分组都指向相应的高层协议。

（2）信道的连接、配置、打开和关闭。L2CAP 基于分组，但它实际上遵循的是一个基于信道的通信模型。一条信道代表远程设备上两个 L2CAP 实体间的数据流。信道可以是面向连接的，也可以是无连接的。面向连接的数据信道提供了两设备之间的连接，无连接的信道限制数据向单一方向流动。但要注意，如果一开始两个设备之间没有物理链路存在，系统使用 LMP 命令来产生物理链路。

（3）分段与重组。蓝牙与其他有线物理介质相比，由基带协议定义的分组在大小上受到限制。输出与最大基带有效载荷（DH5 分组中的 341 B）关联的最大传输单元（MTU）限制了更高层协议带宽的有效使用，而高层协议要使用更大的分组。大 L2CAP 分组必须在无线传输前分段成为多个小基带分组。同样，收到多个小基带分组后也可以重新组装成大的单一的 L2CAP 分组。在使用比基带分组更大的分组协议时，必须使用分段与重组（SAR）功能。实际上，所有 L2CAP 分组都可以在基带分组的基础上进行分段。

（4）服务质量（QoS）。L2CAP 连接建立过程，允许交换有关两个蓝牙单元之间的服务质量信息，每个 L2CAP 设备必须监视由协议使用的资源并保证服务质量（QoS）的完整实现。L2CAP 还提供 QoS 授权控制，以避免其他信道违反 QoS 协定。

（5）组管理。许多协议包含地址组的概念。L2CAP 组管理协议提供允许在微微网成员与组之间有效映射的单元组概念，L2CAP 组概念可以实现在微微网上的有效协议映射。如果没有组概念，为了有效管理组，高层协议就必须直接与基带协议和链路管理器打交道。

4. 服务发现协议（SDP）

在蓝牙系统中，要发现服务的设备和提供服务的设备都有可能是在不断移动的，而且在移动的过程中，可能有新的设备加入或者原先的设备离开，所以为使用蓝牙技术的设备制定一个程序来帮助用户方便地挑选这些服务就显得尤为重要。并且，蓝牙设备常常是在一种未知的情况下相遇，所以必须制定一个标准化的程序来查找、定位并标识这些设备。蓝牙协议栈中的服务发现协议(SDP)就可用来查找附近存在的蓝牙设备，一旦找到了某些附近的蓝牙设备提供的可用服务，用户就可以选择使用其中的一个或多个服务。由此可见，服务发现协议对于蓝牙系统来说至关重要，它是所有使用模式的基础。使用 SDP，可以查询到设备信息、服务和服务类型，从而在蓝牙设备间建立相应的连接。

SDP 支持以下 3 种类型的服务查询方式：通过服务种类来查询服务、通过服务特征属性来查询服务、通过服务浏览方式来查询服务。 前两种方式用于查询已知的特定的服务，类似于查询："服务 A 或具有特征 B 和 C 的服务 A 存在吗？"最后一种查询方式是最一般的服务查询方式，它类似于查询："现在有些什么服务可以使用？"SDP 将服务分为不同的服务种类，每一个服务种类中有若干服务可以被使用。这些服务由服务特征属性来唯一确定，并存储于服务器端以供客户端查询使用。以上 3 种服务查询方式可以概括为两种情况：①在用户未知的情况下，客户端设备与其附近被搜索到的设备进行连接来执行服务查询；②在用户已知的情况下，客户端设备与其他设备连接来执行服务查询。无论是以上哪种情况，客户端设备都需要先发现其邻近的设备，再与之建立连接，然后向这些设备查询它们所提供的服务。

2.2.2 电缆替换协议（RFCOMM）

RFCOMM 是基于 ETSI07.10 规范的串口仿真协议。电缆替换协议在蓝牙基带上仿真 RS-232 控制和数据信号，为使用串行线传送机制的上层协议（如 OBEX）提供服务。

蓝牙技术的目的是替代电缆。很明显，最应该替代的似乎就是串行电缆。要想有效地实现这一点，蓝牙协议栈就需要提供与有线串行接口一致的通信接口，以便能为应用提供一个熟悉的接口，使那些不曾使用过蓝牙通信技术的传统应用能够在蓝牙链路上无缝地工作。对于熟悉串行通信应用开发的人员来说，无须做任何改动即可保证应用能在蓝牙链路上正常工作。然而传输的协议并不是专门为串口而设计的。

SIG 在协议栈中定义了一层与传统串行接口十分相似的协议层，这层协议就是 RFCOMM，其主要目标是要在当前的应用中实现电缆替代方案。

RFCOMM 使用 L2CAP 实现两个设备之间的逻辑串行链路的连接。需要特别指出的是，一个面向连接的 L2CAP 信道能将两个设备中的两个 RFCOMM 实体连接起来，在给定的时间内，两个设备之间只允许有一个 RFCOMM 连接，但是这个连接可以被复用，所以设备间可以存在多个逻辑串行链路。第一个 RFCOMM 的客户端在 L2CAP 上建立 RFCOMM 连接；已有连接上的其他用户能够利用 RFCOMM 的复用能力，在已有的链路上建立新的信道；最后关闭 RFCOMM 串行链路的用户将结束 RFCOMM 连接。

在一个单独的 RFCOMM 连接上，规范允许建立多达 60 个复用的逻辑串行链路，但是对于一个 RFCOMM 实现而言，并没有强制性地规定不能超过这个复用级别。数据链路链接标识符 DLCI0 为控制信道，DLCI1 根据服务器信道概念不能使用，DLCI62～63 保留使用。

2.2.3 电话传送控制协议

1. 二元电话控制协议（TCS Binary BIN）

二元电话控制协议（TCS Binary 或 TCS BIN）是面向比特的协议，它定义了蓝牙设备间建立语音和数据呼叫的呼叫控制信令。此外，还定义了处理蓝牙 TCS 设备群的移动管理进程。基于 ITU-T 推荐书 Q.931 建议的 TCS Binary 被定义为蓝牙的二元电话控制协议规范。

2. 电话控制协议——AT 命令集（AT Commands）

蓝牙 SIG 根据 ITU-TV250 建议和 GSM07.07 定义了在多使用模式下控制移动电话和调制/解调器的 AT 命令集（可用于传真业务）。

2.2.4 选用协议

（1）点对点协议（PPP）。在蓝牙技术中，PPP 位于 RFCOMM 上层，完成点对点的连接。

（2）TCP/UDP/IP。TCP/UDP/IP 协议是由 IEEE 制定的、广泛应用于互联网通信的协议，在蓝牙设备中使用这些协议是为了与互联网相连接的设备进行通信。蓝牙设备均可以作为访问 Internet 的桥梁。

（3）对象交换协议（OBEX）。IrOBEx（简写为 OBEX）是由红外数据协会（IrDA）制定的会话层协议，它采用简单的和自发的方式交换目标。假设传输层是可靠的，OBEX 就能提供诸如 HTTP 等一些基本功能，采用客户机/服务器模式，独立于传输机制和传输应用程序接口（API）。除了 OBEX 协议本身，以及设备之间的 OBEX 保留用"语法"，OBEX 还提供了一种表示对象和操作的模型。

另外，OBEX 协议定义了"文件夹列表"的功能目标，用来浏览远程设备上文件夹的内容。在第一阶段，RFCOMM 被用作 OBEX 的唯一传输层，将来可能会支持 TCP/IP 作为传输层。

（4）无线应用协议（WAP）。无线应用协议（WAP）是由无线应用协议论坛制定的，它融合了各种广域无线网络技术，其目的是将互联网的内容及电话业务传送到数字蜂窝电话和其他无线终端上。

选用 WAP，可以充分复用为无线应用环境（WAE）所开发的高层应用软件，包括能与 PC 上的应用程序交互的 WML 和 WTA 浏览器。构造应用程序网关就可以在 WAP 服务器和 PC 上的某些应用程序之间进行调节，从而可以实现各种各样隐含的计算功能，如远程控制、从 PC 到手持机预取数据等。WAP 服务器还允许在 PC 和手持机之间交换信息，带来信息中转的概念。WAP 框架也使得使用 WML 和 WML Script 作为通用的软件开发工具来为手持设备开发定制应用程序成为可能。

2.2.5 主机控制接口（HCI）功能规范

1．通信方式

主机控制器接口（Host Controller Interface，HCI）是通过包的方式来传送数据、命令和事件的，所有在主机和主机控制器之间的通信都以包的形式进行，包括每个命令的返回参数都通过特定的事件包来传输。HCI 有数据、命令和事件三种包，其中数据包是双向的，命令包只能从主机发往主机控制器，而事件包始终是从主机控制器发向主机的。主机发出的大多数命令包都会触发主机控制器产生相应的事件包作为响应。命令包分为6种类型。

（1）链路控制命令：链路控制命令是允许主机控制器控制其他蓝牙设备的连接。在链路控制命令运行时，LM控制蓝牙微微网与散射网的建立与维持。这些命令指示LM创建及修改与远端蓝牙设备的连接链路，查询范围内的其他蓝牙设备，及其他链路管理协议命令。

（2）链路策略命令：用于改变本地和远端设备链路管理器的工作方式，允许主机以适当的方式管理微微网。

（3）主机控制和基带命令：主机控制器及基带命令用来改变与建立诸如声音设置、认证模式、加密模式的连接相联系的链路管理（LM）的操作方式。

（4）信息命令：这些信息命令的参数是由蓝牙硬件制造商确定的，它们提供了关于蓝牙设备及设备的主机控制器，链路管理器及基带的信息。主机设备不能更改这些参数。

（5）状态命令：状态命令提供了目前HCI、LM及BB（基带）的状态消息，这些状态参数不能被主机改变，除了一些参数可以被重置。

（6）测试命令：测试命令能够测试蓝牙硬件各种功能，并为蓝牙设备的测试提供不同的测试条件。

2. 通信过程

当主机与基带之间用命令的方式进行通信时，主机向主机控制器发送命令包。主机控制器完成一个命令，大多数情况下，它会向主机发出一个命令完成事件包，包中携带命令完成的信息。有些命令不会收到命令完成事件，而会收到命令状态事件包，若收到该事件则表示主机发出的命令已经被主机控制器接收并开始处理，过一段时间该命令被执行完毕时，主机控制器会向主机发出相应的事件包来通知主机。如果命令参数有误，则会在命令状态事件中给出相应错误码。假如错误出现在一个返回Command Complete事件包的命令中，则此Command Complete事件包不一定含有此命令所定义的所有参数。状态参数作为解释错误原因同时也是第一个返回的参数，总是要返回的。假如紧随状态参数之后是连接句柄或蓝牙的设备地址，则此参数也总是要返回的，这样可判别出此Command Complete事件包属于哪个实例的一个命令。在这种情况下，事件包中连接句柄或蓝牙的设备地址应与命令包中的相应参数一致。假如错误出现在一个不返回Command Complete事件包的命令中，则事件包包含的所有参数不一定都是有效的。主机必须根据与此命令相联系的事件包中的状态参数来决定它们的有效性。

3. HCI流量控制

HCI的流量控制是为了管理主机和主机控制器中有限的资源并控制数据流量而设计的，由主机管理主机控制器的数据缓存区，主机可动态地调整每个连接句柄的流量。

对于命令包的流量控制，主机在每发一个命令之前都要确定当前能发命令包的数目。当然，在开机和重启时发命令包可以不用考虑接收情况，直到收到命令完成事件包或命令状态事件包为止。因为在每个命令完成事件包和命令状态事件包中都有 Num_HCI_Command_Packets 选项表明当时主机能向主机控制器发送的命令包的数目，而对于每个命令必然会有相应的命令完成事件包和命令状态事件包，主机就能控制命令包不会溢出。

对于数据包的流量控制，一开始，主机调用 Read_Buffer_Size 命令，该命令返回的两个参数决定了主机能发往主机控制器的 ACL 和 SCO 两种数据包的大小的最大值，同时两个附加参数则说明了主机控制器能接收的 ACL 和 SCO 数据包总的数目。每隔一段时间，主机控制器会向主机发 Number_Of_Complete_Packets 事件，该事件的参数值表明对每个连接句柄已经处理的数据包的数目（包括正确传输和被丢弃的）。主机根据一开始就知道的总数，减去已经处理的包的数目，则可计算出还能发多少数据包，从而控制数据包的流量。

如有必要，HCI 的流量控制也可由主机控制器来实现对主机的控制，可以通过 Set_Host_Controller_To-Host_Flow_Control 命令来设置，其控制过程基本与主机控制过程类似，只是命令稍有不同。当主机收到断链确认的事件后，就认为所有传往主机控制器的数据包已经全部被丢弃，同时主机控制器中的数据缓冲区也被释放了。

2.3 蓝牙协议子集及应用规范

世界蓝牙组织（SIG）已经确定了一些应用模型，每个应用模型都有一个协议子集，它定义了支持特定应用模型的协议和功能。如果不同厂商的不同设备遵循相同的蓝牙 SIG 应用规范，那么在应用于该特定服务和使用环境时，这些设备之间就可望实现互连。

一个协议子集定义了用于实现某种功能的一些消息和进程。有些功能是强制的，有些是可选的，还有一些是有条件的。所有定义的功能都是强制过程的，即要实现某一种功能就必须遵循一种特定的方式。这保证了同样的功能对每个设备来说都是以相同方式工作的，而与制造商无关。

有 4 个通用的协议子集可用于各种不同的应用模型：通用接入协议子集（GAP）、串口协议子集（SPP）、服务发现应用协议子集（SDAP）及通用对象交换协议子集（GOEP）。

2.3.1 通用接入协议子集

通用接入协议子集（GAP）构成了所有蓝牙协议子集的一个公共基础，因此也为蓝牙传输协议组的通用互操作应用提供了基础。GAP 的一个最重要的贡献是它定义了一套标准的术语。除了公共的术语之外，GAP 的大部分内容是对建立蓝牙连接所需的必要过程进行的定义。这些定义包括设备和名字的发现、查询过程、匹配和绑定，以及链路、信道和连接的建立。对于上述的所有考虑，GAP 提供了通用的和标准的过程，在某些情况下，给出了流程图。定义基本的通信操作是非常重要的：如果没有设备之间基本互操作通信方法的规范定义，其他的协议子集就无法实现。

GAP 主要包含三项内容：词典、连接和个性化。词典汇集了所有术语和术语的定义，这些术语既出现在核心规范中，也出现在协议子集中，词典为术语在规范中的清晰使用提供了依据。连接包含了设备为与其他设备建立或断开连接、鉴权或不鉴权而需要完成的操作。个性化包括了对蓝牙设备进行识别和定制的内容，例如使用友好的用户名称和 PIN。对于连接和个性化这两项内容，只需要 GAP 提供的术语就可以在用户接口层（UI）显示。

1. 连接模式

一个设备可以进入查询扫描模式或寻呼扫描模式，既可以被其他发送查询消息的设备发现，也可以通过发送寻呼消息与其他的设备建立连接。基带规范没有说明设备执行查询扫描和寻呼扫描的条件，因此规范也没有规定什么时候设备允许自己被发现或被连接。GAP 定义了设备建立通信的策略，并将它们分类成发现模式、连接模式和匹配模式。

（1）发现模式。当一个蓝牙设备允许自己被其他的蓝牙设备发现时，这个设备就被称为是可发现的。特别地，一个可发现的设备会定期执行查询扫描，并响应其他的查询设备发来的查询消息。

设备的发现有三个等级：

① 完全可发现模式。在这个可发现的等级中，一个设备使用通用查询接入码进入查询扫描，而通用查询接入码（GIAC）是用 48 比特蓝牙地址中特别保留的 LAP "0x9E8B33" 产生的查询接入码（IAC）。在这种模式中一个设备响应所有的查询，这样它总能被所有的其他正在查询的设备发现。

② 有限可发现模式。在这个可发现的等级中，一个设备使用有限查询接入码进入查询扫描，而这个有限查询接入码（LIAC）使用 48 比特蓝牙地址中特别保留的 LAP "0x9E8B00" 产生的查询接入码（IAC）。在这种模式中，一个设备只响应包含 LIAC 信息的查询，这样它只能被使用 LIAC 进行查询的设备发现。

③ 不可发现模式。在这个发现等级中，一个设备不响应任何查询，所以它不能被其他的查询设备发现。我们说一个设备是可发现的，则它必须一直处在完全可发现模式，即使它处在有限可发现模式也不能说是可发现的。设备可以同时处于有限可发现模式和完全可发现模式，也可以顺序进入有限可发现模式和完全可发现模式。一个可发现的设备必须以至少每 2.56 s 一次的频率进入查询扫描，查询扫描的持续时间不少于 10.625 ms。

（2）连接模式。当一个蓝牙设备允许自己与其他的蓝牙设备建立蓝牙链路时，这个设备被称为是可连接的。特别地，一个可连接的设备能定期执行寻呼扫描，并响应其他寻呼设备发来的寻呼消息。一个不可连接的设备不响应寻呼消息，所以不能与其他的设备建立链路。可发现模式和连接模式可以彼此独立地设置，然而一个仅仅是可发现却不可连接的设备并不会经常用到。

（3）匹配模式。一个蓝牙设备允许自己被其他的蓝牙设备鉴权认证时，这个设备被称为是可匹配的，这意味着该设备可以在一个鉴权事务中承担申请者的角色。此外，一个可匹配的设备除了要接收 LMP_au_rand PDU 之外，还必须接收从校验设备发出的包含在 LMP_in_rand PDU 中的初始鉴权请求信息。一个不可匹配的设备用一个 LMP_not_accepted PDU 来响应 LMP_in_rand PDU，表明这个设备不愿意与任何新设备匹配。

2. 安全模式

蓝牙设备有三种安全模式。当处于安全模式 1 时，蓝牙设备不会发起安全进程。当处于安全模式 2 时，蓝牙设备只有在收到信道建立请求或已经启动信道建立进程之后，才能启动安全进程。安全进程是否启动取决于被请求的信道或服务的安全要求。至少处于安全模式 2 的蓝牙设备必须以授权、鉴权和加密来区分安全要求。

当处于安全模式 3 时，蓝牙设备在发送链路设置完成的消息之前启动安全进程，处于安全模式 3 的蓝牙设备可能会根据内部设置拒绝连接请求。

3. 空闲模式过程

连接和安全模式与外界激励引起的行为有关，这些到来的外部激励（如查询、寻呼等）可以使蓝牙设备再次激活，而空闲模式过程与设备发送出去的激励信号有关。这些过程包括一般查询和有限查询、名字和设备发现及绑定等。

通用查询和有限查询分别用来发现处于完全可发现模式和有限可发现模式的设备。设备发现过程返回可发现和可连接设备的友好用户名，对名字的请求仅与这两个设备的 LMP 层有关，而与主机无关。

绑定是一个为了在设备间建立链路密钥并将之存储以备将来使用而执行的一个匹配过程。在一般绑定中，绑定与其他设备的通信，如访问高层服务相结合；在专用绑定中，一个设备将另一个可匹配设备与这两个设备之间创建的一个绑定联系起来，而不涉及高层事务。

2.3.2　串口协议子集

1. 协议概况

（1）SPP 应用规范协议模型。图 2.7 中端口仿真是一个模拟串行端口和为应用层提供

API 的实体。两边的应用是典型的继承性应用，能通过仿真的串行电缆进行通信。但是，继承性应用并不清楚设置仿真串行电缆的蓝牙进程，它们可能需要在链路双方都采用蓝牙规范的一个辅助性应用的协助。

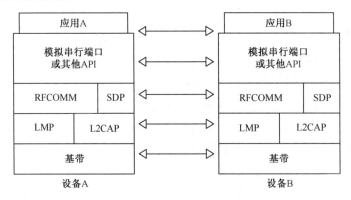

图 2.7　SPP 应用规范协议模型

（2）SPP 包含的作用。在两个设备上设置虚拟串口，并用蓝牙连接模拟两个设备之间的串行电缆。

任何继承性应用可以运行在任一设备上，使用虚拟串口，好像在两个设备间有真正的电缆连接一样。这一应用规范支持一个时隙数据包，仅需要一个时隙的分组，这样可以确保最大为 128 kbps 的数据速率，对更高速率的支持作为可选要求。

虽然蓝牙技术标准描述了一段时间内仅支持一个串口连接，因此可知，它也仅支持点对点的配置。然而，这不妨碍在一设备上同时运行多个 SPP，以支持多重连接。在这种情况下，设备可同时成为发起者和接收者。

（3）SPP 基础。

- 为了运行这一 PROFLIE，一些安全性能，如授权、鉴权及加密是可选的。然而，一个设备被对方要求，那它就必须支持相应的安全进程。如果需要采用安全功能的话，则在连接建立阶段两个设备就结对。
- 在串口应用规范中没有明确规定使用捆绑，故其对捆绑的支持是可选的。
- 当发起者开始建立链路时，为了建立模拟串行电缆连接要执行业务发现进程。
- 在这一应用规范中没有固定的主从设备的角色，双方被认为是对等的。
- RFCOMM 用于传输用户数据、Modem 控制信号和配置命令。

2. 应用层

表 2.1 显示了要求的三种应用级程序。

表 2.1　三种应用级程序

	步　　骤	对 Dev A 的支持	对 Dev B 的支持
1	建立连接，准备虚拟串口连接	M	X
2	接收连接，并建立虚拟串口连接	X	M
3	在本地 SDP 数据库中为应用程序登记服务记录	X	M

（1）建立链路/创建虚拟串行连接。这一过程描述了与远端设备的虚串口建立连接所需的步骤。

① 使用 SDP 提交一个查询，以找到在远端设备上所要应用的 RFCOMM 服务器的通道号。如果包含浏览功能，用户可以在其对等设备可用的端口或服务中进行选择。如果用户已知要使用哪项服务，那么只须使用与该项服务关联的服务类别 D 进行参数查找。

② 作为可选项，远端设备可以要求鉴权和密码认证。

③ 请求与远端 RFCOMM 实体建立一条新的 L2CAP 信道。

④ 在该 L2CAP 信道上启动一个 RFCOMM 回话进程。

⑤ 使用服务器信道号在该 RFCOMM 回话进程上建立一个新的数据链路连接。

当此进程完成时，此虚拟电缆连接即可供两个设备上的应用来进行通信。如果当建立新数据链路连接时，两设备之间已经存在 RFCOMM 进程，那么新连接将建立在已有的 RFCOMM 进程上，在这种情况下，步骤③和步骤④就不需要了。

（2）接收链路/建立虚拟串行连接。这一进程要求参与下面的步骤。

① 如果远端设备需要，就要参鉴权，或进一步采用加密。

② 接收来自 L2CAP 的一个新的信道建立指示。

③ 在该信道上接收一个 RFCOMM 会话进程的建立。

④ 在该 RFCOMM 会话进程上接受一个新的数据链路连接。如果请求虚拟串口的用户需要安全服务，并且这些进程还没有执行，则可能会触发一个本地请求来鉴权远端设备并启用加密。

注：当已经和远端设备建立 RFCOMM 会话进程，步骤①和步骤④可以单独存在。

（3）在本地 SDP 数据库注册服务记录。这一进程提到虚拟串口服务记录在 SDP 数据库中的注册，这暗示了服务数据库的存在和其响应查询的能力。所有通过 RFCOMM 可用的服务/应用都必须有一个 SDP 服务记录，其包括获取相应服务/应用所需的参数。为了支持运行在虚拟串口上的继承性应用，服务注册由一个可以协助用户设置端口的辅助应用来完成。

3. 功率模式和链路丢失处理

通过虚拟串口连接设备的功率需求可能会有很大差别，因此在 SDP 中没有要求使用功率节省模式，不过，可能的话应当禁止使用低功耗模式。如果使用侦听、休眠和保持模式，RFCOMM 数据链路和 L2CAP 信道就都不释放。如果检测到链路丢失，RFCOMM 就被认为已关闭。如果在高层可再继续通信之前，必须先执行 RFCOMM 初始化进程。

2.3.3 服务发现应用协议子集

服务发现是大多数蓝牙应用的关键组成部分，几乎所有的协议子集都包含了服务发现的内容。与 GAP 一样，服务发现应用协议子集（SDAP）提供了一个通用且标准的方法，使用蓝牙协议栈来完成服务发现。与大多数其他协议子集不同的是，SDAP 描述了一个标准的服务发现应用模型，还定义了抽象的、类似于应用程序接口（API）的服务元语。

在面向应用的协议子集中，如文件传送和 LAN 接入协议子集等，SDAP 是独一无二的。为了支持特定的应用情况，其他的那些协议子集所描述的是在进行联合工作时，在两个（或多个）设备上运行的用户级应用所需要补充的内容。而 SDAP 应用只需要在一个设备中存在。SDAP 应用与设备协议栈中的 SDP 层进行交互，SDP 层向其他设备的一个或多个 SDP 层发起 SDP 事务，以便了解其他设备所能提供的服务。从其他设备返回的响应中，服务发现应用可以得到结果，并将这个结果提供给发起事务的设备用户。

在非蓝牙环境中，服务发现通常是利用服务的广播查询或定位服务地址目录的查询来完成的。在后一种查询方式中，广播一律是单向的，只是从微微网的主控设备到从属设备。此外，广播传输是不可恢复的，因为广播传输在出错后无法重传，所以在蓝牙微微网中，服务发现不使用广播方式。同时蓝牙微微网中的服务发现与设备发现是密切相关的。服务发现在完成了鉴权的匹配设备之间进行，并且还要在设备彼此之间已经发现并且建立了蓝牙链路（直到包括了一个 L2CAP 连接）之后进行。

根据 SDAP，参与服务发现的设备可以担任以下角色：①本地设备，该设备实现服务发现应用，它还能实现 SDP 层的客户端功能。一个本地设备可以发起多个 SDP 事务。②远程设备，本地设备与远程设备进行联络，以查询服务。一个远程设备能实现 SDP 层的服务器功能，它响应本地设备发出的 SDP 事务请求。为了产生响应，远程设备需要显示或隐式地维持一个数据库，这个数据库包含通过远程设备可以提供的服务纪录。

尽管某些设备只能充当本地设备，或只能充当远程设备，一般来讲，这些设备角色是暂时的，只有在两个设备间进行 SDP 事务处理时才有意义。一个设备可以在不同的时刻，甚至是在相同的时刻，扮演本地和远程设备角色，这取决于设备创建服务查询或响应服务查询的时间。SDAP 设备所扮演的角色与基带传输中的主从角色无关，因为基带传输中的主从角色在链路管理层之上是没有意义的。一个本地设备在微微网中可以是主控设备，也可以是从属设备，远程设备也是如此。

SDAP 对蓝牙协议栈的需求是直接的。要实现该协议子集，除了使用 SDP 层以下所有协议层的默认设置之外，不需要做其他的任何改动。特别地，当仅仅是为了完成服务发现这个目的进行连接时，设备彼此之间不需要鉴权，也不需要对蓝牙链路进行加密。SDP 事务在设备间的 ACL 基带链路上传输。在 L2CAP 层，SDP 事务在面向连接的信道中传输，这个信道的配置为尽"最大努力（Best Effort）"传输业务数据。

SDAP 协议子集的另一个不同之处是它规定了传输 SDP 业务的 L2CAP 信道的拆除条件，因为 SDP 没有为传送 SDP_PDU 定义一个会话或传输协议。SDP 本身也是一个无连接的协议，为了运行无连接的 SDP 的请求/响应事务，L2CAP 层至少需要在事务持续时期内保持承载事务信息的 L2CAP 信道。为了有效地利用传输资源，SDP 客户端和服务期间的 L2CAP 信道甚至可以保持更长的时间。从根本上讲，执行一个 SDP 事务是为了某个应用，因此这个应用应该负责打开一个 L2CAP 信道，并根据所需的时间维持两个设备之间用于事务处理的 L2CAP 信道。

2.4　蓝牙组网与蓝牙路由机制

2.4.1　蓝牙网络拓扑结构

蓝牙支持点对点和点对多点通信。蓝牙最基本的网络组成是微微网，而微微网实际上是一种个人区域网，即一种以个人区域（即办公室区域）为应用环境的网络结构。这里要指出的是，微微网并不能够代替局域网，它只是用来代替或简化个人区域的电缆连接的。

微微网由主设备单元和从设备单元两种设备单元构成。主设备单元负责提供时钟同步信号和调频序列，而从设备单元一般是受控同步的设备单元，并接受主设备单元的控制。在同一微微网中，所有设备单元均采用同一调频序列。一个微微网中，一般只有一个主设备单元，而从设备单元目前最多可以有 7 个。

当主设备单元为一个，从设备单元也是一个时，这种操作方式是单一从方式；当主设备单元是一个，从设备单元是多个时，这种操作方式是多从方式。例如，办公室的 PC 可以是一个主设备单元，而无线键盘、无线鼠标和无线打印机可以充当从设备单元的角色。

不同的微微网之间可以互相连接。蓝牙标准指出，几个相互独立并不同步的、以特定方式连接起来的微微网构成了散射网络，又称为微微互联网。相邻或相近的不同的微微网采用不同的调频序列以避免干扰。一个微微网中的主设备单元同时也可以作为另一个微微网中的从设备单元，我们把这种设备单元叫作复合设备单元。对于多个微微网络，在 10 个满负荷、独立的微微网络结构中，全双工速率不会超过 6 Mbps。这是因为系统需要同步，同步信号占一定的开销，使数据传输量降低 10%，故而使数据速率有所降低。

2.4.2 蓝牙路由机制

目前，蓝牙技术仍不完善，如蓝牙的传输距离短，要突破目前 10 m 的限制，使通话范围在整个大楼，甚至整个系统还比较困难，且不支持漫游功能。它可以在微微网或散射网络之间切换，但是每次切换都必须断开与当前 APN 的连接。这对于某些应用是可以忍受的，然而对于手提通话、数据同步传输和信息提取等要求自始至终保持稳定的数据连接的应用来说，这样的切换将使传输中断，是不能允许的。要解决这一问题，当务之急是将移动 IP 技术与蓝牙技术有效地结合在一起。

为加快蓝牙技术的实用化进程，对蓝牙技术及其协议的研究与完善十分重要。本章就是针对蓝牙规范的，并在此基础上提出一种全新的蓝牙路由机制。该机制中信息交换中心与固定蓝牙主设备之间通过有线电缆连接，二者之间的通信不通过蓝牙跳频技术，移动终端与 FM 之间进行正常的蓝牙通信。这样可使不同 MSC 的移动终端 MT 之间进行路由、切换，可使蓝牙网络突破 10 m 的限制，从而覆盖整个楼层，甚至整个大楼。

蓝牙路由机制包括 3 个主要的功能模块，如图 2.8 所示。

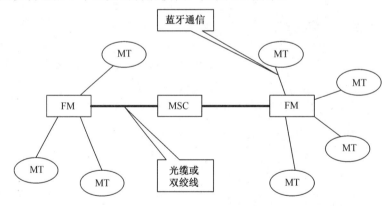

图 2.8　蓝牙路由机制

（1）信息交换中心（MSC）。负责跟踪系统内各蓝牙设备的漫游，并在数据包路由过程中充当中继器，它通过光缆或双绞线直接与固定蓝牙主设备（FM）连接。

（2）固定蓝牙主设备（FM）。位置间隔是固定的，在信息交换中心与其他蓝牙设备，如移动终端（MT）之间提供接口。

（3）移动终端（MT）。移动终端是普通的蓝牙设备，与其他普通的蓝牙设备或更大的蓝牙系统之间进行通信。移动终端（MT）是固定蓝牙主设备（FM）的从设备，固定蓝牙主设备 FM 是信息交换中心（MSC）的从设备。在 MT 与 FM 之间进行连接建立的过程中，FM 是主设备，当连接建立完成后，MT 与 FM 之间要进行主从转换。

在该蓝牙路由机制中，链路管理协议（LMP）被用来传输路由协议数据单元（PDU）。此外，在固定蓝牙主设备 FM 与信息交换中心 MSC 链路之间使用了一种修改的蓝牙基带连接，且不使用蓝牙跳频技术。

1. 信息交换中心（MSC）

信息交换中心是整个蓝牙路由机制的核心部分，没有 MSC，一个区域的蓝牙设备就不能够与 10 m 外的其他蓝牙设备进行通信。MSC 应放置在相对于各个 FM 的中心位置，如建筑物的中心位置或 Internet 的接口处。MSC 通过光缆或双绞线直接与 FM 进行连接，所以理论上 MSC 与 FM 之间没有距离的约束。但 MSC 不直接与 MT 进行连接通信，而是通过 FM 来与 MT 进行连接通信的。

信息交换中心 MSC 有 3 个主要的功能：通过路由表跟踪和定位本系统内所有蓝牙设备；在 2 个属于不同微微网的蓝牙设备之间建立路由连接，并在设备之间交流路由信息；在需要的情况下帮助完成系统的切换功能。此外，如果 MSC 连接到一个 Internet 端口，则对于 BRS 系统，MSC 起到一个网关的作用，这就使得蓝牙信息流可以出入该 BRS 系统或进入到其他蓝牙系统。

（1）路由表。MSC 路由表包含了所有的 FM 及其从设备（如 MT）的地址。路由表分 2 层，每当有 MT 进入/离开一个 FM 微微网或每当一个 FM 被激活/使不活动时，路由表就更新一次。一个 MT 可以有多个入口（即可以属于多个 FM 的从设备），但在一个 FM 微微网中只有代表一个入口。

（2）路由的建立。通常情况下，蓝牙设备会向 MSC 发出路由连接请求，该请求信息包含被请求连接蓝牙设备的地址 BD_ADDR（设备号）。发出连接请求的蓝牙设备可能是 FM 或 MT。在路由连接中，发出连接请求的蓝牙设备是源端，被请求连接的蓝牙设备是目的端。当 MSC 收到该路由连接请求时，它将会通知目的端。如果目的端是 FM，MSC 将直接把路由连接请求信息发给 FM，如果目的端是 MT，MSC 将通过路由表找到该 MT 所属的 FM 微微网，进而通过此 FM 转发路由连接请示信息至目的端 MT。当目的端收到路由请求信息时，将通知 MSC，然后 MSC 通知源端可以进行通信。源端的基带数据包通过 MSC、FM 时要进行包头和接入码的检测，然后修改包头或接入码路由到下一链路。当路由链路出错或链路中有一蓝牙设备发出特殊链路管理信息来终止链路时，路由链路会被终止。

（3）切换。MSC 可以帮助并加速完成 MT 从一个 FM 微微网切换到另一个 FM 微微网。当一个 MT 需要 MSC 来帮助完成切换时，它会通过当前的 FM 向 MSC 发送切换请求信息。切换请求信息包含发出请求的 MT 蓝牙地址，新的 FM 的地址，及 MT 与新的 FM 之间的时钟偏移量。MSC 收到 MT 的切换请求后，会把 MT 的蓝牙地址及 MT 与新的 FM 之间的时钟偏移量发送给新的 FM，并通知该新的 FM 对 MT 进行寻呼。这样会减少新的 FM 进行寻呼的时间，并在新的 FM 与 MT 之间不再进行主从转换，从而使整个切换时间快 7 倍（相对于 MSC 没有参与切换的情况下）。

2. 固定蓝牙主设备（FM）

FM 在位置上是固定的，通常是在房间里以覆盖最大范围。FM 是 MT 到 MSC 的接口，并负责 MT 与 MSC 之间信息的转换。此外，FM 也实现了正常的蓝牙功能。FM 通过光缆或双绞线与 MSC 进行连接，二者之间使用了一种修改的蓝牙基带连接，且不使用蓝牙跳频技术。FM 与 MT 之间进行正常的蓝牙通信。2 个 FM 之间不能够直接通信，需要 MSC 作为中介。

FM 除了具有正常的蓝牙功能外，还有许多其他功能。如接收新的蓝牙从设备进入整个 BRS 系统；通知 MSC 本 FM 微微网的变化；到其他 FM 微微网的路由信息；在本 FM 微微网和 MSC 之间充当中继器的角色。

3. 蓝牙移动终端（MT）

MT 是普通的蓝牙设备，此外还附加一些特殊的功能。MT 直接与 FM 进行通信，或通过 FM、MSC 与 BRS 系统内的其他蓝牙设备进行通信。当与 MSC 进行通信时，FM 起到中继器的作用；当与超出本 FM 微微网范围的其他 FM 或 MT 进行通信时，必须通过 MSC，即 MT-FM-MSC-FM（-MT）。相对于 FM、SMC，MT 的附加功能要少些，但共享 FM 的一些特殊功能。MT 的主要特点是：可进出一个 FM 微微网；当从一个 FM 微微网漫游到另一个 FM 微微网时，可以发出切换帮助信息；可以与本 FM 微微网外的其他蓝牙设备建立连接进行通信。

4. BRS 系统与外部的路由连接

当 BRS 系统与外部进行路由连接时，MSC 起到网关的作用。路由的源端/目的端可能是蓝牙设备，也可能不是蓝牙设备。

在 BRS 系统之间，各 BRS 系统的 MSC 通过以太网连接构成一个非面向连接的系统。各个 MSC 对从其他 MSC 传送过来的蓝牙数据包，进行接入码中蓝牙地址的检测，只有与路由表相匹配的包才会被转发，否则拒绝该包。

BRS 与 LAN/WAN 之间的路由：源端的 MSC 在发送蓝牙数据包时，加上 TCP/IP 包头，然后通过 LAN/WAN 路由到目的端，目的端的 MSC 收到包后再去掉 TCP/IP 包头。

蓝牙路由机制 BRS 基于现行最新蓝牙协议规范，并做了适量的修改，具有一定的灵活性和可升级性。此外，本章介绍的蓝牙路由机制 BRS 也考虑到网络的扩展，如 BRS 系统之间的路由、BRS 与局域网 LAN/广域网 WAN 之间的路由等。相信随着蓝牙技术及其协议的不断完善，路由机制将成为蓝牙技术的一个重要方面。

2.5　蓝牙技术的应用

蓝牙无线技术的应用大体上可以划分为替代线缆（Cable Replacement）、因特网桥（Internet Bridge）和临时组网（Ad hoc Network）3 个领域。

1. 替代线缆

1994 年，爱立信公司就将其作为替代设备之间线缆的一项短距离无线技术。与其他短距离无线技术不同，蓝牙从一开始就定位于结合语音和数据应用的基本传输技术。最简单的一种应用就是点对点（Point to Point）的替代线缆，如耳机和移动电话、笔记本电脑和移动电话、PC 和 PDA（数据同步）、数码相机和 PDA 以及蓝牙电子笔和电话之间的无线连接。

围绕替代线缆再复杂一点的应用就是多个设备或外设在一个简单的个域网（PAN）内建立通信连接，如在台式电脑、鼠标、键盘、打印机、PDA 和移动电话之间建立无线连接。为了支持这种应用，蓝牙还定义了微微网（Piconet）的概念，同一个 PAN 内至多有 8 个数据设备，即 1 个主设备（Master）和 7 个从设备（Slave）共存，如图 2.9 所示。

图 2.9　蓝牙微微网

2. 因特网桥

蓝牙标准还更进一步地定义了网络接入点（Network Access Point）的概念，它允许一台设备通过此网络接入点来访问网络资源，如访问 LAN、Intranet、Internet 和基于 LAN 的文件服务和打印设备。这种网络资源不仅仅可以提供数据业务服务，还可以提供无线的语音业务服务，从而可以实现蓝牙终端和无线耳机之间的移动语音通信。通过接入点和微型网的结合，可以极大地扩充网络基础设施，丰富网络资源，从而最终实现不同类型和功能的多种设备依托此种网络结构共享语音和数据业务服务。

建立这样一个安全和灵活的蓝牙网络需要以下 3 部分软件和硬件设施组成：一是蓝牙接入点（Bluetooth Access Point，BAP），它们可以安装在提供蓝牙网络服务的公共、个人或商业性建筑物上，目前大多数接入点只能在 LAN 和蓝牙设备之间提供数据业务服务，而少数高档次的系统可以提供无线语音连接；二是本地网络服务器（Local Network Server），此设备是蓝牙网络的核心，它提供基本的共享式网络服务，如接入 Internet、Intranet 和连接基于 PBX 的语音系统等；三是网络管理软件（Network Management Software），此软件也是网络的核心，集中式管理的形式能够提供诸如网络会员管理、业务浏览、本地业务服务、语音呼叫路由、漫游和计费等功能。蓝牙无线网络结构如图 2.10 所示。

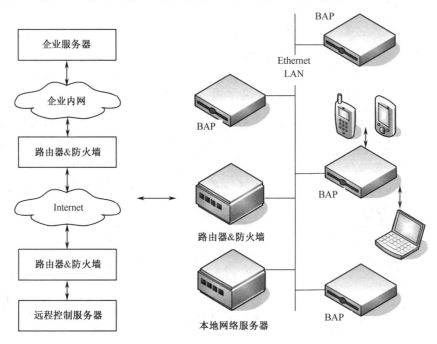

图 2.10　蓝牙无线网络结构

基于上述蓝牙网络的商业化应用已经浮出水面。在分布了多个蓝牙接入点的商店，顾客可以利用带有 WAP、蓝牙和 Web 浏览功能的移动电话付款、结账和浏览店内提供的商品；在装有基于蓝牙的饭店客人服务系统的 Holiday Inn 中，客人使用爱立信具备蓝牙功能的移动电话 R520m 就可以进行入住登记和结账服务，甚至可以用移动电话打开预订客房的房门。

在欧美国家，配备蓝牙等无线因特网接入服务的设施被称为 Hot Spot，它们和日本等国都在积极探索开展 Hot Spot 业务的商业模式。

蓝牙 4.2 支持灵活的互联网连接选项 IPv6/6LoWPAN 或 Bluetooth Smart 网关，能与 Wi-Fi

互补，如在智能家居领域，采用了 Bluetooth Smart 技术的蓝牙设备之间可以不通过网络就能实现设备与设备之间的"对话"。即使突然断网，没有 Wi-Fi 的情况下，智能家居设备仍将继续工作。

3. 临时组网

上述"网络接入点"是基于网络基础设施（Infrastructured Network）的，即网络中存在固定的、有线连接的网关。蓝牙标准还定义了基于无网络基础设施（Infrastructure-less Network）的"散射网"（Scatternet）的概念，意在建立完全对等（P2P）的 Ad hoc Network。所谓的 Ad hoc Network，是一个临时组建的网络，其中没有固定的路由设备，网络中所有的节点都可以自由移动，并以任意方式动态连接（随时都有节点加入或离开），网络中的一些节点客串路由器来发现和维持与网络其他节点间的路由。Ad hoc Network 应用于紧急搜索和救援行动中、会议和大会进行中及参加人员希望快速共享信息的场合。

蓝牙标准中微微网采用主/从工作模式，若干个临时组建的微微网可以建立连接构成散射网。由主设备的蓝牙地址（BD-ADDR）及本地时钟（CLKN）决定一个微微网的信道跳频序列（Channel Hopping Sequence）及同步时钟（CLK），微微网内的所有从设备与此跳频序列保持同步。一个微微网内的从设备可以同时作为其他微微网的从设备，而一个微微网的主设备在其他微微网内只能作为从设备。在保证一定误码率及冲突限度的前提下，一个散射网可由至多 10 个微微网构成，由此可见，在一定范围内可支持的蓝牙无线设备的密度相当高。当前的蓝牙协议并不支持完全对等的通信，如果在临时组建的微微网内充当主单元的设备突然离去，剩余的设备不会自发地组建起一个新的微微网；同时，蓝牙协议也不支持 Ad hoc 业务的分配和管理，蓝牙的业务发现协议（SDP）为适应蓝牙通信的动态特性进行了优化，但 SDP 集中于对蓝牙设备上可利用业务的发现，而没有定义如何访问这些业务的方法（包括发现和得到协议、访问方式、驱动和使用这些业务所需的代码）、对访问业务的控制和选择等。尽管如此，蓝牙的 SDP 可以与其他的业务发现协议共存，也可以通过蓝牙定义的其他协议来访问这些业务。为部分解决上述问题，北欧一家产品工作平台开发商，蓝牙 SIG 成员之一的 Pocit Lab 开发出了自发的短距离 P2P 业务平台——BlueTalk，以及智能无线对等网络——BlueTalkNet，其工作平台在基于 PDA 的游戏上得到了应用，并且获得了 Bluetooth Congress 2001 的"最具创新产品奖"（Most Innovative Product）。

2.6　本章小结

本章首先介绍了蓝牙技术的发展及技术特点，然后从蓝牙核心协议、电缆替换协议、电话传送控制协议和选用协议这几方面介绍了蓝牙协议体系。通过分析通用接入协议子集，串口协议子集和服务发现应用协议子集来详细介绍蓝牙协议子集和应用规范。微微网作为蓝牙最基本的网络组成，本章通过分析微微网入手介绍蓝牙的网络拓扑结构，接着又描述了蓝牙的路由机制，最后简要介绍了蓝牙技术的应用。

总而言之，蓝牙是一种短距离无线通信技术规范，用来描述和规定各种信息电子产品（包括通信产品、计算机产品和消费电子产品）之间是如何用短距离无线电系统进行连接的，以取代通常实现电子设备之间的信息传递与同步所必需的电缆。相信随着一个不断完善的发展过程，蓝牙技术会为我们的未来家居和办公带来不仅仅是方便一点的革命。

思考与练习

（1）蓝牙技术有哪些特点？

（2）蓝牙协议体系中有哪些协议？

（3）蓝牙核心协议有哪些？

（4）简述蓝牙的关键特性。

（5）简述蓝牙系统由哪些部分组成。

（6）简述蓝牙链路管理协议的功能。

（7）简述蓝牙主机控制接口功能规范通信过程。

（8）蓝牙路由机制有哪些功能模块？

（9）蓝牙中有哪些通用的协议子集？

（10）蓝牙技术的应用有哪些？

参考文献

[1] 金纯，许光辰，孙睿. 蓝牙技术[M]. 北京：电子工业出版社，2001.

[2] 张禄林，雷春娟，郎晓红. 蓝牙协议及其实现[M]. 北京：人民邮电出版社， 2001.

[3] Nathan J. Muller 著. 蓝牙揭密[M]. 周正，等译. 北京：人民邮电出版社，2001.

[4] 严紫建，刘元安. 蓝牙技术[M]. 北京：北京邮电大学出版社，2001.

[5] 蓝牙. 百度百科[EB/OL]. http://baike.baidu.com/view/1028.htm.

[6] 井雅，徐晓东，吕志虎. 蓝牙协议模型及应用[J].现代通信技术,2011.3(5)，17-21.

[7] Bluetooth Special Interest Group. Baseband Specification[EB/OL]. http://www.bluetooth.com.

[8] Bluetooth Special Interest Group. LMP Specification[EB/OL]. http://www.bluetooth.com.

[9] Bluetooth Special lnterest Group. L2CAP Specification[EB/OL]. http://www.bluetooth.com.

[10] Bluetooth Special Interest Group. SDP Specification[EB/OL]. http://www.bluetooth.com.

[11] Bluetooth Special Interest Group. RFCOMM with TS07.1[EB/OL]. http://www.bluetooth.com.

[12]   Bluetooth Special Interest Group. Telephony Control protocol Specification[EB/OL]. http://www.bluetooth.com.

[13]   Bluetooth Special Interest Group. Headset Profile[EB/OL]. http://www.bluetooth.com.

[14]   Bluetooth Special Interest Group. Dial-Up Networking Profile[EB/OL].   http://www.bluetooth.com.

[15]   Bluetooth Special Interest Group. Fax Profile[EB/OL].   http://www.bluetooth.com.

[16]   Bluetooth Special Interest Group, IrDA Interoperability[EB/OL].   http://www.bluetooth.com

[17]   Bluetooth Special Interest Group. Interoperability Requirements for Bluetooth as a WAP Bearer[EB/OL].
        http://www.bluetooth.com.

[18]   International Telecommunication Union. Digital subscriber signaling system no. 1（dss 1）isdn user-network
        interface layer 3 specification for basic call control[S]. Recommendation Q.931, Telecommunication
        Standardization Sector of ITU, Geneva, Switzerland, Mar. 1993.

[19]   Bluetooth Special Interest Group. LAN Access Profile Using PPP[EB/OL].   http://www.bluetooth.com.

[20]   Bluetooth Special Interest Group. Generic Access Profile[EB/OL].   http://www.bluetooth.com.

[21]   Bluetooth Special Interest Group. Serial Port Profile[EB/OL].   http://www.bluetooth.com.

[22]   Bluetooth Special Interest Group. Service Discovery Application Profile[EB/OL]. http://www.bluetooth.com.

[23]   Bluetooth Special Interest Group. Generic Object Exchange Profile[EB/OL]. 2001. http://www.bluetooth.com.

[24]   Bluetooth Special Interest Group. Bluetooth Assigned Numbers[EB/OL]. 2002.   http://www.bluetooth.com.

[25]   Bluetooth Special Interest Group. Bluetooth Security Architecture[EB/OL]. 1999[1999-07-15]. http://www.
        bluetooth.com.

[26]   Bluetooth Special Interest Group. Bluetooth PC Card Transport Layer, Version 1.0[EB/OL].1999[1999-08-25].
        http://www.bluetooth.com.

第 3 章

ZigBee 无线通信技术

蜜蜂在发现花丛后会通过一种特殊的肢体语言来告知同伴新发现的食物源位置等信息，这种肢体语言就是 ZigZag 行舞蹈，它是蜜蜂之间一种简单传达信息的方式。借此意义 ZigBee 作为新一代无线通信技术的命名。在此之前 ZigBee 也被称为 HomeRF Lite、RF-EasyLink 或 fireFly 无线电技术，统称为 ZigBee。

简单地说，ZigBee 是一种高可靠的无线数据传输网络，类似于 CDMA 和 GSM 网络。ZigBee 数据传输模块类似于移动网络基站。通信距离从标准的 75 m 到几百米、几千米，并且支持无限扩展。

与移动通信的 CDMA 网或 GSM 网不同的是，ZigBee 网络主要是为工业现场自动化控制数据传输而建立，因而它必须具有简单、使用方便、工作可靠、价格低的特点。而移动通信网主要是为语音通信而建立，每个基站价值一般都在百万元人民币以上，而每个 ZigBee 基站却不到 1000 元人民币。每个 ZigBee 网络节点不仅本身可以作为监控对象，例如其所连接的传感器直接进行数据采集和监控，还可以自动中转别的网络节点传过来的数据资料。除此之外，每一个 ZigBee 网络节点（FFD）还可在自己信号覆盖的范围内，和多个不承担网络信息中转任务的孤立的子节点（RFD）无线连接。

3.1　ZigBee 技术概述

3.1.1　ZigBee 发展概况

在蓝牙技术的使用过程中，人们发现蓝牙技术尽管有许多优点，但仍存在许多缺陷。对工业、家庭自动化控制和工业遥测遥控领域而言，蓝牙技术显得太复杂、功耗大、距离近、组网规模太小等。在上述应用中，系统所传输的数据量小、传输速率低，系统所使用的终端设备通常为采用电池供电的嵌入式系统，因此，这些系统必须要求传输设备具有成本低、功耗小的特点。应此要求，2000 年 12 月 IEEE 成立了 IEEE 802.15.4 工作组，该小组制定的 IEEE 802.15.4 标准是一种经济、高效、低数据速率（小于 250 kbps）、工作在 2.4 GHz 和 868/928 MHz 的无线通信技术，用于个域网和对等网状网络。

ZigBee 正是基于 IEEE 802.15.4 无线标准研制开发的，它是一种新兴的短距离、低复杂度、低功耗、低数据速率、低成本的无线网络技术，是一种介于无线标记技术和蓝牙之间的技术提案，主要用于近距离无线连接。它依据 IEEE 802.15.4 标准，在数千个微小的传感器之间相互协调实现通信。这些传感器只需要很少的能量，以接力的方式通过无线电波将数据从一个网络节点传到另一个节点，所以它们的通信效率非常高。

2002 年，英国 Inwensys 公司、日本三菱电气公司、美国摩托罗拉公司和荷兰飞利浦半导体公司共同组成 ZigBee 联盟，以研发名为 ZigBee 的下一代无线通信标准。到目前为止，除了 Invensys、三菱电气、摩托罗拉和飞利浦等国际知名的大公司外，该联盟大约有 25 家企业成员，并迅速发展壮大，其中涵盖了半导体生产商、IP 服务提供商、消费类电子厂商及初始设备制造商（OEM）等，包括 Honeywell 和 Eaton 等工业控制和家用自动化公司，甚至还有像 Mattle 之类的玩具公司。所有这些公司都参加了 IEEE 802.15.4 工作组。

IEEE 802.15.4 小组与 ZigBee 联盟共同制定了 ZigBee 规范。IEEE 802.15.4 小组负责制定物理层（Physical Layer，PHY）和媒体接入控制（Media Access Control，MAC）层规范。ZigBee 联盟是一个全球企业联盟，旨在合作实现基于全球开放标准、可靠、低成本、低功耗的无线联网监控产品，它主要负责制定网络层、安全管理及应用界面规范，并于 2004 年 12 月通过了 1.0 版规范，它是 ZigBee 的第一个规范。ZigBee 联盟后来又陆续通过了 ZigBee 2006、ZigBee PRO、ZigBee RF4CE 等规范。ZigBee 3.0 于 2015 年年底获批，ZigBee 3.0 让用于家庭自动化、连接照明和节能等领域的设备具备通信和互操作性，因此产品开发商和服务提供商可以打造出更加多样化、完全可互操作的解决方案。开发商可以用新标准来定义目前基于 ZigBee PRO 标准的所有设备类型、命令和功能。同时，ZigBee3.0 版规范加入 ZigBee RF4CE 和 ZigBee GreenPower 技术，分别强化低延迟性和低功耗。特别是加入支持 IPv6 的能力，让用户以 IP 网络方式进行远程操控，即 ZigBee 设备可以与 Wi-Fi 设备类似，通过路由器或网关等连接到网络，可用手机或平板等远程控制通过 ZigBee 连接的智能家居设备。

ZigBee 技术的市场发展不断壮大，2014 年 ZigBee 技术设备的出货量约为 200 万，根据预测，2018 年将在具有 802.15.4 功能的设备出货量中占 80%，2020 预计能达到 800 万的出货量。

3.1.2　ZigBee 技术的特点

ZigBee 技术的特点概况如下。

（1）低功耗：在低功耗待机状态下，两节五号干电池可以使用 6～24 个月，甚至更长，从而免去了充电或者频繁更换电池的麻烦。这是 Zigbee 的突出优势，特别适用于无线传感器网络。相比较而言，蓝牙能工作数周，Wi-Fi 仅可工作数小时。

（2）低成本：通过大幅简化协议（不到蓝牙的 1/10），降低了对通信控制器的要求，按预测分析，以 8051 的 8 位微控制器测算，全功能的主节点需要 32 KB 代码，子功能节点仅需 4 KB 代码，而且 ZigBee 免协议专利费，每块芯片的价格低于 1 美元。

（3）数据传输速率低：ZigBee 工作在 20～250 kbps 的较低速率，它分别提供 250 kbps（2.4 GHz）、40 kbps（915 MHz）和 20 kbps（868 MHz）的原始数据吞吐率，满足低速率传输数据的应用需求。

（4）短时延：ZigBee 的响应速度快，一般从休眠转入工作状态只需 15 ms，节点接入网络只需 30 ms，节点连接进入网络只需 30 ms，进一步节省了电能。相比较，蓝牙需要 3～10 s、Wi-Fi 需要 3 s。

（5）有效范围小：有效覆盖范围在 10～75 m 之间，具体依据实际发射功率的大小和各种不同的应用模式而定，基本上能够覆盖普通的家庭或办公室环境。在增加 RF 发射功率后，亦可增加到 1～3 km。如果通过路由和节点间通信的接力，传输距离将可以更远。

（6）大容量：ZigBee 可采用星状、片状和网状网络结构，由一个主节点管理若干子节点。每个 ZigBee 网络最多可支持 255 个设备，也就是说，每个 ZigBee 设备可以与另外 254 台设备相连接；同时主节点还可由上一层网络节点管理，最多可组成 65 000 个节点的大网。

（7）安全性高：ZigBee 提供了数据完整性检查和鉴权能力，采用 AES-128 加密算法，同时可以灵活确定其安全属性。

（8）免执照频段且工作频段灵活：采用直接序列扩频在工业科学医疗（ISM）频段使用，2.4 GHz（全球）、915 MHz（美国）、868 MHz（欧洲）。

当然，ZigBee 最显著的技术特性是它的低功耗和低成本。由于采用较低的数据传输速率、较低的工作频段和容量更小的 Stack，并且将设备的 ZigBee 模块在未投入使用的情况定义为低功耗的休眠状态，ZigBee 模块的整体功耗非常低。据称，根据现有的 ZigBee 技术规格制造的产品，在绝大多数目标应用场合下仅靠 2 节标准 5 号电池就可以持续工作 6 个月至两年。另外，ZigBee 模块是集成度很高的单芯片，成本也非常低。

3.1.3 ZigBee 的应用目标

ZigBee 技术的目标不是要和蓝牙技术竞争，而是要补充蓝牙技术的盲区。蓝牙技术的高带宽特性使它更适合于音频、视频和图像等多媒体设备，以及需要经常交换大量数据的设备。而 ZigBee 技术更适合于轻巧的便携式设备、数据交换量不高的设备、无线控制设备和需要大量挂接的设备。

ZigBee 的应用目标是：PC 外设（键盘、鼠标、游戏控制杆），消费类电子设备（TV、VCR、CD、VCD、DVD 等设备上的遥控装置），室内智能控制（照明控制、空调控制、煤气计量控制及火灾报警等），玩具（电子宠物），医护（监视器和传感器），工业控制（监视器、传感器和自动控制设备）等。图 3.1 给出了 ZigBee 适合的应用场合。

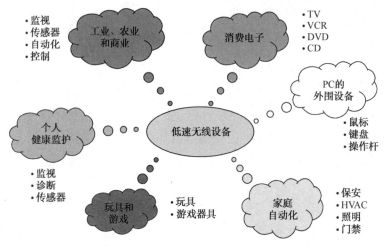

图 3.1　ZigBee 适合的应用场合

虽然 ZigBee 和蓝牙共同工作在 2.4 GHz 的频率上，但它们之间的干扰却微乎其微。ZigBee 模块在未投入使用的情况下属于低功耗的休眠状态，因此，对蓝牙设备的数据传输造成干扰的可能性极小。反之，如果蓝牙设备对 ZigBee 设备的数据传输造成干扰，致使丢失数据包，ZigBee 的发送方将收不到接收方的反馈，则发送方将重新发送数据，直到数据被正确传输为止。表 3.1 给出了 ZigBee 与蓝牙的主要特性对比。

表 3.1　ZigBee 与蓝牙主要特性对照表

特　　性	ZigBee	蓝　　牙
工作频段	2.4 GHz、868 MHz 和 915 MHz	2.4 GHz
扩频方式	DSSS	HFSS
调制方式	BPSK/O-QPSK	GFSK
最高数据传输速率	250 kbps（2.4 GHz）、40 kbps（915 MHz）、20 kbps（915 MHz）	1 Mbps
覆盖范围	10～75 m	10 m
栈容量	28 KB	250 KB
网络拓扑结构	星状/簇状/网状网	微微网/散射网

特　　性	ZigBee	蓝　　牙
功耗	极低	中等
可连接的设备数量	254	8
响应速度	极快，适合实时性强的应用	较慢
新从属设备入网时间	约 30 ms	≥3 s
休眠设备激活时间	约 15 ms	约 3 s
活跃设备信道接入时间	约 15 ms	约 2 ms
链路状态模式	活跃/休眠	活跃/呼吸/保持/休眠
业务类型	分组交换	电路交换/分组交换
IEEE 标准	802.15.4	802.15.1
应用领域	静态网络、大量设备、不频繁地使用、小数据包	可能设备间的 Ad hoc 网络、无线音频、屏幕图像和图片等文件传输

3.2　ZigBee 协议栈

3.2.1　ZigBee 协议架构及其特点

ZigBee 协议栈由高层应用规范、应用汇聚层、网络层、数据链路层和物理层组成，网络层以上的协议由 ZigBee 联盟负责，IEEE 则制定了物理层和链路层标准。应用汇聚层把不同的应用映射到 ZigBee 网络上，主要包括安全属性设置和多个业务数据流的汇聚等功能。网络层将采用基于 Ad hoc 技术的路由协议，除了包含通用的网络层功能外，还应该与底层的 IEEE 802.15.4 标准同样省电。另外，还应实现网络的自组织和自维护，以最大限度地方便消费者使用，降低网络的维护成本。完整的 ZigBee 协议栈模型如图 3.2 所示。

1.　物理层

IEEE 802.15.4 提供了图 3.3 所示的两种物理层的选择（868/915 MHz 和 2.4 GHz），物理层与 MAC 层的协作扩大了网络应用的范畴。这两种物理层都采用直接序列扩频（DSSS）技术，降低了数字集成电路的成本，并且都使用相同的帧结构，以便低作业周期、低功耗地运作。

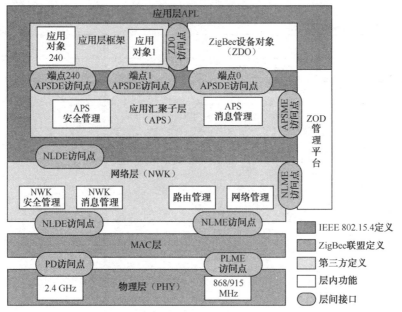

图 3.2　ZigBee 协议栈结构

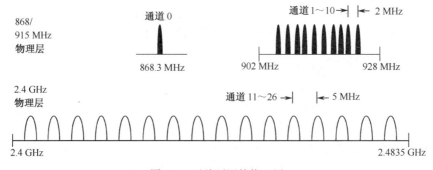

图 3.3　两种不同的物理层

2.4 GHz 物理层的数据传输率为 250 kbps，868 MHz、915 MHz 物理层的数据传输率分别是 20 kbps、40 kbps。2.4 GHz 物理层的较高速率主要归因于基于 DSSS 方法（16 个状态）的准正交调制技术。来自物理层收敛协议数据单元（PPDU）的二进制数据被依次（按字节从低到高）组成 4 位二进制数据符号，每种数据符号（对应 16 状态组中的一组）被映射成 32 位伪噪声码片，以便传输。然后采用最小移位键控方式 MSKI 对这个连续的伪噪声码片序列进行调制，即采用半正弦脉冲波形的偏移四相移相键控（O-QPSK）方式调制。868/915 MHz 物理层使用简单的 DSSS 方法，每个 PPDU 数据传输位被最大长为 15 的码片序列（m-序列）所扩展。不同的数据传输率适用于不同的场合，如 866/915 MHz 物理层的低速率换取了较好的灵敏度（−85 dBm/2.4 GHz，−92 dBm/868 MHz、915 MHz）和较大的覆盖面积，从而减少了覆盖给定物理区域所需的节点数；而 2.4 GHz 物理层的较高速率适用于较高的数据吞吐量、低延时或低作业周期的场合。

2．数据链路层

IEEE 802 系列标准把数据链路层分成 LLC 和 MAC 两个子层。MAC 子层协议则依赖于各自的物理层，IEEE 802.15.4 的 MAC 层能支持多种 LLC 标准，通过 SSCS 协议承载 IEEE 802.2 类型一的 LLC 标准，同时也允许其他 LLC 标准直接使用 IEEE 802.15.4 的 MAC 层的服务。

ZigBee 技术 MAC 层的设计需要考虑到降低成本、容易实现、可靠的数据传输、短距离操作及非常低的功耗等要求，为此采用了如下所示的简单且灵活的协议。

● 采用 IEEE 标准 64 bit 和 16 bit 短地址；
● 基本网络容量可以达到 254 个节点；
● 可以配置使用大于 65 000（216）节点的本地简单网络，而且开销不大；
● 网络协调器、全功能设备（FFD）和简化功能设备（RFD）3 种指定设备；
● 简化帧结构；
● 可靠的数据传输；
● 联合/分离；
● AFS-128 安全机制；
● CSMA/CA 通道；
● 可选的使用新标的超级帧结构。

IEEE 802.15.4 的 MAC 协议包括以下功能。

● 设备间无线链路的建立、维护和结束；
● 确认模式的帧传送与接收；
● 信道接入控制；
● 帧校验；
● 预留时隙管理；
● 广播信息管理。

在 ZigBee 网络中传输的数据可分为 3 类：①周期性数据，如传感器中传递的数据，数据速率是根据不同的应用定义的；②间断性数据，如控制电灯开关时传输的数据，数据速率是由应用或外部激励定义的；③反复性的低反应时间的数据，如无线鼠标传输的数据，数据速率根据分配的时隙定义。

IEEE 802.15.4 子层定义了广播帧、数据帧、确认帧和 MAC 命令帧 4 种帧类型。只有广播帧和数据帧包含了高层控制命令或者数据，确认帧和 MAC 命令帧则用于 ZigBee 设备间 MAC 子层功能实体间控制信息的收发。广播帧和确认帧不需要接收方的确认，而数据帧和 MAC 命令帧的帧头包含帧控制域，指示收到的帧是否需要确认，如果需要确认，并且已经通过了 CRC 校验，接收方将立即发送确认帧。若发送方在一定时间内收不到确认帧，将自动重传该帧。这就是 MAC 子层可靠传输的基本过程。

MAC 层的通用帧格式如图 3.4 所示。

2	1	0~20	变量	2
帧控制	序列号	地址信息	净荷	帧校验系列

图 3.4　通用帧格式

为了提高传输数据的可靠性，ZigBee 采用了载波侦听多址/冲突避免（CSMA/CA）的信道接入方式和完全握手协议，数据传输过程如图 3.5 所示。

而 LLC 子层的主要功能包括：

- 传输可靠性保障和控制；
- 数据包的分段与重组；
- 数据包的顺序传输。

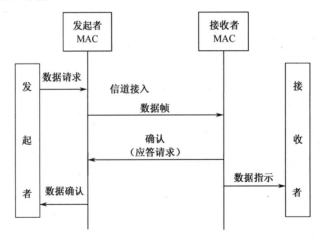

图 3.5　MAC 层数据传输过程

3. 网络层

网络层为 ZigBee 协议栈的核心部分，实现节点接入或离开网络路由查找及传送数据等功能，其功能是 ZigBee 的重要特点，也是与其他无线局域网标准的不同之处。在网络层方面，其主要工作在于负责网络机制的建立与管理，并具有自我组态与自我修复功能。在网络层中，ZigBee 定义了 3 种角色：第 1 个是网络协调器，负责网络的建立，以及网络位置的分配；第 2 个是路由器，主要负责找寻、建立，以及修复信息包的路由路径，并负责转送信息包；第 3 个是末端装置，只能选择加入他人已经形成的网络，可以收发信息，但不能转发信息，不具备路由功能。通常，网络协调器和路由器由全功能装置（FFD）实现，而末端装置由简化功能装置（RFD）实现，其结构如图 3.6 所示

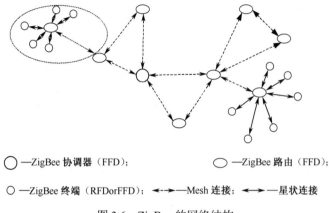

○—ZigBee 协调器（FFD）；　　　　○—ZigBee 路由（FFD）；

○—ZigBee 终端（RFDorFFD）；　◄--►—Mesh 连接；　◄—►—星状连接

图 3.6　ZigBee 的网络结构

在组网方式上，ZigBee 主要采用图 3.7 所示的 3 种组网方式：图 3.7（a）为主从结构的星状网，它需要一个能负责管理、维护网络的网络协调器和不超过 65535 个从属装置；图 3.7（b）为簇状网，它可以是扩展的单个星状网或互连多个星状网络；图 3.7（c）为网状网（Mesh），网络中的每一个 FFD 同时可作为路由器，根据 Ad hoc 网络路由协议来优化最短和最可靠的路径。

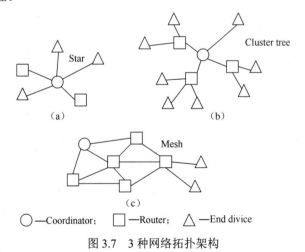

○—Coordinator；　　□—Router；　　△—End divice

图 3.7　3 种网络拓扑架构

4. 应用层

ZigBee 的应用层包括应用支持子层（APS）、ZigBee 设备对象（ZDO）和制造商定义的应用对象。应用支持子层负责维护绑定表，根据服务和需求在两个绑定实体间传递信息；

ZDO 负责定义设备节点在网络中的角色，并负责网络设备的发现，决定提供何种应用服务，还负责初始化或绑定相应请求及建立网络设备间的安全关系。

对于 ZigBee 装置而言，当加入到一个无线局域网（WPAN）后，应用层的 ZDO 会发起一系列初始化动作，先通过 APS 进行装置搜寻及服务搜寻，然后根据事先定义好的描述信息，将与其相关的装置或者服务记录在 APS 里的绑定表中；之后，所有服务的使用，都要通过这个绑定表来查询装置的资料或行规。装置应用行规是根据不同的产品设计出不同的描述信息以及 ZigBee 各层协议的参数设定的。在应用层，开发商必须决定是采用公共的应用类还是开发自己专有的类。ZigBee V1.0 已经为照明应用定义了基本的公共类，并正在制定针对 HVAC、工业传感器和其他传感器的应用类。任何公司都可以设计与支持公共类产品相兼容的产品。应用会聚层将主要负责把不同的应用映射到 ZigBee 网络上，具体而言包括：

- 安全与鉴权；
- 多个业务数据流的汇聚；
- 设备发现；
- 业务发现。

5. 安全层

安全性一直是个人无线网络中的极其重要的话题。安全层并非单独的协议，ZigBee 为其提供了一套基于 128 位 AES 算法的安全类和软件，并集成了 IEEE 802.15.4 标准的安全元素，用来保证 MAC 层帧的机密性、一致性和真实性。为了提供灵活性和支持简单器件，802.15.4 在数据传输中提供了 3 级安全性。第一级实际是无安全性方式，对于某种应用，如果安全性并不重要或者上层已经提供足够的安全保护，器件就可以选择这种方式来转移数据。对于第二级安全性，器件可以使用接入控制清单（ACL）来防止非法器件获取数据，在这一级不采取加密措施。第三级安全性在数据转移中采用属于高级加密标准（AES）的对称密码。选择 AES 的原因主要是考虑到在计算能力不强的平台上实现起来较容易，目前大多数的 RF 芯片都会加入 AES 的硬件加速电路，以加快安全机制的处理。

另外，ZigBee 联盟也负责 ZigBee 产品的互通性测试与认证规格的制定，让开发 ZigBee 产品的厂商有一个公开场合，能够互相测试互通性。而在认证部分，ZigBee 联盟共定义了 3 种层级的认证，第 1 级认证 PHY 与 MAC，与芯片厂有最直接的关系；第 2 级认证 ZigBee 协议栈（ZStack）；第 3 级认证 ZigBee 产品。只有通过第 3 级认证的产品才允许贴上 ZigBee 的标志，所以也称为 ZigBee 注册认证。

3.2.2　ZigBee 协议栈体系安全

ZigBee 协议作为一种新兴的无线传感器网络技术标准，是在传统无线协议无法适应无线传感器网络低成本、低能量、高容错性等要求的情况下产生的。ZigBee 是在 IEEE 802.15.4（无线个域网）协议标准的基础上扩展的，IEEE 802.15.4 标准只定义了 PHY 层和数据链路层的 MAC 子层。PHY 层由射频收发器及底层的控制模块构成，MAC 子层为高层访问物理信道提供点到点通信的服务接口。ZigBee 联盟制定网络层和应用会聚层等各高层规范。安全体系结构如图 3.8 所示。

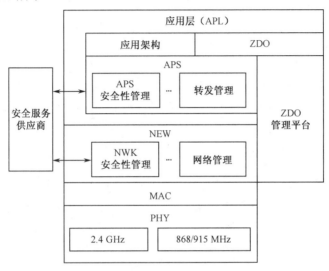

图 3.8 ZigBee 协议栈安全体系结构

1. 数据链路层安全

数据链路层通过建立有效的机制保护信息安全。MAC 层有 4 种类型的帧，分别是命令帧、信标帧、确认帧和数据帧。安全帧格式如图 3.9 所示。

图 3.9 数据链路层安全帧格式

其中 AH（Auxiliarg Header）携带的是安全信息，MIC 提供数据完整性检查，有 0、32、64、128 位可供选择。对于数据帧，MAC 层只能保证单跳通信安全，为了提供多跳通信的安全保障，必须依靠上层提供的安全服务。在 MAC 层上使用的是 AES 加密算法，根据上层提供的钥匙的级别，可以保障不同水平的安全性。IEEE 802.15.4 标准的 MAC 层使用的是 CCM 模式。CCM 是一种通用的认证和加密模式，被定义使用在类似于 AES 的 128 位大小的数据块上，它由 CTR 模式和 CBC-MAC 模式组成。CCM 主要包括认证和加/解密，认证使用 CBC-MAC 模式，而加/解密使用的是 CTR 模式。然而 ZigBee 技术对数据保护采用一种改进的模式，即 CMM 模式，它是通过执行 AES-128 加密算法来对数据保密的。

2. 网络层安全

网络层对帧采取的保护机制同上。为了保证帧能正确传输，帧格式中也加入了 AH 和 MIC。安全帧格式如图 3.10 所示。

SYNC	PHY Header	MAC Header	NWK Header	AH	MAC加密载荷	MIC

图 3.10　网络层安全帧格式

网络层的主要思想是首先广播路由信息，接着处理接收到的路由信息。例如，判断数据帧来源，然后根据数据帧中的目的地址采取相应机制将数据帧传送出去。在传送的过程中一般是利用链接密钥对数据进行加密处理，如果链接密钥不可用，那网络层将利用网络密钥进行保护，由于网络密钥在多个设备中使用，可能带来内部攻击，但是它的存储开销代价更小。NWK 层对安全管理有责任，但其上一层控制着安全管理。

3. 应用层安全

APL 层安全是通过 APS 子层提供的，根据不同的应用需求采用不同的钥匙，主要使用的是链接密钥和网络密钥。安全帧格式如图 3.11 所示。

SYNC	PHY Header	MAC Header	NWK Header	APS Header	AH	MAC加密载荷	MIC

图 3.11　应用层安全帧格式

APS 提供的安全服务有钥匙建立、钥匙传输、设备服务管理。钥匙建立是在两个设备间进行的，包括 4 个步骤：交换暂时数据，生成共享密钥，获得链接密钥，确认链接密钥。钥匙传输服务是在设备间安全传输密钥。设备服务管理包括更新设备和移除设备，更新设备服务提供一种安全的方式通知其他设备有第三方设备需要更新，移除设备则是通知有设备不满足安全需要，要被删除。

3.2.3　安全密钥

ZigBee 采用 3 种基本密钥，分别是网络密钥、链接密钥和主密钥，它们在数据加密过程中使用。其中网络密钥可以在数据链路层、网络层和应用层中应用，主密钥和链接密钥则使用在应用层及其子层。

网络密钥可以在设备制造时安装，也可以在密钥传输中得到，它可应用于多层。主密钥可以在信任中心设置或者在制造时安装，还可以是基于用户访问的数据。例如，个人识别码（PIN）、密码和口令等。为了保证传输过程中主密钥不遭到窃听，需要确保主密钥的保密性和正确性。链接密钥是在两个端设备通信时共享，可以由主密钥建立，因为主密钥是两个设备通信的基础。它也可以在设备制造时安装。

链接密钥和网络密钥要不断进行更新。当两个设备同时拥有这两种密钥时，采用链接

密钥来通信。尽管存储网络密钥开销小，但是降低了系统安全。

3.3　ZigBee 组网技术

3.3.1　ZigBee 网络层

ZigBee 网络层主要实现组建网络，为新加入网络的节点分配地址、路由发现、路由维护等功能，支持星状网、Mesh 网和树状网。ZigBee 在通用的网络层功能基础上尽可能地减小功耗、降低成本，并具有高度动态的拓扑结构和自组织、自维护能力。

ZigBee 网络中采用 IEEE 802.15.4 定义的两种无线设备：全功能设备（Full Function Device，FFD）和精简功能设备（Reduced Function Device，RFD）。FFD 可以与其他 FFD 或者 RFD 通信，而 RFD 只能与 FFD 通信。RFD 只需要极少的资源和存储空间，相对于 FFD 具有较低的成本。

从网络配置上，ZigBee 网络中的节点可以分为 3 种类型：ZigBee 协调点、ZigBee 路由节点和 ZigBee 终端节点。其中 ZigBee 协调点（在 IEEE 802.15.4 中也称为 PAN 协调点）是整个网络的主要控制器，它通常具有相对于网络中其他类型节点更强大的功能，主要负责发起建立新的网络、设定网络参数、管理网络中的节点等，在网络形成后也可以执行路由器的功能。ZigBee 路由节点可以参与路由发现、消息转发、允许其他节点通过它关联网络等。ZigBee 终端节点通过 ZigBee 协调点或者 ZigBee 路由节点关联到网络，但不允许其他任何节点通过它加入网络。在 ZigBee 网络中，FFD 可以用来实现以上 3 种类型的节点，但 RFD 只能充当 ZigBee 终端节点。

3.3.2　ZigBee 网络节点的结构

图 3.12 给出了一种 ZigBee 网络节点的结构。

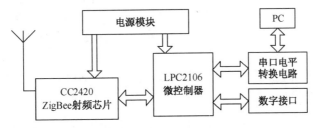

图 3.12　网络节点的结构

LPC2106 是飞利浦公司开发的基于 32 位 ARM7TDMI-S 内核的低功耗 ARM 处理器，实现对外围电路的控制。CC2420 是 Chipcon 公司的兼容 2.4 GHz IEEE 802.15.4 的无线收发芯片，包含了物理层（PHY）及媒体访问控制器（MAC）层，具备 65000 个节点通道并可随时扩充。该芯片以低功耗、250 kbps 传输速率、唤醒时间短（小于 30 ms）、CSMA/CA 通道状态侦测等特性。LPC2106 通过 SPI 接口实现对 CC2420 ZigBee 芯片的数据传输和控制。串口电平转换用 MAX3232 来实现，此节点可以作为 FFD 和 RFD，初始化的时候可以进行设计。

3.3.3　组建网络

ZigBee 网络常见的拓扑结构有两种，即星状拓扑和点对点拓扑，如图 3.13 所示。每个 ZigBee 网络至少需要一个 FFD 实现网络协调功能，终端设备可以是 RFD，以降低系统成本。星状拓扑结构常由一个 FFD 和若干 RFD 组成，该 FFD 充当网络协调器功能，其他设备都只是与协调器通信，由协调器决定处理所要做的事情，该网络拓扑方式基本上使用 64 位延伸地址。另外，协调器可配置 16 bit 本地地址给设备以节省带宽。短位址的分配是在设备与协调器进行初始连接（Association）时取得的。

图 3.13　ZigBee 网络拓扑结构图

通过编写硬件驱动、PHY 层和 MAC 层代码，完成对系统底层的操作，随后编写网络层和上层应用软件，进行组网的设计。组网步骤如下。

首先，通过串口对硬件进行初始化，随后进行 MAC 层的初始化，如图 3.14 和图 3.15 所示，之后进行星状网络的组建。

任何一个 FFD 设备都有成为网络协调器的可能，一个网络如何确定自己的网络协调器由上层协议决定。一种简单的策略是：一个 FFD 设备在第一次被激活后，首先广播查询网络协调器的请求，如果接收到回应，则说明网络中已经存在网络协调器，再通过一系列认证过程，设备就成为了这个网络中的普通设备。如果没有收到回应，或者认证过程不成功，这个 FFD 设备就可以建立自己的网络，并且成为这个网络的网络协调器。网络协调器要为网络选择一个唯一的标识符，所有该星状网络中的设备都是用这个标识符来规定自己的主从关系的。

当建立一个新的网络时，必须告知协调器如何创建源端点和目标端点之间的链路。ZigBee 协议定义了一个称为端点绑定的特殊过程。作为绑定过程的一部分，一个远程网络或一个类似于设备管理器的节点会请求协调器修改其绑定表。协调器节点维护一个基本上包含两个或多个端点之间的逻辑链路的绑定表。每个链路根据其源端点和群集 ID 来唯一定义。

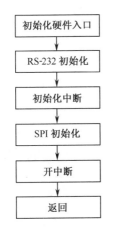

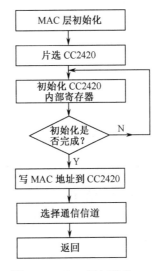

图 3.14　硬件初始化流程　　　　图 3.15　MAC 层初始化

　　收到设备请求接入网络命令，网络协调器判断是否允许其加入自己的网络。若同意，为设备分配该网络一个地址，可以是该网络中独一无二的 16 位短地址，也可以是设备本身的 64 位长地址，并将其信息记录到地址表中。具体的星状网络组建流程如图 3.16 所示。

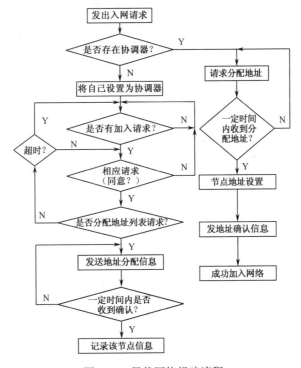

图 3.16　星状网络组建流程

3.4 ZigBee 路由协议分析

3.4.1 网络层地址分配机制

加入 ZigBee 网络的节点通过 MAC 层提供的关联过程组成一棵逻辑树，当网络中的节点允许一个新节点通过它加入网络时，它们之间就形成了父子关系，每个进入网络的节点都会得到父节点为其分配的一个在网络中唯一的 16 位网络地址，分配机制如下所述。

规定每个父节点最多可以连接 C_m 个子节点，这些子节点中最多可以有 R_m 个路由节点，网络的最大深度为 L_m，$C_{skip}(d)$ 是网络深度为 d 的父节点为其子节点分配的地址之间的偏移量，其值的计算公式为

$$C_{skip}(d) = \begin{cases} 1 + C_m(L_m - d - 1), \\ \dfrac{1 + C_m - R_m - C_m \cdot R_m^{L_m - d - 1}}{1 - R_m}, \end{cases} \quad \text{其他} \tag{3.1}$$

当一个路由节点的 $C_{skip}(d)$ 为 0 时，就不再具备为子节点分配地址的能力，即不能再使别的节点通过它加入网络；如果一个路由节点的 $C_{skip}(d)$ 大于 0，则可以接收其他节点为它的子节点，并为其子节点分配网络地址。它会为第一个与它关联的路由节点分配比自己大 1 的地址，之后与之关联的路由节点的地址之间都相隔偏移量 $C_{skip}(d)$。每个父节点最多可以分配 R_m 个这样的地址。为终端节点分配地址与为路由节点分配地址不同，假设父节点的地址为 A_{parent}，则第 n 个与之关联的终端子节点的地址为 A_n。

$$A_n = A_{parent} + C_{skip}(d) \cdot R_m + n, \quad 1 \leqslant n \leqslant C_m - R_m \tag{3.2}$$

3.4.2 ZigBee 的路由协议

为了达到低成本、低功耗、可靠性高等设计目标，ZigBee 网络中采用了 Cluster-Tree 与按需距离矢量路由（Ad-hoc On-demand Distance Vectorrouting，AODV）相结合的路由算法，但 ZigBee 中所使用的 AODV 与自组网中的经典 AODV 协议并不完全相同，准确地说是一种简化版本的 AODV——AODVjr（AODVJunior）。

1. Cluster- Tree

在 Cluster-Tree 算法中，节点根据分组目的节点的网络地址计算分组的下一跳。对于地址为 A、深度为 d 的 ZigBee 路由节点，如果满足下面的不等式，则地址为 D 的目的节点是它的一个后代，即

$$A < D < A + C_{skip}(d-1) \tag{3.3}$$

如果确定分组的目的节点是接收节点的一个后代，节点就将分组发送给它的子节点，此时如果满足 $D > A + R_m \times C_{skip}(d)$，则说明目的节点是它的一个终端子节点，这时下一跳节点地址 $N = D$，否则

$$N = A + 1 + \left\lfloor \frac{D-(A+1)}{C_{skip}(d)} \right\rfloor \times C_{skip}(d) \tag{3.4}$$

如果目的节点不是接收节点的一个后代，则将分组发送给它的父节点。

2. AODVjr

AODVjr 具有 AODV 的主要功能，但考虑到降低成本、节能、使用的方便性等因素，对 AODV 做了一些简化。

（1）为了减少控制开销和简化路由发现的过程，AODVjr 中并没有使用目的节点序列号，AODV 协议使用目的节点序列号确保所有路径在任何时间无环路。为了保证路由无环路，AODVjr 中规定只有分组的目的节点可以回复 RREP，即使中间节点存有通往目的节点的路由也不能回复 RREP。

（2）AODVjr 不保存在 AODV 中的先驱节点列表（Precursor List），从而简化路由表的结构。在 AODV 中节点如果探测到下一跳链路中断则通过上游节点转发 RERR 分组，通知所有受到影响的源节点。在 AODVjr 中，RERR 仅转发给传输失败的数据分组的源节点，因而不需要先驱节点列表。

（3）在数据传输中如果发生链路中断，则 AODVjr 采用本地修复。在路由修复的过程中，同样由于没有使用目的节点序列号而仅允许目的节点回复 RREP。如果本地修复失败，则发送 RERR 至数据分组的源节点，通知它由于链路中断而引起目的节点不可达。RERR 的格式也被简化至仅包含一个不可达的目的节点，而 AODV 的 RERR 中包含多个不可达的目的节点。

（4）在 AODV 中，节点周期性地发送 HELLO 分组，为其他节点提供连通性信息；而 AODVjr 中的节点不发送 HELLO 分组，仅根据收到的分组或者 MAC 层提供的信息更新邻居节点列表。

3. ZigBee 路由（ZigBee Routing，ZBR）

在 ZigBee 路由中，可以将节点分为 RN+ 和 RN- 两类，其中 RN+ 是指具有足够的存储空间和能力执行 AODVjr 路由协议的节点，RN- 是指其存储空间受限，不具有执行 AODVjr 路由协议的能力的节点，RN- 收到一个分组后只能用 Cluster-Tree 算法处理。

在 Cluster-Tree 算法中，节点收到分组后可以立即将分组传输给下一跳节点，没有路由发现过程，而且节点不需要维护路由表，从而减少路由协议的控制开销和节点能量消耗，并且降低对节点存储能力的要求。但由于 Cluster-Tree 建立的路由不一定是最优的，会造成分组传输时延较高，而且较小深度的节点往往业务量较大，相对较大深度的节点业务量又比较小，这样就容易造成网络中通信流量分配不均衡。因而，ZigBee 中允许 RN+节点使用 AODVjr 去发现最优路径。RN+节点收到分组后，可以发起 AODVjr 中的路由发现过程，找到一条通往目的节点的最短路径。当存在两条相同跳数的最短路径时，节点可以根据 802.15.4 MAC 层提供的 LQI（链路质量）指标，选择 LQI 较高的那条路径，路由建立过程结束后，节点沿着刚刚建立的路由发送分组。如果某条链路发生中断，RN+节点将发起本地修复过程修复路由。由于 AODVjr 的使用，降低了分组传输时延，提高了可靠性。

3.5 基于 ZigBee 的无线传感器网络

到目前为止，ZigBee 技术在国外已经在家庭网络、控制网络、手机移动终端等领域有了一定的应用，但是现有 ZigBee 技术构成的网络都仅限于 ZigBee 技术的无线个域网（WPAN）拓扑结构，每个接入点所能接纳的传感器的节点数远远低于协议所标称的 255 个。为了达到传感器网络密集覆盖的目的，就必须进行复杂的组网，这不仅增加了网络的复杂性，还增加了网络整体的功耗，传感器节点的寿命大大降低。基于每个传感器节点和汇节点之间通信量较小的特点，本节将介绍一种基于需求时唤醒的星状网络拓扑结构的无线传感器网络。

基于需求时唤醒的星状网络拓扑结构的基本思想如下：汇节点为本节无线传感器网络的分布式处理中心，传感器节点在监测到环境发生变化时，能自动唤醒并和汇节点进行通信，上报相关信息，在汇节点里完成数据融合，然后直接传给传感器节点及信息中心。在汇节点和传感器节点之间没有数据信息交换时，传感器节点处于 STOP 状态，汇节点和传感器节点的 ZigBee 模块只进行低功耗的信道扫描。在实际传感器网络应用中，两者进行长周期（100 s）的检测存在扫描判断，因而每个汇节点能够监控的传感器节点的数目大大增加，由于每个传感器节点与汇节点之间传输的信息很少，信息碰撞的可能性很小，基于需求时唤醒的网络拓扑结构可以确保信息的可靠传输。

如图 3.17 所示，该无线传感器网络是基于射频连接的带有 Web 接口的传感器网络，它是由汇节点和大量的无线传感器节点组成的分布式系统。中央信息控制中心通过公共网络与汇节点连接，汇节点和传感器节点之间通过 ZigBee 技术实现无线的信息交换，带有射频收发器的无线传感器节点负责数据的接收和处理，并传送给汇节点；控制中心通过公共网络（如 Internet 或 PSTN 等）获取相关信息，实现对现场的有效控制和管理。

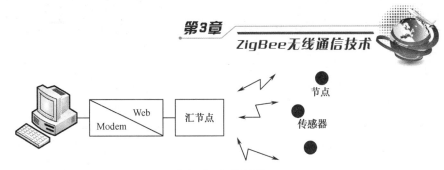

图 3.17　ZigBee 无线传感器网络结构

3.5.1　基于 ZigBee 的无线传感器网络

1．ZigBee 通信传输模块及工作原理

ZigBee 通信传输模块由 ZigBee 传输模块及其外围设备组成，ZigBee 模块由飞思卡尔公司产生的 MC13192 和 MC9S08 两个芯片所组成，其中 MC13192 为射频和基带控制芯片，MC9S08 为微控制芯片。而 ZigBee 的外围设备由液晶显示器、键盘和 MT8880 组成，其中液晶显示器负责显示各种所需要的界面，键盘用来控制汇节点的操作，ZigBee 汇节点与通信范围内的所有传感器节点进行通信联络，当传感器节点有信息时，则 MC13192 接收传感器节点的信息，MC13192 和 MC9S08 之间通过串行外围设备接口（Serial Peripheral Interface，SPI）进行连接，然后通过 MC9S08 所连接的外围设备 MT8880 将 DTMF 信号传送至 CPU 进行信息的处理。

2．无线传感器节点

对于一个完整的传感器节点，应具有小尺寸、低功耗、适应性强的特点，其无线传感器节点的内部结构如图 3.18 所示，它由 ZigBee 通信传输模块（MC13192 和 MC9S08 两部分组成）、检测电路和内部定时器等几部分组成。当检测电路检测到传感器节点所在的环境发生变化时，触发 ZigBee 通信传输模块的 I/O 中断，将信息传送给 ZigBee 通信传输模块，模块从 STOP 状态唤醒，利用自身的控制芯片对信息进行处理后，再通过 ZigBee 的无线通信传送给汇节点。

图 3.18　ZigBee 无线传感器节点的内部结构

3．汇节点

分布在传感器网络中的汇节点主要用于接收传感器节点上报的数据，并将其进行数据融合处理，通过公共网络或专用线路传递给中央信息处理控制中心。ZigBee 无线传感器网络中汇节点的硬件模块框图如图 3.19 所示，它由 ZigBee 通信传输模块及其外围设备、Web

或 Modem 接口和公共网络组成。ZigBee 通信传输模块的外围设备与 ZigBee 通信传输模块的 MC9S08 直接相连，其中 MCU 控制外围设备的各种不同界面并对外围设备做出不同的响应。因此，汇节点在传感器节点和公共网络之间起到非常重要的作用，用以完成与中央信息处理控制中心的通信。

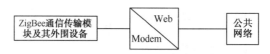

图 3.19　汇节点硬件模块框图

4．中央信息处理控制中心

如图 3.20 所示，中央信息处理控制中心由监控模块、配置模块、数据库 3 个部分组成。通过公共网络与汇节点连接在一起，监控模块通过 Modem 及时地接收汇节点发送来的各种信息，并对接收到的信息进行分析处理，根据不同的信息类型完成相应的操作，实现对分布式汇节点上报信息的及时接收、分析、处理，以及向具有不同编号 ID 的汇节点发送控制信令，实现对传感器节点的间接、全方位的监控和数据采集。

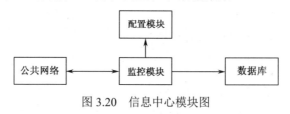

图 3.20　信息中心模块图

3.5.2　ZigBee 无线传感器网络的工作模式

为了增加 ZigBee 无线传感器网络的容量及解决传感器网络中重要的能源供给问题，对 ZigBee 传感器网络核心通信部分——ZigBee 汇节点和传感器节点之间的通信，采用了基于需求时唤醒的工作模式。这种模式可以大大节省传感器节点的功耗，减少信息上报时的碰撞概率，延长网络的寿命。

1．ZigBee 通信传输模块初始化过程

ZigBee 通信传输模块进行通信之前需要进行有效的初始化。ZigBee 汇节点和传感器节点之间的数据帧格式如图 3.21 和图 3.22 所示，它们之间的初始化通信流程如图 3.23 所示。在初始化通信过程中，汇节点主动广播连接信令，在传感器节点成功地接收到信息，并且通过 CRC 校验和密钥机制检测之后，向汇节点返回确认帧，并向汇节点返回自己的 ID，同时保存该传感器节点所加入的汇节点 ID，从而使该传感器节点加入该网络之中。然后该传感器节点的 ZigBee 通信传输模块被置于 STOP 工作模式，以达到降低功耗的目的。但是需要周期性地唤醒以主动方式向汇节点上报数据信息，或者向汇节点上报其他中断信息。同

时，汇节点模块处于接收模式工作状态，等候传感器节点响应连接请求信令。通过加入相应的 CRC 校验和密钥机制，从而有效地控制其他网络中 ZigBee 物理射频，以及其他传感器节点和汇节点的非法连接请求，确保汇节点和传感器节点之间通信的安全可靠。

帧头	汇节点D	传感器节点D	数据信息	帧尾	CRC校验码

图 3.21　传感器节点到汇节点的数据帧

帧头	汇节点D	传感器节点D	响应信息	帧尾	CRC校验码

图 3.22　汇节点到传感器节点的数据帧

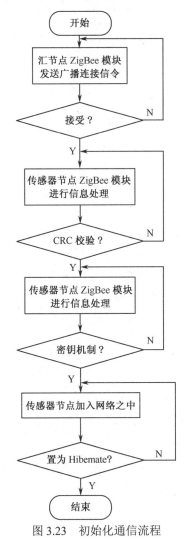

图 3.23　初始化通信流程

2. 信息处理过程

信息处理过程在传感器节点的检测电路检测到其所在的环境参数发生变化时，由传感器节点中的 ZigBee 通信传输模块对信息进行简单处理后，主动发起连接，将处理后的信息传送给汇节点，以期得到汇节点信息应答的一个通信过程，其流程如图 3.24 所示。实际工作中的应用测试表明，该无线传感器网络的传感器节点 98%以上的时间处于 STOP 状态，而 ZigBee 模块在 STOP 模式下其电流为几微安；而在其他工作模式下，ZigBee 模块的电流为毫安量级的。因此，采用基于信息变化触发的方式可以大大降低功耗，这就可以极大地延长传感器节点的寿命。

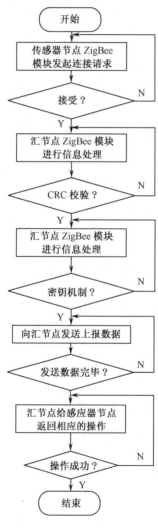

图 3.24　信息处理流程

3.6 ZigBee 的应用

从 IEEE 802.15.4 到 ZigBee 不难发现,这些标准的目的就是希望以低价切入产业自动化控制、能源监控、机电控制、照明系统管控、家庭安全和 RF 遥控等领域。在 ZigBee 网络中传输的数据通常分为 3 类:①周期性数据,如传感器中传递的数据,数据速率是根据不同的应用定义的;②间断性数据,如控制电灯开关时传输的数据,数据速率是由应用或外部激励定义的;③反复性的低反应时间的数据,如无线鼠标传输的数据,数据速率根据分配的时隙定义。因此,凡是只需传递少量信息,例如,控制(Control)或者事件(Event)的信息传递,都是 ZigBee 适用的场合。IEEE 802.15.4 标准也就是 ZigBee 技术,目标市场是工业、家庭及医学等需要低功耗、低成本无线通信的应用,而对数据速率和 QoS 的要求不高。

ZigBee 支持小范围的基于无线通信的控制和自动化等领域,ZigBee 联盟预测的主要应用领域包括工业控制、传感器的无线数据采集和监控、物流管理、消费性电子装置、汽车自动化、家庭和楼宇自动化、遥测遥控、农业自动化、医用装置控制、电脑外设、玩具和游戏机等。

1. 在消费电子方面

ZigBee 技术可以代替现在的红外遥控,而它与红外遥控相比有两个优势:一是消费者可以不用站在家电前就能进行遥控操作;二是消费者每一个操作都会有反馈信息,告诉其是否实现了相关的操作。再如,ZigBee 可以用于家庭安保,消费者在家中的门和窗上都安装 ZigBee 网络,当有人闯入时,ZigBee 可以控制开启室内摄像装置,这些数据再通过 Internet 或 WLAN 网络反馈给主人,从而实现报警。其实,可以连网的家用装置还有电视、录像机、无线耳机、PC 外设(键盘和鼠标等)、运动与休闲器械、儿童玩具、游戏机、窗户窗帘、照明装置、空调系统和其他家用电器等,如图 3.25 所示。此外,目前一些家电生产企业正在为不同家电产品(如空调、热水器等)安装 ZigBee 功能,用户可以通过 ZigBee 无线网络来控制这些产品的开启。由于手机与 PDA 可以作为未来的便携遥控装置,当家电、灯光和门禁等陆续具备 ZigBee 功能后,手机与 PDA 上也可装上 ZigBee 模块,实现对这些装置的遥控。目前大的手机企业已经推出了带有 ZigBee 技术的样机,一旦市场上各种电子设备安装上 ZigBee 功能,手机企业就可以推广带 ZigBee 的手机。还有,基于 ZigBee 技术的个人身份卡能够代替家居和办公室的门禁卡,可以记录所有进出大门的个人的信息,加上个人电子指纹技术,将有助于实现更加安全的门禁系统。嵌入 ZigBee 设备的信用卡可以很方便地实现无线提款和移动购物,商品的详细信息也将通过 ZigBee 设备广播给顾客。

在家居和个人电子设备领域,ZigBee 技术有着广阔而诱人的应用前景,必将能够在很大程度上改善我们的生活体验。

图 3.25　ZigBee 无线组网智能家居

2．在家庭和楼宇自动化领域

家庭自动化系统和楼宇自动化领域作为电子技术的集成得到迅速扩展，易于进入、简单明了和廉价的安装成本等成了驱动自动化家居和建筑物开发与应用无线技术的主要原因。未来的家庭将会有 50～150 个支持 ZigBee 的模块被安装在电视、灯泡、遥控器、儿童玩具、游戏机、门禁系统、空调系统、烟火检测器、抄表系统、无线报警、安保系统、HVAC、厨房器械和其他家电产品中，通过 ZigBee 收集各种信息，传送到中央控制装置，或通过遥控达到远程控制的目的，提供家居生活向自动化、网络化与智能化的发展，以有效增加人们居住环境的方便性与舒适度，如图 3.26 所示。数字家庭应用比较偏向于老年看护、防盗防窃以及节能控制等方面的应用。更重要的是，预测未来 6～7 年内，家庭用户将占有 ZigBee 市场的 2/3。在可以预期的将来，ZigBee 无线传感将切实改变人们的生活。

3．在医学领域

借助于各种传感器和 ZigBee 网络，可以准确且实时地监测病人的血压、体温和心跳速度等信息，如图 3.27 所示，从而减少医生查房的工作负担，有助于医生做出快速的反应，特别是对重病和病危患者的监护和治疗。带有微型纽扣电池的自动化、无线控制的小型医疗器械将能够深入病人体内完成手术，从而在一定程度上减轻患者开刀的痛苦。

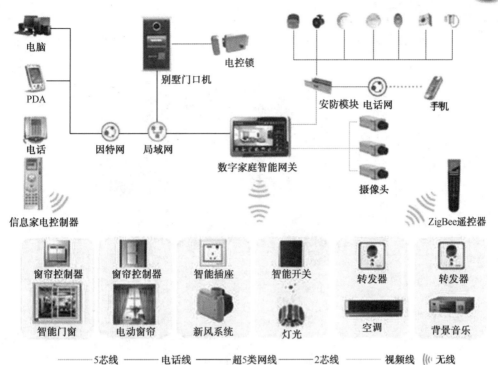

图 3.26 采用 ZigBee 的智能楼宇

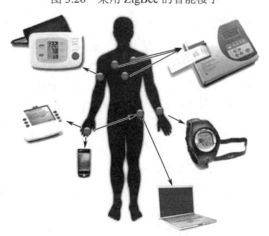

图 3.27 ZigBee 应用在医学领域

4．在传感器网络领域

传感器网络被称为未来十大技术之一，由传感器和 ZigBee 装置构成监控网络，可自动采集、分析和处理各个节点的数据，适合于农业、工业、医学、军事等需要数据自动采集并要求网络传输的各个领域，如图 3.28 所示。ZigBee 技术的其他应用还相当广泛，如照明、安全、物流管理等，更多的应用将取决于业界标准化组织、应用开发商和用户的进一步设计与完善。

图 3.28　ZigBee 应用在传感器网络

5．在工业领域

ZigBee 技术有助于改进公共设施和能源管理、物流和库存追踪、安全性和访问控制，它也能够跟踪其他系统以实现预防性维护和性能监控。例如，危险化学成分的检测、火警的早期检测和预报、照明系统的检测和控制，生产机台的流程控制、高速旋转机器的检测和维护等，都可借助 ZigBee 网络提供相关信息，以达到工业与环境控制的目的。利用传感器和 ZigBee 网络，使得数据的自动采集、分析和处理变得更加容易，可以作为决策辅助系统的重要组成部分。生产车间可以利用传感器和 ZigBee 设备组成传感器网络，自动采集、分析和处理设备运行的数据，适合危险场合、人力所不能及或者不方便的场合，如危险化学成分的检测、锅炉炉温监测、高速旋转机器的转速监控、火灾的检测和预报等，以帮助工厂技术和管理人员及时发现问题，同时借助物理定位功能，还可以迅速确定问题发生的位置。ZigBee 技术用于现代化工厂中央控制系统的通信系统，可免去生产车间内的大量布线，降低安装和维护成本，便于网络的扩容和重新配置。这些应用不需要很高的数据吞吐量和连续的状态更新，重点在低功耗，从而最大限度地延长电池的寿命，减少 ZigBee 网络的维护成本。

6．在精确农业领域

传统农业主要使用孤立的、没有通信能力的机械装置，依靠人力监测作物的生长状况。采用了由成千上万个传感器构成的比较复杂的 ZigBee 网络后，农业将可以逐渐地转向以信息和软件为中心的生产模式，使用更多的自动化、网络化、智能化和远程控制的装置来耕种。传感器可能收集包括土壤湿度、氮浓度、pH 值、降水量、温度、空气湿度和气压

等信息。这些信息和采集信息的地理位置经由 ZigBee 网络传递到中央控制装置供农民决策和参考，这样农民能够及早而准确地发现问题，从而有助于保持并提高农作物的产量。

7．在汽车领域

在汽车领域主要使用传递信息的通用传感器。由于很多传感器只能内置在飞转的车轮或者发动机中，这不仅要求采用无线技术，而且要求内置的无线通信装置使用的电池寿命长，最好超过或等于轮胎本身的寿命；同时还应该克服嘈杂的环境和金属结构对电磁波的屏蔽效应。例如，汽车车轮或者发动机内安装的传感器可以借助 ZigBee 网络把监测数据及时传送给司机，从而能够及早发现问题，降低事故发生的可能性。但是汽车中使用的 ZigBee 设备需要克服以上一些问题。

8．在道路指示、方便安全行路方面

如果沿着街道、高速公路及其他地方分布式地装有大量路标或其他简单装置，你可以不再担心会迷路。安装在汽车里的装置会告诉你，你现在所处的位置、正向何处去。虽然从全球定位系统（GPS）也能获得类似服务，但是这种新的分布式系统会向你提供更精确、更具体的信息。即使在 GPS 覆盖不到的楼内或隧道内，仍能继续使用此系统。事实上，从这个新系统能够得到比 GPS 多得多的信息，如限速、前面那条街是单行线还是双行线、前面每条街的交通情况或事故信息等。使用这种系统，还可以跟踪公共交通情况，可以适时地赶上下一班车，而不至于在寒风中或烈日下在车站等上数十分钟。基于这样的新系统还可以开发出许多其他功能，例如，在不同街道根据不同交通流量动态调节红绿灯，追踪超速的汽车或被盗的汽车等。当然，应用这一系统的关键问题在于成本、功耗和安全性等方面，而这正是 802.15.4 要解决的问题。

9．在零售服务方面

ZigBee 零售服务作为一种新产业标准，应零售商和顾客的要求，提供了在零售环境下传输信息的网络。ZigBee 零售服务能够无缝地连接个人购物助理、智能购物车、电子货架标签、资产跟踪标签、员工客户门房，甚至家庭网关等网络设备；也可以使零售商监控项目从其来源一直到仓储商店的货架上，这样一来，可以通过资产跟踪和监控温度/湿度来减少易腐品的损坏和泄漏。ZigBee 零售服务将支持一个完全集成的生态系统，为技术供应商、商人、配送中心、住宅和商业的消费者提供一种标准的方式进行自动化的监测、购买和交付货物。

这种整体的方法使零售商降低成本，提高效率并提供给顾客更好的服务；对购物者来说，ZigBee 零售服务有助于提高他们的购物体验，节省时间和金钱。另外，ZigBee 零售服务还可以结合其他 ZigBee 标准进一步增加企业的整体效益，如图 3.29 所示，ZigBee 零售服务允许零售商实现多个店内组件出现在同一个网络，如购物、资产跟踪、能源管理、销售

和市场营销，以及药房服务等。这种整体的方法使零售商能够降低成本，提高效率并获得顾客购物行为以此来改善信息服务。

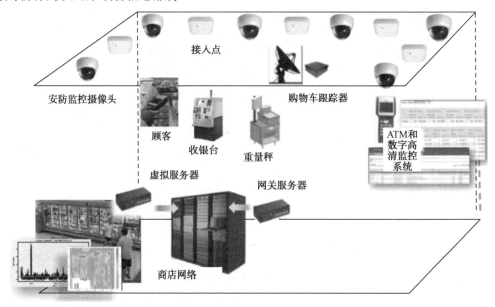

图 3.29　ZigBee 零售服务

3.7　本章小结

本文首先介绍了 ZigBee 技术的概念、特点及发展历程，特别是 ZigBee 技术的特点，因为它具有短距离、低成本、低功耗、低速率等特点，使它较其他几种短距离无线通信技术更具优势；接着着重介绍了 ZigBee 的协议栈结构及协议栈结构的安全；然后介绍了 ZigBee 网络的拓扑结构和组网技术，并简要分析了 ZigBee 路由协议；最后介绍了 ZigBee 无线传感器网络的工作模式及其特点，并展望了 ZigBee 的应用前景。

目前，ZigBee 市场仍然处于起步探索阶段，主要表现在可应用的终端商用产品还多处于研发阶段，具有典型应用的方向和领域较少，点对点的应用较多，体现 ZigBee 优势的网状网络应用少，即使如此，未来整个 ZigBee 产品仍值得期待。从技术标准层面上来看，未来 ZigBee 将紧密迎合物联网大概念方向趋势的发展，努力扮演好传输层界面上的角色。在 ZigBee 联盟的推动下，ZigBee 技术将朝着开发 SoC（片上系统）、更多规范、与 IPv6 结合、更廉价、更省电、更快速等方向发展。从应用领域和方向方面来看，ZigBee 完全有机会开拓目前大热的智能手机领域中的应用。目前智能手机领域里短距离数据传输主要是通过蓝牙方式来实现的，但相比于蓝牙，ZigBee 的低功耗更具有优势，2 节 5 号干电池可支持 1 个节点工作 6～24 个月，甚至更长，相比较，蓝牙能工作数周，Wi-Fi 仅能工作数小时。

思考与练习

（1）什么是 ZigBee？ZigBee 联盟是一个什么样的组织？

（2）简述 ZigBee 协议栈结构及其特点。

（3）简述 ZigBee 网络的组建过程。

（4）简述网络层地址分配机制。

（5）比较 ZigBee 与其他短距离无线通信技术的特点。

（6）简述 ZigBee 无线传感器的组成。

（7）ZigBee 技术主要能提供哪些方面的应用？

参考文献

[1] 蒋挺，赵成林. 紫蜂技术及其应用[M]. 北京：北京邮电大学出版社，2006.

[2] 瞿雷，胡咸斌. ZigBee 技术及应用[M]. 北京：北京航空航天大学出版社，2007.

[3] 原羿. 基于 ZigBee 技术的无线网络应用研究[J]. 计算机应用与软件，2004, 21(6): 89-92.

[4] 虞志飞，邬家炜. ZigBee 技术及其安全性研究[J]. 计算机技术与发展，2008, 18(8): 144-47.

[5] 任秀丽，于海斌. 基于 ZigBee 技术的无线传感网的安全分析[J]. 计算机科学，2006, 33(10): 111-113.

[6] 任秀丽，于海斌. ZigBee 技术的无线传感器网络的安全性研究[J]. 仪器仪表学报，2007, 28(12): 2132-2137.

[7] 耿萌. ZigBee 路由协议分析与性能评估[J]. 计算机工程与应用，2007, 26: 116-120.

[8] 王权平，王莉. ZigBee 技术及其应用[J]. 现代电信科技，2004, 1: 33-37.

[9] 胡仕萍，李思敏. 浅谈基于 ZigBee 技术的无线传感器网络的应用[J]. 中国科技信息，2008, 3: 84-85.

[10] 张长森，董鹏友，徐景涛. 基于 ZigBee 技术的矿井人员定位系统的设计[J]. 工矿自动化，2008, 2: 48-50.

[11] 赵芸，张浩，彭道刚. ZigBee 无线网络技术的应用[J]. 机电一体化，2007, 4: 34-38.

[12] 齐丽娜，干宗良. 一种新的无线技术 ZigBee[J]. 电信快报，2004, 9: 12-14.

[13] 胡柯，郭壮辉，汪镭. 无线通信技术研究 ZigBee[J]. 电脑知识与技术，2008, 1(6): 1049-1051.

[14] 凌志浩，周怡颋，郑丽国. ZigBee 通信技术及其应用研究[J]. 华东理工大学学报（自然科学版），2006, 32(7): 801-805.

[15] 盛超华，陈章龙. 无线传感器网络及应用[J]. 微型电脑应用，2005, 6: 10-13.

[16] 王健，刘忱. ZigBee 组网技术的研究[J]. 仪表技术，2008, 4: 10-12.

[17] 李皓. 基于 ZigBee 的无线网络技术及应用[J]. 信息技术，2008(1):12-14.

[18] 夏益民，梅顺良，江亿. 基于 ZigBee 的无线传感器网络[J]. 微计算机信息，2007(4): 129-130.

[19] 王东，张金荣，魏延，等. 利用 ZigBee 技术构建无线传感器网络[J]. 重庆大学学报，2006, 29(8): 95-98.

[20] 沈大伟，李长征，贾中宁. 基于 ZigBee 技术的无线传感器网络设计研究[J]. 江苏技术师范学院学报，2007, 13(4): 20-25.

[21] 柯建华，申红军，魏学业. 基于 ZigBee 技术的煤矿井下人员定位系统研究[J]. 现代电子技术，2006, 23: 12-14.

[22] 刘瑞强，冯长安，蒋延，等. 基于 ZigBee 的无线传感器网络[J]. 遥测遥控, 2006, 27(5):57-61.

[23] ZigBee 组织. http://www.ZigBee.org/.

第4章

WLAN 无线通信技术

通信网络随着 Internet 的飞速发展，从传统的布线网络发展到现在的无线网络，无线网络并不是何等神秘之物，可以说它是相对于有线网络而言的一种全新的网络组建方式。无线网络在一定程度上扔掉了有线网络必须依赖的网线。这样一来，你可以坐在家里的任何一个角落，抱着你的笔记本电脑享受网络的乐趣，而不像从前那样必须要迁就于网络接口的布线位置。这样你的家里也不会被一根根的网线弄得乱七八糟了。

根据中国互联网信息中心 CNNIC 发布的第 37 次《中国互联网络发展状况统计报告》显示，截至 2015 年 12 月，中国网民规模达 6.88 亿，互联网普及率为 50.3%；手机网民规模达 6.2 亿，占比提升至 90.1%，无线网络覆盖明显提升， Wi-Fi 使用率达到 91.8%，采用计算机之外的其他设备（移动终端或信息家电）上网的用户数日趋增长。在移动通信与互联网结合所产生的各种新型技术中，无线局域网（Wireless Local Area Networks，WLAN）无疑是最值得关注的一项技术。它是相当便利的数据传输系统，利用射频（Radio Frequency，RF）技术，使用电磁波取代旧式碍手碍脚的双绞铜线（Coaxial）所构成的局域网，在空中进行通信连接，使得无线局域网络能利用简单的存取架构让用户透过它，达到"信息随身化、便利走天下"的理想境界。

4.1　WLAN 概述

4.1.1　WLAN 技术标准

WLAN 是利用无线通信技术在一定的局部范围内建立的网络，是计算机网络与无线通信技术相结合的产物，它以无线多址信道作为传输媒介，提供传统有线局域网（Local Area Network，LAN）的功能，能够使用户真正实现随时、随地、随意的宽带网络接入。

由于 WLAN 是基于计算机网络与无线通信技术的，在计算机网络结构中，逻辑链路控制（LLC）层及其之上的应用层对不同的物理层的要求可以是相同的，也可以是不同的，因此，WLAN 标准主要是针对物理层（PHY）和媒质访问控制层（MAC），涉及所使用的无线频率范围、空中接口通信协议等技术规范与技术标准。

WLAN 中主要的协议标准有 802.11 系列、HiperLAN、HomeRF 等。802.11 系列协议是由 IEEE 制定的，目前是居于主导地位的无线局域网标准。下面分别对这些协议标准进行介绍。

1．802.11 系列

（1）IEEE 802.11。1990 年 IEEE 802 标准化委员会成立了 IEEE 802.11 WLAN 标准工作组。IEEE 802.11，别名 Wi-Fi（Wireless Fidelity，无线保真），是 1997 年 6 月由大量的局域网及计算机专家审定通过的标准，该标准定义了物理层（PHY）和媒体访问控制（MAC）规范。物理层定义了数据传输的信号特征和调制，定义了两个射频（RF）传输方法和一个红外线传输方法，RF 传输标准是跳频扩频和直接序列扩频，工作在 2.4～2.4835 GHz 频段。

IEEE 802.11 是 IEEE 最初制定的一个无线局域网标准，主要用于解决办公室局域网和校园网中用户与用户终端的无线接入，业务主要限于数据访问，速率最高只能达到 2 Mbps。由于它在速率和传输距离上都不能满足人们的需要，所以 IEEE 802.11 标准被 IEEE 802.11b 所取代了。

（2）IEEE 802.11b。1999 年 9 月，IEEE 802.11b 被正式批准，该标准规定 WLAN 工作频段为 2.4～2.4835 GHz，数据传输速率达到 11 Mbps，传输距离控制在 50～150 英尺。该标准是对 IEEE 802.11 的一个补充，采用补偿编码键控调制方式，采用点对点模式和基本模式两种运作模式，在数据传输速率方面可以根据实际情况在 11 Mbps、5.5 Mbps、2 Mbps、1 Mbps 的不同速率间自动切换，它改变了 WLAN 设计状况，扩大了 WLAN 的应用领域。

IEEE 802.11b 已成为当前主流的 WLAN 标准，被多数厂商所采用，所推出的产品广泛应用于办公室、家庭、宾馆、车站、机场等众多场合，但是由于许多 WLAN 新标准的出现，IEEE 802.11a 和 IEEE 802.11g 更是备受业界关注。

（3）IEEE 802.11a。1999 年，IEEE 802.11a 标准制定完成，该标准规定 WLAN 的工作频段为 5.15～8.825 GHz，数据传输速率达到 54 Mbps/72 Mbps（Turbo），传输距离控制在 10～100 m。该标准也是 IEEE 802.11 的一个补充，扩充了标准的物理层，采用正交频分复用（OFDM）的独特扩频技术和 QFSK 调制方式，可提供 25 Mbps 的无线 ATM 接口和 10 Mbps 的以太网无线帧结构接口，支持多种业务，如语音、数据和图像等，一个扇区可以接入多个用户，每个用户可带多个用户终端。

IEEE 802.11a 标准是 IEEE 802.11b 的后续标准，其设计初衷是取代 802.11b 标准，然而，工作于 2.4 GHz 频带是不需要执照的，该频段属于工业、教育、医疗等专用频段，是公开的，工作于 5.15～8.825 GHz 频带是需要执照的。一些公司仍没有表示对 802.11a 标准的支持，一些公司更加看好最新混合标准——802.11g。

（4）IEEE 802.11g。IEEE 802.11g 标准具有 IEEE 802.11a 的传输速率，安全性较 IEEE 802.11b 好，采用两种调制方式，含 802.11a 中采用的 OFDM 与 802.11b 中采用的 CCK，可以与 802.11a 和 802.11b 兼容。虽然 802.11a 较适用于企业，但 WLAN 运营商为了兼顾现有 802.11b 设备投资，选用 802.11g 的可能性极大。

（5）IEEE 802.11n。IEEE 802.11n 是在 802.11g 和 802.11a 之上发展起来的一项技术，其最大的特点是速率提升，理论速率最高可达 600 Mbps。802.11n 是 Wi-Fi 联盟继 802.11a/b/g 后提出的一个无线传输标准协议，可工作在 2.4～2.4835 GHz 和 5.15～8.825 GHz 两个频段。为了实现高带宽、高质量的 WLAN 服务，使无线局域网达到以太网的性能水平，802.11 任务组 N（TGn）应运而生。802.11n 采用智能天线技术，通过多组独立天线组成的天线阵列，可以动态调整波束，保证 WLAN 用户能接收到稳定的信号，并可以减少其他信号的干扰。因此其覆盖范围可以扩大到好几平方千米，使 WLAN 移动性得到极大的提高。802.11n 标准直到 2009 年才得到 IEEE 的正式批准，但采用 MIMO OFDM 技术的厂商已经很多，包括华为、TP-Link、Airgo、Bermai、Broadcom 以及杰尔系统、Atheros、思科、Intel 等，产品包括无线网卡、无线路由器等。

（6）IEEE 802.11i。IEEE 802.11i 标准结合 IEEE 802.1x 中的用户端口身份验证和设备验证，对 WLAN 的 MAC 层进行修改与整合，定义了严格的加密格式和鉴权机制，以改善 WLAN 的安全性。802.11i 新修订标准主要包括两项内容：Wi-Fi 保护访问（Wi-Fi Protected Access，WPA）技术和强健安全网络（RSN）。Wi-Fi 联盟计划采用 802.11i 标准作为 WPA 的第 2 个版本，并于 2004 年初开始实行。

IEEE 802.11i 标准在 WLAN 网络建设中是相当重要的，数据的安全性是 WLAN 设备制造商和 WLAN 网络运营商应该首先考虑的头等工作。

（7）IEEE 802.11e/f/h。IEEE 802.11e 标准对 WLAN MAC 层协议提出改进，以支持多媒体传输，支持所有 WLAN 无线广播接口的服务质量保证 QoS 机制。

IEEE 802.11f 定义了访问节点之间的通信，支持 IEEE 802.11 的接入点互操作协议（IAPP）。IEEE 802.11h 用于 802.11a 的频谱管理技术。

（8）IEEE 802.11ac。2013 年 12 月，IEEE 802.11ac 被正式获批，该标准规定 WLAN 工作频段在 5 GHz 频段，数据传输速率可达到 422 Mbps/867 Mbps。该标准核心技术主要基于 802.11a 继续工作在 5.0 GHz 频段上，以保证向下兼容，但在通道的设置上，802.11ac 沿用 802.11n 的 MIMO 技术，802.11ac 的数据传输通道大大扩充，在当前 20 MHz 的基础上增至 40 MHz 或者 80 MHz，甚至有可能达到 160 MHz，再加上大约 10% 的实际频率调制效率提升，最终理论传输速度将由 802.11n 最高的 600 Mbps 跃升至 1 Gbps。

博通（Broadcom）是全球第一使用 802.11ac 技术的芯片厂商，目前使用其 5G 芯片的著名品牌有三星手机 GALAXY S4、HTC one 等。

2016 年，第 2 波 802.11ac 来了，第 2 波 802.11ac 通常被定义为如下：①支持 3 个以上 MIMO 流；2 个或 3 个 MIMO 流比较常见，该标准指定多达 8 个；②信道带宽高达 160 MHz；③支持多用户 MIMO，这让接入点（AP）在每个发射周期可将不同的传输发送到多个客户端。

虽然在 2015 年年底时并非所有这些功能都已实现，但无线电架构、固件、天线和管理软件预期的改进意味着第 2 波 802.11ac 将迅速成为 2016 年技术趋势的新基准。

2. HiperLAN

欧洲电信标准化协会（ETSI）的宽带无线电接入网络（BRAN）小组着手制定 Hiper（High Performance Radio）接入泛欧标准，已推出 HiperLAN1 和 HiperLAN2。HiperLAN1 推出时，数据速率较低，没有被人们重视。2002 年 2 月，BRAN 小组公布了 HiperLAN2 标准。HiperLAN2 标准由全球论坛（H2GF）开发并制定，在 5 GHz 的频段上运行，并采用 OFDM 调制方式，物理层最高速率可达 54 Mbps，是一种高性能的局域网标准。HiperLAN2 标准详细定义了 WLAN 的检测功能和转换信令，用以支持许多无线网络，支持动态频率选择、无线信元转换、链路自适应、多束天线和功率控制等。该标准在 WLAN 性能、安全性、服务质量 QoS 等方面也给出了一些定义。HiperLAN1 对应 IEEE 802.11b，HiperLAN2 与 IEEE 802.11a 具有相同的物理层，它们可以采用相同的部件，并且 HiperLAN2 强调与 3G 整合。HiperLAN2 标准也是目前较完善的 WLAN 协议。

3. HomeRF

HomeRF 工作组是由美国家用射频委员会于 1997 年成立的，其主要工作是为家庭用户建立具有互操作性的语音和数据通信网。在美国联邦通信委员会（FCC）正式批准 HomeRF 标准之前，HomeRF 工作组于 1998 年为在家庭范围内实现语音和数据的无线通信制定出一个规范，即共享无线访问协议（SWAP）。该协议主要针对家庭无线局域网，其数据通信采用简化的 IEEE 802.11 协议标准。之后，HomeRF 工作组又制定了 HomeRF 标准，用于实现 PC 和用户电子设备之间的无线数字通信，是 IEEE 802.11 与泛欧数字无绳电话标准（DECT）相结合的一种开放标准。HomeRF 标准采用扩频技术，工作在 2.4 GHz 频带，数据传输速率为 1～2 Mbps。可同步支持 4 条高质量语音信道并且具有低功耗的优点，适合用于笔记本电脑。2001 年 8 月推出 HomeRF 2.0 版，集成了语音和数据传送技术，工作频段为 10 GHz，数据传输速率可达到 10 Mbps，在 WLAN 的安全性方面主要考虑访问控制和加密技术。

HomeRF 是针对现有无线通信标准的综合和改进，进行数据通信时，采用 IEEE 802.11

规范中的 TCP/IP 传输协议；进行语音通信时，则采用数字增强型无绳通信标准。HomeRF 无线家庭网络有以下特点：通过拨号、DSL 或电缆调制解调器上网；传输交互式语音数据采用 TDMA 技术，传输高速数据包分组采用 CSMA/CA 技术；数据压缩采用 LZRW3-A 算法；不受墙壁和楼层的影响；通过独特的网络 ID 来实现数据安全；无线电干扰影响小；支持近似线性音质的语音和电话业务。

除了 IEEE 802.11 委员会、欧洲电信标准化协会和美国家用射频委员会之外，无线局域网联盟 WLANA（Wireless LAN Association）在 WLAN 的技术支持和实施方面也做了大量的工作。WLANA 是由无线局域网厂商建立的非营利性组织，由 3COM、Aironet、思科、Intersil、朗讯、诺基亚、Symbol 和中兴通信等厂商组成，其主要工作是验证不同厂商的同类产品的兼容性，并对 WLAN 产品的用户进行培训等。

4.1.2 WLAN 的技术特点

WLAN 是利用空气中的电磁波发送和接收数据的，而无须线缆介质。WLAN 的数据传输速率现在已经能够达到 11 Mbps，传输距离可远至 20 km 以上。它是对有线连网方式的一种补充和扩展，使网上的计算机具有可移动性，能快速方便地解决使用有线方式不易实现的网络连通问题。与有线网络相比，WLAN 具有以下优点。

（1）安装便捷。一般在网络建设中，施工周期最长、对周边环境影响最大的，就是网络布线施工工程。在施工过程中，往往需要破墙掘地、穿线架管。而 WLAN 最大的优势就是免去或减少了网络布线的工作量，一般只要安装一个或多个接入点（Access Point）设备，就可建立覆盖整个建筑或地区的局域网络。

（2）使用灵活。在有线网络中，网络设备的安放位置受网络信息点位置的限制，而一旦 WLAN 建成后，在无线网的信号覆盖区域内任何一个位置都可以接入网络。

（3）经济节约。由于有线网络缺少灵活性，这就要求网络规划者尽可能地考虑未来发展的需要，这就往往导致预设大量利用率较低的信息点；一旦网络的发展超出了设计规划，又要花费较多费用进行网络改造。WLAN 可以避免或减少以上情况的发生。

（4）易于扩展。WLAN 有多种配置方式，能够根据需要灵活选择。这样，WLAN 就能胜任从只有几个用户的小型局域网到上千用户的大型网络，并且能够提供像"漫游（Roaming）"等有线网络无法提供的功能。

（5）安全性。在安全性方面，无线扩频通信本身就起源于军事上的防窃听（Anti-Jamming）技术，而有线链路沿线均可能遭搭线窃听。

下面再从传输方式、网络拓扑、网络接口及对移动计算的支持等方面来简述 WLAN 的

技术特点。

（1）传输方式。传输方式涉及无线局域网采用的传输媒体、选择的频段及调制方式。目前无线局域网采用的传输媒体主要有两种，即微波与红外线。采用微波作为传输媒体的无线局域网按调制方式不同，又可分为扩展频谱方式与窄带调制方式。

（2）扩展频谱方式。在扩展频谱方式中，数据基带信号的频谱被扩展至几倍到几十倍后再被搬移至射频发射出去。这一做法虽然牺牲了频带带宽，但提高了通信系统的抗干扰能力和安全性。由于单位频带内的功率降低，对其他电子设备的干扰也减小了。采用扩展频谱方式的无线局域网一般选择 ISM 频段，许多工业、科研和医疗设备辐射的能量集中于该频段。欧美日等国家的无线管理机构分别设置了各自的 ISM 频段。例如，美国的 ISM 频段由 902～928 MHz、2.4～2.484 GHz 和 5.725～5.850 GHz 三个频段组成。如果发射功率及带外辐射满足美国联邦通信委员会（FCC）的要求，则无须向 FCC 提出专门的申请即可使用这些 ISM 频段。

（3）窄带调制方式。在窄带调制方式中，数据基带信号的频谱不做任何扩展即被直接搬移到射频发射出去。与扩展频谱方式相比，窄带调制方式占用频带少，频带利用率高。采用窄带调制方式的无线局域网一般选用专用频段，需要经过国家无线电管理部门的许可方可使用。当然，也可选用 ISM 频段，这样可免去向无线电管理委员会申请。但带来的问题是，当邻近的仪器设备或通信设备也在使用这一频段时，会严重影响通信质量，通信的可靠性无法得到保障。

（4）红外线方式。基于红外线的传输技术最近几年有了很大的发展。目前广泛使用的家电遥控器几乎都采用红外线传输技术。作为无线局域网的传输方式，红外线方式的最大优点是这种传输方式不受无线电干扰，且红外线的使用不受国家无线管理委员会的限制。然而，红外线对非透明物体的透过性极差，这将导致传输距离受到限制。

4.1.3　WLAN 的拓扑结构

WLAN 拓扑网络结构类型有如下类型。

- 点对点模式（Peer-to-Peer）/对等模式；
- 基础架构模式；
- 多 AP 模式；
- 无线网桥模式；
- 无线中继器模式；
- AP Client 客户端模式；
- Mesh 结构。

（1）点对点模式（Peer-to-Peer）。无中心拓扑结构，由无线工作站组成，用于一台无线工作站和另一台或多台其他无线工作站的直接通信，该网络无法接入到有线网络中，只能独立使用，无须 AP，安全由各个客户端自行维护。

点对点模式中的一个节点必须能同时"看"到网络中的其他节点，否则就认为网络中断，因此对等网络只能用于少数用户的组网环境，如 4～8 个用户。

（2）基础架构模式（Infrastructure）。由无线接入点（AP）、无线工作站（STA）及分布式系统（DSS）构成，覆盖区域称为基本服务区（BSS）。AP 用于在无线 STA 和有线网络之间接收、缓存和转发数据，所有无线通信都经过 AP 完成，是有中心拓扑结构。AP 通常能覆盖几十至几百用户，覆盖半径可达上百米。AP 可连接有线网络，实现无线网络和有线网络的互连。

（3）多 AP 模式。指由多个 AP 以及连接它们的分布式系统（DSS）组成的基础架构模式网络，也称为扩展服务区（ESS）。扩展服务区内的每个 AP 都是一个独立的无线网络基本服务区（BSS），所有 AP 共享同一个扩展服务区标示符（ESSID）。DSS 在 802.11 标准中并没有定义，但是目前大都指以太网。相同 ESSID 的无线网络间可以进行漫游，不同 ESSID 的无线网络形成逻辑子网。多 AP 模式有时也称为多蜂窝结构，蜂窝之间建议有 15%的重叠，以便于无线工作站在不同的蜂窝之间可进行无缝漫游。所谓漫游，是指一个用户从一个地点移动到另外一个地点，应该被认定为离开一个接入点，进入另一个接入点。在有线不能到达的情况下，可采用多蜂窝无线中继结构，要求中继蜂窝之间有 50%左右的信号重叠，同时中继蜂窝内的客户端使用效率会下降 50%。

（4）无线网桥模式。利用一对无线网桥连接两个有线或者无线局域网网段，如果放大器和定向天线连用，传输距离可达 50 km。

（5）无线中继器模式。无线中继器用来在通信路径的中间转发数据，从而延伸系统的覆盖范围。

（6）AP Client 客户端模式。AP Client 客户端模式也称为主从模式，在此模式下工作的 AP 会被主 AP（中心 AP）看成一台无线客户端，其地位和无线网卡等同。这种模式的好处在于能方便网管统一管理子网络。AP Client 客户端模式应用在室外的话，物理结构上类似点对多点的连接方式。

（7）Mesh 结构。无线 Mesh 网（Wireless Mesh Network，WMN）即无线网状网或无线多跳网，Mesh 的本意是指所有的节点都相互连接。传统的无线网络必须先访问无线 AP，称为单跳网络；无线 Mesh 网络的核心思想是让网络中的每个节点都可以发送和接收信号，称为多跳网络，它可以大大增加无线系统的覆盖范围，同时可以提高无线系统的带宽容量及通信可靠性，是一种非常有发展前途的宽带无线接入技术。

在传统 WLAN 中，每个 AP 必须与有线网络相连接，而基于 Mesh 结构的 WLAN 网络仅需要部分 AP 与有线网络相连，AP 与 AP 之间采用点对点方式通过无线中继链路互连，实现逻辑上每个 AP 与有线网络的连接；这样就摆脱了有线网络受地域限制的不利因素，从而可以建设一个大规模的无线局域网络，使无线局域网的应用不再局限于以前的热点地区覆盖。

4.2　WLAN 物理层技术

随着技术和需求的不断发展，WLAN 物理层支持的速率逐渐提高，从最初的 1 Mbps 到目前最高的 600 Mbps。下面按数据传输速率提升的脉络来介绍 WLAN 网络复杂的物理层技术。

4.2.1　IEEE 802.11

IEEE 于 1999 发布了最初的 WLAN 标准即 IEEE 802.11—1999，该标准提出了三种物理层技术：FHSS（Frequency-Hopping Spread Spectrum，跳频扩频）、DSSS（Direct-Sequence Spread Spectrum，直接序列扩频）和 IR（Infrared，红外）。这三种 PHY 层技术均支持 1 Mbps 和 2 Mbps 两种速率，其中 IR 很少使用，IEEE 目前不再对其进行维护，FHSS 和 DSSS 均为常见的扩频技术。扩频（Spread Spectrum）是扩展频谱通信的简称，是指用来传输信息的射频带宽远大于信息本身带宽的一种通信方式。信号可以跨越很宽的频段，数据基带信号的频谱被扩展至几倍至几十倍，然后才搬移至射频发射出去。这一做法虽然牺牲了频带带宽，但由于其功率密度随频谱变宽而降低，甚至可以将通信信号淹没在自然背景噪声中，因此其保密性、抗干扰能力很强。

FHSS 是通过收发双方设备无线传输信号的载波频率按照预定算法或者规律进行离散变化的通信方式，也就是说，无线通信中使用的载波频率受伪随机变化码的控制而随机跳变（跳频图案如图 4.1 所示）。在 802.11 中，FHSS 把工作频谱（2.402~2.479 GHz）划分成多个子频谱槽，其中每个子频谱槽带宽为 1 MHz。所有的站点在某个子频谱槽上工作一段时间后按照规定的跳转序列跳转到下一个子频谱槽上工作，以此循环往复。这样，实用带宽较实际需要的带宽扩大了，即扩频。FHSS 使用的调制技术为 FSK（Frequency Shift Keying），其中 2GFSK 支持 1 Mbps 速率，而 4GFSK 支持 2 Mbps 速率。

DSSS 技术的工作原理如图 4.2 所示，它直接用伪噪声序列对载波进行调制，要传送的数据信息需要经过信道编码后，与伪噪声序列进行模 2 和生成复合码去调制载波。接收机在收到发射信号后，首先通过伪码同步捕获电路来捕获发送的伪码精确相位，并由此产生跟发送端的伪码相位完全一致的伪码作为本地解扩信号，以便能够及时恢复出原始数据信息，完成整个直扩通信系统的信号接收。与 FHSS 不同，FHSS 没有对发送的载波进行附加编码,而 DSSS 则进行了一些特殊处理。首先,DSSS 使用 PSK(Phase Shift Keying,相移键控)调制技术对发送数据进行调制,其中 DPSK(差分相移键控)支持 1 Mbps 速率,而 DQPSK(差分四元相移键控)支持 2 Mbps 速率;然后使用 PN 码(Pseudo Random Noise Code)去影响发送载波,PN 码为{+1, −1, +1, +1, −1, +1, +1, +1, −1, −1, −1},其中每个符号称为 chip。标准规定 chip 的速率为 11 Mchip/s,于是 DSSS 使用的符号速率为 1 Msymbol/s(波特率)。通过 PN 码的影响,载波持续时间由 1 μs 减小为 1/11 μs,于是频谱得以拓展。在 802.11 标准中,DSSS 使用的工作带宽为 20 MHz。

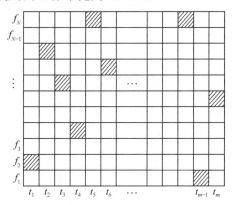

图 4.1　FHSS 跳频图案

图 4.2　DSSS 工作原理图

4.2.2　IEEE 802.11b

IEEE 802.11b 标准被称为高速直接序列扩频(High Rate DSSS,HR/DSSS)技术,支持 11 Mbps 的数据传输速率。DSSS 使用 PN 码对载波进行影响,其载波直接由需要发送的数据比特通过 PSK 得到,而 HR/DSSS 使用的 PN 码的意义和方法则与 DSSS 完全不同。

HR/DSSS 使用的 PN 码称为码字(Code Word),该码字代替 PN 码对载波进行影响。此处,码字不再如 PN 码那样为固定值,而是通过补码键控(Complementary Code Keying,CCK)动态改变。CCK 编码复杂,此处不进行深入阐述,而仅说明原理。

CCK 编码的基本原理为：把数据流多个比特（4 或 8）作为一个数据块，然后把该块分成两个子块。其中第一子块为 2 比特，通过 DQPSK 决定载波；而第二子块包含剩余比特，其通过规定公式被映射为 8 比特的码字。由于 chip 速率固定为 11 Mchip/s，对于 8 比特的码字，符号速率较 DSSS 系统的 1 Msymbol/s 提高到 1.375 Msymbol/s。对于提高了的符号速率，当其传输 4 比特数据时整个数据传输速率为 5.5 Mbps（1.375×4），当其传输 8 比特数据时整个数据传输速率为 11 Mbps（1.375×8）。

注意：HR/DSSS 仍然向后兼容 DSSS 系统。

4.2.3　IEEE 802.11a/g

IEEE 802.11a/g 使用一种与 DSSS 完全不同的技术，即正交频分复用（OFDM）。在 OFDM 技术中，允许将 FDM（频分复用）各个子载波重叠排列，同时保持子载波之间的正交性（以避免子载波之间的干扰），如图 4.3 所示，部分重叠的子载波排列可以大大提高频谱效率，因为相同的带宽内可以容纳更多的子载波。

802.11a 与 802.11g 的主要不同在于使用的工作频段不同，前者使用 5 GHz 频段而后者使用 2.4 GHz 频段，但工作带宽均是 20 MHz。802.11a/g 规定符号传输时间为 4 μs，其中 800 ns 用于符号间隙，于是需要的带宽为 0.312 MHz（1/3.2 μs）。接着把站点的工作带宽（20 MHz）以 0.3125 MHz 为粒度划分成 52 个子通道，其中 48 个子通道用来传输数据，在每个子通道上通过正交调幅即 QAM 技术来完成调制功能。为了增强数据的容错性，在进行 QAM 调制前，对数据进行容错编码，标准规定的编码方式为前向纠错码（FEC）。

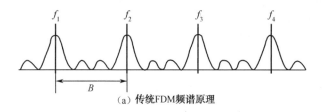
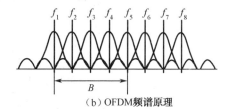

（a）传统FDM频谱原理　　　　　　　　　　　　　（b）OFDM频谱原理

图 4.3

通过 OFDM、FEC 和 QAM 技术，802.11a/g 实现了对多种速率的支持，如表 4.1 所示。此外，为了避免长"1"或者长"0"的问题，QAM 编码后，数据块并非按照顺序在子通道上进行传输而是按照一定的规则传输。

表 4.1　802.11a/g 参数

速率/Mbps	调制与编码速率（R）	每载码编码位	每符号位编码	每符号位数据
6	BPSK,R=1/2	1	48	24
9	BPSK,R=3/4	1	48	36

续表

速率/Mbps	调制与编码速率（R）	每载码编码位	每符号位编码	每符号位数据
12	QPSK,R=1/2	2	96	48
18	QPSK,R=3/4	2	96	72
24	16QAM,R=1/2	4	192	96
36	16QAM,R=3/4	4	192	144
48	64QAM,R=2/3	6	288	192
54	64QAM,R=3/4	6	288	216

4.2.4　IEEE 802.11n

IEEE 802.11n 是 IEEE 较新的无线局域网传输技术标准，其关键技术为多输入多输出（Multi-Input Multi-Output，MIMO）。MIMO 技术在发射端和接收端均采用多天线（或阵列天线）和多信道的传输方式，如图 4.4 所示。

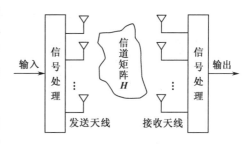

图 4.4　MIMO 系统

MIMO 系统将需要传输的数据先进行多重切割，然后利用多重天线进行同步传送。无线信号在传送过程中，会以多种多样的直接、反射或穿透等路径进行传输，从而导致信号到达接收天线的时间不一致，即所谓的多径效应。MIMO技术充分利用了多径效应的特点，在接收端采用多重天线来接收数据，并依靠频谱相位差等方式来解算出正确的原始数据。利用 MIMO 技术不仅可以提高信道容量和频谱效率，同时也可以提高信道的可靠性、降低误码率。MIMO 是 IEEE 802.11n 标准所采用的最重要的技术之一。此外，802.11n 还增加了其他功能以提高数据传输速率，如 A-MSDU、A-MPDU、40 MHz 双带宽传输等，以使最高传输速率到达 600 Mbps，远高于 802.11a/g。

4.3　WLAN 的 MAC 层技术

IEEE 802.11 使用的 MAC 技术为载波侦听多路访问/冲突避免（CSMA/CA），并且以此为基础衍生出了三种访问策略以支持不同的应用环境，即分布式协调功能（Distributed Coordination Function，DCF）、点协调功能（Point Coordination Function，PCF）、混合协调功能（Hybrid Coordination Function，HCF），这里仅介绍 DCF 和 PCF。

DCF 是支持异步数据传送的基本接入方法，标准中定义，所有站点必须支持 DCF 功能。DCF 可以在 Ad hoc 网络中单独使用，也可以在基础结构网络（Infrastructure Network）中单独使用或者在基础结构网络中与 PCF 协同使用。DCF 的特点为：传送异步数据，对业务尽力传送（Best-effort），所有要发送数据的用户具有同等的机会接入信道。DCF 适用于竞争业务。

PCF 是可选的机制，面向连接提供非竞争帧的发送。PCF 依靠协调点（Point Coordinator，PC）实现轮询，保证轮询站点不通过竞争信道发送帧。每个 BSS 内 PC 的功能由 AP 来完成。PCF 需要与 DCF 共存操作，逻辑上位于 DCF 的上层。PCF 适用于非竞争业务。

为了尽量避免冲突，802.11 规定：所有的站在完成发送（接收站完成接收）后，必须再等待一段很短的时间才能发送下一帧。这段时间的通称是帧间隔（InterFrame Space，IFS），其长短取决于该站要发送的帧的类型。高优先级帧需要等待的时间较短，因此可优先获得发送权，但低优先级帧就必须等待较长的时间。若低优先级帧还没来得及发送而其他站的高优先级帧已发送到介质，则介质变为忙态因而低优先级帧就只能再推迟发送了。这样就减少了发生碰撞的机会。至于各种帧间隔的具体长度，则取决于所使用的物理层特性。

帧间隔包括以下几类。

（1）短帧间隔（SIFS）：最短帧间隔。当站点获得信道的控制权，为了帧交换序列继续保持信道控制，这时就使用 SIFS，提供了最高优先级。

（2）点协调功能帧间隔（PIFS）：仅仅当站点在 PCF 模式下，为了在非竞争周期开始时获得信道的访问控制优先权而使用的。一旦在这个时间内监测到信道空闲，就可以进行中心控制方式无竞争的通信。

（3）分布式协调功能帧间隔（DIFS）：站点在 DCF 方式下传输数据帧和管理帧所使用的时间间隔。如果载波侦听机制确定在正确接收到帧之后的 DIFS 时间间隔中，信道是空闲的，且退避时间已经过期，站点将进行发送。

（4）扩展帧间隔（EIFS）：EIFS 是为站点收到坏帧需要报告而设置的等待时间。EIFS 最长，表明报告这种坏帧的优先级最低，必须等其他的帧都发送完毕后才能发送。

帧间隔如图 4.5 所示。

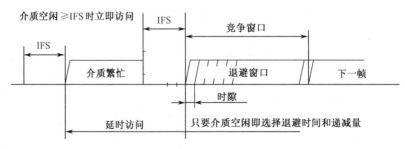

图 4.5　IEEE 802.11 MAC 层中的帧间隔

4.3.1　CSMA/CA

CSMA/CA（Carrier Sense Multiple Access with Collision Avoidance）利用 ACK 信号来避免冲突的发生，也就是说，只有当客户端收到网络上返回的 ACK 信号后才确认送出的数据已经正确到达目的地址。

CSMA/CA 协议实质上就是在发送数据帧之前先对信道进行预约，其基本规则如下。

（1）当站点需要发送报文时，首先要探测介质是否繁忙（Busy）。如果探测结果为繁忙则等待变为空闲后再次等待IFS时长进行下一步处理；否则直接等待IFS后进行下一步处理；

（2）当站点等待 IFS 后，如果上次发送时探测的结果为空闲则立即发送，否则需要随机回退，进入下一步处理。

（3）如果随机回退定时器当前处于暂停，则重新启动该定时器并等待超时；否则回退定时器设置为一个随机值并等待其超时。如果在定时器运行期间介质再次由空闲变为繁忙则暂停该定时器，并重新从第一步开始处理；否则定时器到期后进入下一步处理。

（4）开始发送报文。如果发送失败即没有收到 ACK，则重新从第一步开始处理。

在上述过程中，发送失败后的重试次数根据实际情况可以进行控制，同时发送失败也会影响回退随机值的选取。回退随机值

$$T=(2^R-1)\times\text{Slot\_time}$$

其中，R 从[0～CW]中随机选择；Slot_time 由底层 PHY 决定，为固定值；而竞争窗口（Contension Window，CW）初始为 CW_{min}，而后随着发送失败逐次递增，直到 CW_{max} 为止，在一定条件下 CW 重新恢复为 CW_{min}（CW_{min} 和 CW_{max} 由底层 PHY 决定）。

如上所述，介质的探测是报文发送的关键。在 802.11 协议中，可以通过两种方法来确定介质是否繁忙，即 CCA 和 NAV，其中 CCA（Channel Clear Assessment）是底层 PHY 来通告 MAC 介质是否繁忙的接口，而 NAV（Networks Allocation Vector）则由 MAC 自身来维护。MAC 探测介质是否繁忙的过程为：判断 NAV 值是否为 0（该值从最新接收到的报文的头部 Duration/ID 字段中获取），如果为 0 则通过 CCA 来判断介质是否繁忙；否则认为介质繁忙。

4.3.2　DCF 与 PCF

分布式协调功能（Distributed Coordination Function，DCF）在 CSMA/CA 的基础上确定 IFS，DCF 使用的 IFS 被分为 DIFS（DCF IFS）和 EIFS（Extended IFS），其中 EIFS 仅仅在接收错误时（PHY 错误或者 CRC 错误）才使用，而 DIFS 在正常情况时使用。

DCF 提供了共享竞争式的介质访问方法，虽然保证了公平性，但也增加了冲突。对于那些对传输速率、时延、抖动要求高的站点，DCF 不能满足它们的要求。

为此，提出了点协调功能（Point Coordination Function，PCF），其基本思想在于把对介质的访问分成周期性的时隙，而这个时隙又进一步分成两部分：非竞争期（Contention Free Period，CFP）和竞争期（Contention Period，CP）。CFP 期间，介质由 PC 或者 AP 完全控制，其决定 STA 什么时候使用介质，以及使用多长时间；而 CP 期间，介质通过 DCF 共享，使得网络中的每个站点都有机会进行数据传输。

PC/AP 是如何获得 CFP 期间的介质控制权的呢？如图 4.6 所示，每个时隙由 PC 发送含有特殊字段的信标（Beacon）帧开始，而发送 Beacon 之前，PC 通过 CSMA/CA 获得介质访问权限。由于有其他站点的存在，PC 使用 CSMA/CA 时，其 IFS 选取比 DIFS 小的 PIFS，这样 PC 对介质具有优先访问权。CFP 和 CP 由控制帧 CF-End 来分隔。

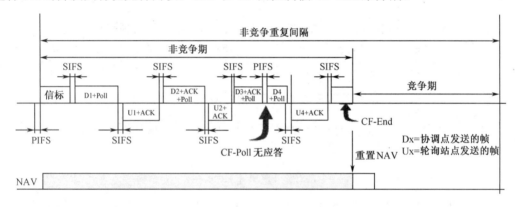

图 4.6　PCF 工作机制

在 CFP 期间，PC 通过发送带有 CF-Poll 标志的数据帧给站点以允许接收站点发送数据。接收站点收到 CP-Poll 标志后可以传输一个数据报文。很明显，一次轮询（Poll）最多有两个数据报文可以发送，即 PC 到 STA 和 STA 到 PC 各一个数据报文。

此外，对数据报文的应答（ACK）可以通过"同步捎带"和"异步捎带"来完成。"同步捎带"即数据报文中 CF-ACK 标志应答的是数据报文的接收者（对其上次传输报文的应答），而"异步捎带"应答的则是其他站点。总的来讲，CF-ACK 是对 PC 上次接收数据的应答而与捎带该标志数据报文的接收者无直接关系。

如果没有站点对 PC 报文进行应答，那么 PC 是否会失去对介质的控制权呢？答案是不会，因为 PC 可以通过 PIFS（PCF IFS）重新获得控制权，而这一点是使用 DIFS 的站点无法做到的。

4.4   WLAN 网络安全技术

IEEE 802.11 技术从出现开始，其安全问题就一直被诟病。对其安全问题的指责主要集中在 WEP 安全策略上，为此 802.11 工作组专门成立 802.11i 任务组以解决安全问题。802.11i 定义了 RSN（健壮安全网络）的概念，基于此，提出了一系列私密、一致性、认证，以及密钥管理算法和协议。

商业的需求似乎永远都跑在标准之前。在 802.11i 标准通过之前，Wi-Fi 联盟提出了 WPA 及 WPA2 的 WLAN 网络安全商业标准。WPA（Wi-Fi Protected Alliance）和 WPA2 本质上是从 802.11i 草案而来的，因此三者之间的差别并不大。

4.4.1   WEP

WEP（Wired Equivalent Privacy，有线等价私密）是 IEEE 802.11 最初提出的基于 RC4 流加密算法的安全协议。WEP 的加密过程如图 4.7 所示。WEP 问题通常不在 RC4 算法本身，而是在安全协议上。

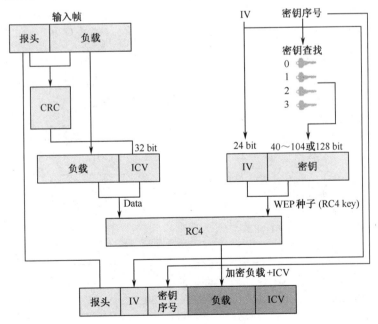

图 4.7   WEP 的加密过程

WEP 主要有如下 4 个问题。

（1）加密流的重用：攻击者通过异或（XOR）使用同一个加密流的报文，并使用一些已知的明文信息，可以很容易破解密钥。

（2）脆弱的一致性：WEP 使用 CRC32 算法对数据进行一致性校验，这样攻击者很容易修改报文内容而不影响一致性。

（3）认证机制简单：WEP 仅仅支持 Open System 和 Shared Key 两种方式，前者无安全保证，而后者同样有上述（1）、（2）条所述的问题。

（4）无密钥管理：无密钥管理导致网络密钥更新困难，增加潜在的危险。

4.4.2　WPA/RSN

1．TKIP

临时密钥完整性协议（Temporal key Integrity Protocol，TKIP）是为了克服 4.4.1 节所述 WEP 的问题而提出的。但它的提出，与其说是 TKIP 非常安全，倒不如说是在硬件升级为更安全算法之前使得 WEP 算法不那么脆弱，这从最初打算命名 TKIP 为 WEP2 可见一斑。

TKIP 较 WEP 改进的地方在于加密和一致性算法使用不同的密钥，同时加密密钥分成两阶段来完成。TKIP 的加密过程如图 4.8 所示。

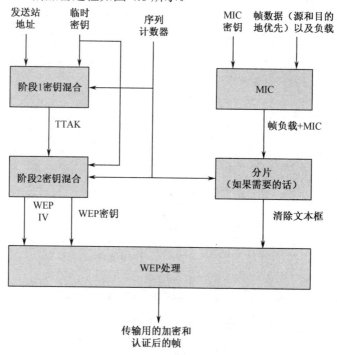

图 4.8　TKIP 的加密过程

在该算法中，首先把 TA（发送站点地址）、TK（临时 KEY）和报文序列号（高 32 位）进行一次处理得到 TTAK（TKIP 传输地址 KEY）；然后把 TTAK、TK 和报文序列号（低 16 位）再进行一次计算得到最终 RC4 加密算法要求的 128 位密钥。一致性校验（MIC）是附在 MSDU 上的，即 MIC 不属于分片报文（MPDU），对 MIC 的计算不仅包括数据负载，同时也包括部分协议头字段。

除了加密和 MIC 的处理方式较 WEP 有所改变外，TKIP 还增加了防重放攻击（Replay Detection）和一致性校验监控（Michael Countermeasures）功能。

2. CCMP

CCMP（CTR with CBC-MAC Protocol）通过使用 CBC-MAC 的计数模式完成加密、一致性和认证功能，其中 CBC-MAC 是结合加密、一致性验证和认证的 AES 加密模式。CCMP 的加密过程如图 4.9 所示。

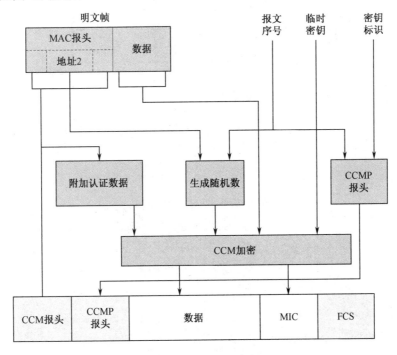

图 4.9　CCMP 的加密过程

无论是 WEP 还是 TKIP，MAC 协议头字段都没有被包括在被加密字段里，而 CCMP 把它们作为了加密的一部分。同时，与 TKIP 相比，CCMP 的一致性是附加在 MPDU 上的，因为 CBC-MAC 在加密的同时提供了 MIC 计算。

物联网与短距离无线通信技术（第2版）

4.4.3 身份认证及密钥管理

1. 密钥管理

WPA/RSN 通过四路密钥交换（4-Way Handshake）（见图 4.10）和两路密钥交换（2-Way Handshake）来完成密钥的动态管理，其中四路密钥交换主要完成单播 KEY 的生成（WPA2，RSN 模式下也可以完成组播 KEY 的分发），而两路密钥交换则只完成组播 KEY 的分发。单播密钥和多播密钥交换使用的报文封装格式为 EAPOL。

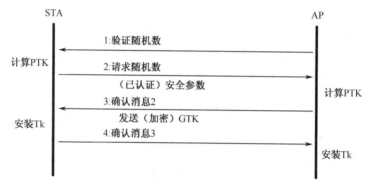

图 4.10　四路密钥交换

四路密钥交换的交换过程如下。

（1）AP 发送给 STA 一个随机序列 A-N（Authenticator Nonce）。

（2）STA 收到 AP 发送过来的报文后生成另一个随机序列 S-N（Supplicant Nonce），然后根据（A-N，S-N，A-ADDRESS，S-ADDRESS，Master Key）生成 PTK，并把 S-N 发送给 AP。其中 A-ADDRESS 表示 AP 的地址，S-ADDRESS 表示 STA 的地址，PMK 表示 STA 和 AP 已经拥有的一个主密钥，后面将会介绍该值的由来，而 PTK 表示 STA 和 AP 双方用来传输单播报文需要的密钥或者一组密钥。

（3）AP 收到 STA 发送过来的报文后取出 S-N，按照相同的算法生成 PTK 并验证报文的合法性。如果验证成功则发送成功消息给 STA。

（4）STA 收到 AP 发送过来的成功消息后立即安装加密密钥，同时发送确认消息给 AP。

（5）AP 收到 STA 的确认消息后完成加密密钥的安装。

如果双方使用的是 WPA2 或者 RSN 策略，则在第三步发送的验证成功消息中捎带了组播加密信息即 GTK，否则组播密钥的分发需要用下面介绍的两路密钥交换来完成。

两路密钥交换如图 4.11 所示，其交换过程如下。

（1）AP 把 GTK 信息封装到 EAPOL 中直接发送给 STA。需要注意，该报文会使用四路密钥交换得到的密钥进行加密。

（2）STA 收到该报文后进行必要的验证，如果通过则发送确认消息给 AP。

（3）AP 收到确认消息后，整个两路密钥交换交互完成。

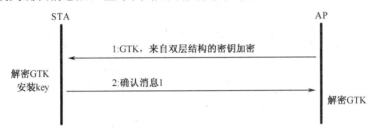

图 4.11　两路密钥交换

当 AP 需要更新 GTK 时，可以直接使用两路密钥交换来进行分发。

2. 身份认证

WPA/RSN 定义了两种身份验证机制：预共享密钥（PSK）和扩展认证协议（EAP）。

（1）预共享密钥——PSK。在 PSK 方式中，整个网络中的 STA 和 AP 需要预先配置相同的密码信息。该密码信息可以是以 ASCII 字符表示的长度为 8～63 的密码短语（Pass Word Phrase），也可以是直接输入 64 个十六进制数。对于密码短语，其最后也会通过一个函数被转化成 64 个十六进制数。

无论是通过密码短语间接生成还是直接配置，得到的 64 个十六进制数就是前面介绍四路密钥交换中时引用到的 PMK。那么 PTK 和 GTK 与 PMK 有什么关系呢？在图 4.12 中，得到的 PMK 通过一个函数按照加密方式的不同生成对应的 PTK。在 PTK 中，KCK、KEK 用在对 EAPOL 报文的附载进行加密和一致性验证上，TK 作为单播 MAC 数据报文加密，MIC key 仅仅在 TKIP 加密模式下用作一致性校验。GTK 的产生与 PTK 类似，如图 4.13 所示，但该过程不需要 STA 的参与而直接由 AP 完成，因为 GMK 由 AP 随机产生。

可见，PSK 认证是通过预先配置相同的密码信息，然后通过正确完成四路密钥交换和两路密钥交换来验证 STA 和 AP 的身份。

（2）扩展认证协议——EAP。PSK 认证只需要 STA 和 AP 两者参与，而 EAP 认证方式在 WLAN 环境中需要第三方——认证服务器的参与。EAP 是 IETF 组织定义的一个认证框架，认证过程由具体认证协议实现并完成。在 LAN 环境中，用来传输 EAP 协议的是 802.1x 协议，其认证环境如图 4.14 所示，并采用 EAPOL 封装。

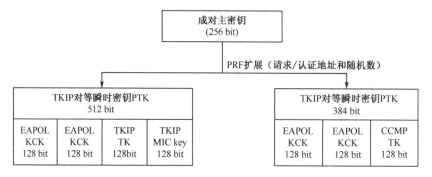

图 4.12　PTK 的生成

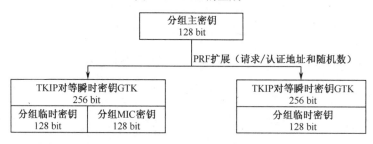

图 4.13　GTK 的生成

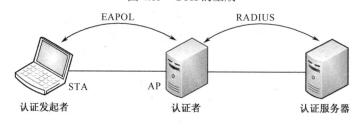

图 4.14　802.1x 认证环境

在 EAP 认证环境中，AP 仅仅作为 EAP 协议的中继者，负责传递 STA 和认证服务器之间的认证协议报文如图 4.14 所示。STA 与 AP 传递的认证协报文使用 EAPOL 封装，而 AP 与服务器之间传递的认证报文则使用 RADIUS 封装。

具体的 EAP 认证协议非常多，应根据不同的环境实际情况选取不同的认证方法。在 WLAN 环境下，目前比较流行的是 EAP-TLS、PEAP、EAP-TTLS，特别是 PEAP 和 EAP-TTLS 使用得最多。PEAP 和 EAP-TTLS 的基本思想很简单，即首先通过 TLS 建立安全的通信通道，然后在此安全通道内进行对 STA 的认证。

STA 与认证服务器相互认证通过后，认证服务器会发送一个被为会话密钥（Session

Key）的信息给 AP，而此信息 STA 在与认证服务器交换的过程中已经得到。在 PSK 认证模式中，PMK 来自用户配置，而在 EAP 认证中，PMK 则来自会话密钥。

4.5　WLAN 的应用

4.5.1　WLAN 的典型应用

WLAN 由于其不可替代的优点，广泛应用于需要在移动中连网和在网间漫游的场合，并在不易布线的地方和远距离的数据处理节点提供强大的网络支持。下面是 WLAN 的一些典型应用场合。

（1）移动办公系统。"让网络无处不在，让思绪随风飘扬"曾经是人们的梦想，随着移动办公的概念越来越深入人心，众多厂商对终端产品和软件进行深入的开发，WLAN 得到了全面的应用。如图 4.15 所示，在办公环境中使用 WLAN，可以使办公用计算机具有移动能力，在网络范围内可实现计算机漫游。各种业务人员、部门负责人和工程技术专家，只要有移动终端或笔记本电脑，无论是在办公室、资料室、洽谈室，甚至在宿舍都可通过 WLAN 随时查阅资料、获取信息。领导和管理人员可以在网络范围的任何地点发布指示、通知事项、联系业务，也就是说可以随时随地进行移动办公。

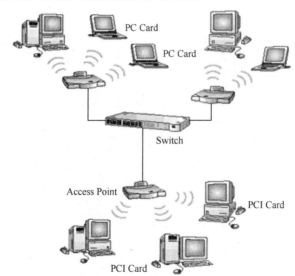

图 4.15　WLAN 在移动办公中的应用

（2）医护管理。现在很多医院都有大量的计算机患者监护设备、计算机控制的医疗装置和药品等库存计算机管理系统。利用 WLAN，医生和护士在设置计算机专线的病房、诊室或急救中进行会诊、查房、手术时可以不必携带沉重的病历，而可使用笔记本电脑、PDA 等实时记录医嘱，并传递处理意见，查询患者病历和检索药品。

（3）工厂车间。工厂往往不能敷设连到计算机的电缆，在加固混凝土的地板下面也无法敷设电缆，空中起重机使人很难在空中布线，零备件及货运通道也不便在地面布线。在这种情况下，应用 WLAN，技术人员在进行检修、更改产品设计、讨论工程方案，并可在任何地方查阅技术档案，发出技术指令、请求技术支援，甚至和厂外专家讨论问题。

（4）库存控制。仓库零备件和货物的发送和储存注册可以使用无线链路直接将条形码阅读器、笔记本电脑和中央处理计算机连接，进行清查货物、更新存储记录和出具清单，如图 4.16 所示。

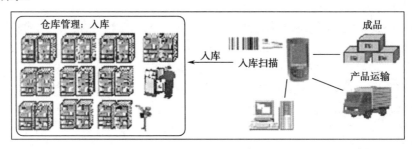

图 4.16　WLAN 在库存控制中的应用

（5）展览和会议。在大型会议和展览等临时场合，WLAN 可使工作人员在极短的时间内，方便地得到计算机网络的服务，和 Internet 连接并获得所需要的资料，也可以使用移动计算机互通信息、传递稿件和制作报告。

（6）金融服务。银行和证券、期货交易业务可以通过无线网络的支持将各机构相连，即使已经有了有线计算机网络，为了避免由于线路等出现的故障，仍需要使用无线计算机网络做备份。在证券和期货交易业务中的价格以及"买"和"卖"的信息变化极为迅速频繁，利用手持通信设备输入信息，通过计算机无线网络迅速传递到计算机、报价服务系统和交易大厅的显示板，管理员、经纪人和交易者可以迅速利用信息进行管理或利用手持通信设备直接进行交易，可以避免由于手势、送话器、人工录入等方式而产生的不准确信息和时间延误所造成的损失。

（7）旅游服务。旅馆采用 WLAN，可以做到随时随地为顾客进行及时、周到的服务。登记和记账系统一经建立，顾客无论在区域范围内的任何地点进行任何活动，如在酒吧、健身房、娱乐厅或餐厅等，都可以通过服务员的手持通信终端来更新记账系统，而不必等待复杂的核算系统的结果。

（8）教育行业。WLAN 可以让教师和学生对教与学进行实时互动，学生可以在教师、宿舍、图书馆利用移动终端机向老师问问题、提交作业；老师可以实时给学生上辅导课，学生可以利用 WLAN 在校园的任何一个角落访问校园网。WLAN 可以成为一种多媒体教学的辅助手段。

（9）石油工业。无线网络连接可提供从钻井台到压缩机房的数据链路，以便显示和输出由钻井获取的重要数据。海上钻井平台由于宽大的水域阻隔，数据和资料的传输比较困难，敷设光缆费用很高，施工难度很大，使用无线网络技术，费用不及敷设光缆的十分之一，效率高、质量好。

4.5.2　WLAN 与其他技术的比较

1．WLAN 与 Bluetooth、3G

WLAN、Bluetooth、3G 三种技术存在着某些关联，但差异也是相当明显的。表 4.2 给出了三种技术之间的关系。

表 4.2　WLAN 与 Bluetooth、3G 的对比

	3G	WLAN	Bluetooth
频带（费用）	需要许可（在欧洲累计近 1100 亿美元）	无须许可，但功率 10 mw 以上需要报备	无须许可
适用范围	国家级	50～150 m	5～10 m
带宽	最高达 2 Mbps	11～54 Mbps	1～2 Mbps
业务能力	语音/数据	主要为数据	语音/数据，机器到机器
系统费用	极高	较低	较低
渠道	直接向运营商销售	OEM	OEM
产品价格	基于使用，统一费率	ISP 统一费率	产品一次性价格
移动性/便携性	移动	便携	便携
频率技术	码分	FH 跳频/DSSS 直序扩频	FH 跳频
设备	以电信运营为中心	以数据/PC 为中心	中性

可以看到这三种技术在本质上是互补的，尽管它们可能在边缘上是竞争的。例如，用于 Wi-Fi 的 IP 语音终端已经进入市场，这对蜂窝移动通信有一定的替代作用。同时，随着 3G 的发展，热点地区的 Wi-Fi 公共应用也可能被蜂窝移动通信系统部分取代。但是总体来说，它们是共存的关系，比如一些特殊场合的高速数据传输必须借助于 Wi-Fi，像波音公司提出的飞机内部无线局域网；而在另外一些场合使用 Wi-Fi 可以较为经济，比如实现高速列车内部的无线局域网时。

总之，由于 3G、WLAN 和蓝牙在技术属性上不同，因此在它们所支持的功能和应用上

也不同。

（1）3G 支持移动性，WLAN 支持便携性。3G 网络是建立在蜂窝架构上的，最适于支持移动环境中的数据服务。蜂窝架构支持不同蜂窝之间的信号切换，从而向用户提供了全网络覆盖的移动性，这种移动性常常通过不同网络运营商之间的漫游协议进行扩展。当然，可供移动用户使用的带宽是有限的。

WLAN 无线局域网提供了大量的带宽，但是它的覆盖区域有限（室内最多 100 m）。它所支持的应用经常通过像笔记本电脑这类便携式以数据为中心的设备访问，而非通过以电话为中心的设备进行访问。PDA 和类似的小型设备也开始配置具有 WLAN 连接性的功能。蓝牙网络只适于距离非常短的应用，在很多情况下它们仅被用做线缆的替代物。

（2）3G 支持语音和数据，WLAN 主要支持数据。语音和数据信号在许多重要的方面不同：语音信号可以错误但不能容忍时延；数据信号能够允许时延但不能容忍错误。因此，为数据而优化的网络不适合于传送语音信号；反之，为语音而优化的网络也不适于传输数据信号。WLAN 主要用于支持数据信号，与此形成对比的是，3G 网络被设计用于同时支持语音和数据信号。

2. WLAN 与无线 Mesh 网络

WLAN 技术的发展和大规模应用在给人们生活带来便利的同时，也存在一些问题，如 WLAN 并不是真正意义上的"无线"（节点必须通过 AP 进行无线连接）；可靠性低；覆盖能力有限；多数 WLAN 网络在其有效距离内具有"盲区"等。而无线 Mesh 网络技术的出现，则很好地解决了上述问题，它彻底摆脱了线缆的束缚，能够实现非视距传输，可靠性高、结构灵活、鲁棒性强，因而越来越受到人们的重视，对无线 Mesh 网络的研究也逐渐增多。

无线 Mesh 网络（无线网状网络）也称为多跳（Multi-hop）网络，它是一种与传统无线网络完全不同的新型无线网络技术。在传统的无线局域网（WLAN）中，每个客户端均通过一条与 AP 相连的无线链路来访问网络，用户如果要进行相互通信的话，必须首先访问一个固定的接入点（AP），这种网络结构称为单跳网络。而在无线 Mesh 网络中，任何无线设备节点都可以同时作为 AP 和路由器，网络中的每个节点都可以发送和接收信号，每个节点都可以与一个或者多个对等节点进行直接通信。

这种结构的最大好处在于：如果最近的 AP 由于流量过大而导致拥塞的话，那么数据可以自动重新路由到一个通信流量较小的邻近节点进行传输。依此类推，数据包还可以根据网络的情况，继续路由到与之最近的下一个节点进行传输，直到到达最终目的地为止。这样的访问方式就是多跳访问。其实人们熟知的 Internet 就是一个 Mesh 网络的典型例子。

与传统的交换式网络相比，无线 Mesh 网络去掉了节点之间的布线需求，但仍具有分布式网络所提供的冗余机制和重新路由功能。在无线 Mesh 网络里，如果要添加新的设备，只需要简单地接上电源就可以了，它可以自动进行自我配置，并确定最佳的多跳传输路径。添加或移动设备时，网络能够自动发现拓扑变化，并自动调整通信路由，以获取最有效的传输路径。这样，与传统的 WLAN 相比，无线 Mesh 网络具有的优势包括：快速部署和易于安装、非视距传输（NLOS）、更好的健壮性、结构灵活、高带宽等。

当然，尽管无线 Mesh 网络技术有着广泛的应用前景，但也存在一些影响 Mesh 网络广泛部署的问题，如互操作性、通信延迟、安全性等问题。

作为 WLAN 与无线 Mesh 网络技术的结合，Wi-Fi Mesh 提供了一种新型公共无线局域网和城域网解决方案。传统基于 IEEE 802.11a/b/g 的 Wi-Fi 典型覆盖范围为室外 300 m、室内 30 m。受到覆盖范围的限制，传统 Wi-Fi 很难在城市范围内满足笔记本和 PDA 用户随时随地宽带上网的需求。如果将 Wi-Fi 热点"编织"起来，结成互相连接的渔网一样的网状网络（Mesh）或称为"热区"，那么就可以利用 Wi-Fi Mesh 覆盖校园、街区甚至整个城市。相比于传统 Wi-Fi，Wi-Fi Mesh 技术在组网方式、传输距离及移动性上都有很大的改进。

目前，包括摩托罗拉和 Nortel 在内的众多厂商已经开发出各种 Wi-Fi Mesh 产品并获得大规模应用，非标准化的产品已经成为现实。为了解决各厂商 Wi-Fi Mesh 产品之间的互操作性，IEEE 已经启动了 Mesh 标准化工作。IEEE 新成立了一个 IEEE 802.11s 子工作组，制定标准化的扩展服务集（ESS），即 IEEE 802.11s 专门为 WMN 定义了 MAC 和 PHY 层协议。在这样的网络中，WLAN 接入点可以像路由器那样转发消息。

在 IEEE 802.11s 工作组中，Mesh 网络可以是两种基本结构：基础设施的网络结构和终端设备的网络结构，IEEE 802.11s 工作组为支持这两种结构制定了新的规范。在基础设施的网络结构中，IEEE 802.11s 工作组定义了一个基于 IEEE 802.11 MAC 层的结构和协议，用来建立一个同时支持在 MAC 层广播/多播和单播的 IEEE 802.11 无线分布式系统（WDS）；而在终端设备的网络结构中，所有设备工作在点对点模式下的同一平面结构上，使用 IP 路由协议。客户端之间形成无线的点到点的网络，而不需任何网络基础设施来支持。

由于 Wi-Fi 技术的普及，Wi-Fi Mesh 网络的应用场景和应用范围相当广泛，可以实现家庭网络、企业网络以及"热区"网络内的多层次、多范围的无线应用。以下是几种典型的应用场景。

（1）宽带家庭网络互连。现在，宽带家庭网络互连大多采用 Wi-Fi 来实现，但部分场景下，单个 AP 仍不免有覆盖不到的盲区。为了消除盲区，可在家庭互连网络中采用无线 Mesh 网技术，放置多个小型 Mesh 路由器，以多跳 Mesh 网络互连家庭内部数字设备，可以有效地消除盲区，同时还可以大大提高网络容错性，减少由于迂回访问造成的网络拥塞。

（2）企业网络互连。目前，Wi-Fi 已经在企业办公室、写字楼中得到了广泛的应用，但这些 Wi-Fi 设备或者相互没有连接，或者采用不太经济的有线以太网方式相连。而采用无线 Mesh 网络技术，通过 Mesh 路由器将这些设备互连，一方面可以解决 WLAN 之间的连通性问题，另一方面相对采用有线互连方式还可以节约成本，灵活部署，同时提高网络的容错性和健壮性。

（3）"热区"网络互连。采用无线 Mesh 技术，可以将城市"热点地区"的网络互连，形成一个"热区"无线多跳网络。有了这个"热区"无线互连网络，即可实现在"热区"内用户之间共享若干个互联网接入设备，而不必要求每个用户均具备互联网接入设备；而且"热区"内用户无须通过远端服务提供商网络，就可以在本"热区"内进行本地相互访问，共享内部网络资源。

4.6　本章小结

无线局域网（WLAN）技术是无线通信技术与计算机网络相结合的产物，主要特点是能够让计算机和其他电子设备不用线路连接就可以发送和接收高速数据的技术，并可以随时随需进行移动或变化。它主要是利用射频（RF）技术在空间发送和接收数据的，取代了以前的双绞线构建局域网技术，可以提供传统有线局域网的所有功能。目前 WLAN 技术已经成为宽带接入的有效手段之一。

本章首先介绍了 WLAN 的技术标准，通过与有线接入网的比较，介绍了 WLAN 的技术特点；然后重点介绍了 WLAN 的物理层技术和网络安全技术；最后介绍了 WLAN 的具体应用，并与其他几个热门无线技术进行了简单对比。

总而言之，无线局域网有着许多不可比拟的优势，没有环境的影响，不受地理因素的限制，减少了布线的高成本需求，更重要的是日后改动十分方便，并且可以任意的扩展数量，不增加成本的支出，为企业和家庭带来最大的方便性，所以它的应用将会越来越广泛，发展也会越来越迅速。

思考与练习

（1）WLAN 和传统网络相比有哪些优缺点？

（2）WLAN 常见的拓扑结构有哪些？

（3）802.11 使用的 MAC 技术是什么？简述其规则。

（4）简述 TKIP 加密过程。

（5）WPA/RSN 是通过哪两个过程完成密钥的加密过程的？

（6）WLAN 与 3G、Bluetooth 的关系是什么？

（7）无线 Mesh 网络具有哪些优缺点？

（8）如何看待 Wi-Fi Mesh 网络的应用前景？

参考文献

[1] 刘元安，等. 宽带无线接入和无线局域网[M]. 北京：北京邮电大学出版社，2000.

[2] 郭峰，曾兴雯，刘乃安，等. 无线局域网[M]. 北京：电子工业出版社，1997.

[3] [美]Jim Geier 著. 无线局域网[M]. 王群，李馥娟，叶清扬译. 北京：人民邮电出版社，2001.

[4] 牛伟，郭世泽，吴志军. 无线局域网[M]. 北京：人民邮电出版社，2003.

[5] 张振川. 无线局域网技术与协议[M]. 沈阳：东北大学出版社，2003.

[6] [美]MarkCiampa 著. 无线局域网设计与实现[M]. 王顺满，吴长奇，等译. 北京：科学教育出版社，2003.

[7] 陶智勇，周芳，胡先志. 综合宽带接入技术[M]. 北京：北京邮电大学出版社，2002.

[8] 李军，陈虎. WLAN 网络优化设计[J]. 现代电信科技，2005（2）：37-40.

[9] 谭英才. WLAN 小区覆盖技术方案[J]. 通信与信息技术，2005（5）：39-44.

[10] 韩旭东，曹建海. IEEE 802.llg 研究综述[J]. 信息技术与标准化，2004（2）：24-29.

[11] 中国电信上海研发中心移动通信部. WLAN 网络及业务发展模式研究，2005.

[12] 孙海鸣，闵锐. WLAN 网络设计方法的研究[J]. 广东通信技术，2003（12）：14-17.

[13] 张圣，陈伟. 基于 WLAN 技术的无线校园网组网研究[J]. 信息技术，2005（7）：17-20.

[14] 高阳. 思科网络技术学院教程：无线局域网基础[M]. 北京：人民邮电出版社，2005.

[15] 崔慧勇. 局域网规划建设与维护[M]. 北京：航空工业出版社，2005.

[16] [美]Gil Held. 无线数据传输网络——蓝牙、WAP 和 WLAN[M]. 北京：人民邮电出版社，2001.

[17] 刘乃安，李晓辉，张联峰，等. 无线局域网（WLAN）——原理、技术、应用[M]. 西安：西安电子科技大学出版社，2004.

[18] Borisov Nikita, Goldberg Ian, Wagner David. Security of the WEP Algorithm[DB/OL]. InternetDraft, 2001. http://www.isaac.cs.berkeley.edu/Isaac.wep-faq.html.

[19] 孙树蜂，贺樑，石兴方，等. 802.11 无线局域网安全技术研究[J]. 计算机工程与应用，2003（7）：40-42.

[20] 胡志远，顾君忠. 无线局域网中的信息安全保护和安全漫游[J]. 计算机工程与应用，2003（6）：187-189.

[21] 李峰. 无线局域网的安全机制[J]. 信息网络安全，2003，7：47-48.

[22] 石兴方，孙树蜂，苏鹏，等. 无线局域网安全机制研究[J]. 计算机应用研究，2003（6）：135-138.

[23] 曹春杰，杨超，等. 可证明安全的 WLAN Mesh 接入认证协议[J]. 沈阳：吉林大学学报（工学版），2007，37（6）：1354-1358.

[24] 董炎杰. Wi-Fi Mesh 网络发展和应用浅析[J]. 电信科学，2009（10）：199-202.

[25] 余海，曹蕾. 基于 Wi-Fi 的无线网状（Mesh）组网技术[J]. 现代电子技术，2011，34（10）：120-122.

[26] Tim Fowler. Mesh networks for broadband access[J]. IEE Review, 2001, 47（1）：17-22.

[27] Ian F. Akyildiz, Wang Xudong. A survey on wireless mesh networks[J]. IEEE Communications Magazine, 2005, 43（9）: S23-S30.

[28] Jorge Crichigno, Wu Min-You, Shu Wei. Protocols and architectures for channel assignment in wireless mesh networks[J]. Ad hoc Networks, 2008, 6（7）: 1051-1077.

第 5 章

IrDA 无线通信技术

任何物体，只要其温度高于绝对零度（−273℃）时，就会向四周辐射红外线，物体温度越高红外辐射的强度就越大。红外数据传输就是巧妙地应用了这个原理，它利用红外线作为传播介质。红外线是波长在 750 nm～1 mm 之间的电磁波，是人眼看不到的光线。红外数据传输一般采用红外波段内的近红外线，波长为 0.75～25 μm。红外数据协会（Infrared Data Association，IrDA）成立后，为保证不同厂商的红外产品能获得最佳的通信效果，限定所用红外波长为 850～900 nm。由于红外线的波长较短，对障碍物的衍射能力差，所以更适合应用在需要短距离无线通信的场合，进行点对点的直线数据传输。

红外通信标准 IrDA 是目前 IT 和通信业普遍支持的近距离无线数据传输规范。尽管通信距离只有几米，红外光却是具有许多优势的通信媒介。它的小型化和低成本，很适合应用在手机、电子商务、数字照相机、笔记本电脑、掌上电脑等便携式产品中。相对简单的红外连接使它能适应不同的操作系统和大范围的传输速率。红外连接比有线连接更安全、可靠，它避免了因线缆和连接器磨损和断裂造成的检修。随着移动计算和移动通信设备的日益普及，红外数据通信已经进入了一个快速发展的时期。据统计，2011 年全球生产的红外接收器超过 8 亿个，其中，大多数接收器被用于机顶盒、DVD、电视机、游戏机、空调、投影机、数码相机和笔记本电脑中。

5.1　IrDA 概述

5.1.1　IrDA 的技术特点

IrDA 是红外数据协会（Infrared Data Association）的简称，成立于 1993 年，是一个致力于建立无线传播连接的国际标准非营利性组织，目前在全球拥有 160 个会员，参与的厂商包括计算机及通信硬件、软件及电信公司等。目前广泛采用的 IrDA 红外连接技术就是由该组织提出的。IrDA 旨在建立通用的、低功率电源的、半双工红外串行数据互联标准，支持近距离、点到点、设备适应性广的用户模式。建立 IrDA 标准是在各种设备之间较容易地进行低成本红外通信的关键。

红外通信是利用 900 nm 近红外波段的红外线作为传递信息的介质，即通信信道。发送端将基带二进制信号调制为一系列的脉冲串信号，通过红外发射管发射红外信号。接收端将接收到的光脉转换成电信号，再经过放大、滤波等处理后送给解调电路进行解调，还原为二进制数字信号后输出。常用的调制方法有两种：通过脉冲宽度来实现信号调制的脉宽调制（PWM）和通过脉冲串之间的时间间隔来实现信号调制的脉时调制（PPM）。

简而言之，红外通信的实质就是对二进制数字信号进行调制与解调，以便利用红外信道进行传输；红外通信接口就是针对红外信道的调制解调器。IrDA 是一种利用红外线进行点对点通信的技术，其相应的软件和硬件技术都已比较成熟，在技术上的主要特点有：

- 通过数据电脉冲和红外光脉冲之间的相互转换实现无线的数据收发。
- 主要用来取代点对点的线缆连接。
- 新的通信标准兼容早期的通信标准。
- 小角度（30°以内），短距离，点对点直线数据传输，保密性强。
- 传输速率较高，4 Mbps 速率的 FIR 技术已被广泛使用，16 Mbps 速率的 VFIR 技术已经发布。
- 不透光材料的阻隔性，可分隔性，限定物理空间使用性，方便集群使用。红外线技术是限定使用空间的。在红外不传输的过程中，遇到不透光的材料（如墙面），它就会反射，利用这一特点，可确定了每套设备之间可以在不同的物理空间里使用。
- 无频道资源占用性，安全特性高。红外线利用光传输数据的这一特点确定了它不存在无线频道资源的占用性，且安全性特别高。在限定的物理空间内进行数据窃听不是一件容易的事。
- 优秀的互换性、通用性。因为采用了光传输，且限定物理使用空间。红外线发射和接收设备在同一频率的条件下可以相互使用。

此外，红外线通信还有抗干扰性强、系统安装简单、易于管理等优点。

除了在技术上有自己的特点外，IrDA 的市场优势也是十分明显的。在成本上，红外线 LED 及接收器等组件远较一般 RF 组件来得便宜。此外，现有 IrDA 接收角度也由传统的 30°扩展到 120°。这样，在台式电脑上采用低功耗、小体积、移动余度较大的含有 IrDA 接口的键盘、鼠标就有了基本的技术保障。同时，由于 Internet 的迅猛发展和图形文件逐渐增多，IrDA 的高速率传输优势在扫描仪和数码相机等图形处理设备中更可大显身手。

目前已经开发生产出来的具备红外通信能力的设备已有数百种之多，许多笔记本电脑、PDA、移动电话、数码相机、无线耳机、MP3、POS 机、打印机等设备都具有红外无线通信接口。作为技术最成熟，应用最广泛的无线短距离通信技术，巨大的装机量使红外无线通信技术有了庞大的用户群体。从设备安装量考虑，红外数据通信技术（IrDA）在 2005 年已拥有每年 1.5 亿套的设备安装量，并且还保持着每年 40% 的高速增长。网舟咨询在其发布的《无线短距离通信技术市场研究报告》中认为，强劲的增长数字表明全球范围内厂商对于红外通信仍持有的乐观态度，红外通信技术已被全球范围内的众多软/硬件厂商所支持和采用，目前主流的软/硬件平台均提供对它的支持。手机市场上，各大主流厂商也早已在其产品中配套支持了红外通信技术。从当前的情况来看，红外技术无论是从应用覆盖度，技术成熟度和用户接受度来说，都在各类无线通信技术中处于领先地位。尽管现在有了同属近距离无线通信的蓝牙等技术，但红外通信技术以其低廉的成本和广泛的兼容性的优势，势必会在将来很长的一段时间内在短距离无线数据通信领域扮演重要角色。

当然，IrDA 也有其不尽如人意的地方。首先，IrDA 是一种视距传输技术，也就是说两个具有 IrDA 端口的设备之间如果传输数据，中间就不能有阻挡物，这在两个设备之间是容易实现的，但在多个电子设备间就必须彼此调整位置和角度等；其次，IrDA 设备中的核心部件——红外线 LED 不是一种十分耐用的器件，对于不经常使用的扫描仪、数码相机等设备虽然游刃有余，但如果经常用装配 IrDA 端口的手机上网，可能很快就不堪重负了。此外，IrDA 点对点的传输连接方式，无法灵活地组成网络。

5.1.2 IrDA 的发展概述

1979 年，IBM 公司的 F. R. Gfeller 和 U. H. Bapst 主持开发了世界上第一套室内无线光通信系统，该系统使用的是 950 nm 波长的红外光，通信距离可以达到 50 m，但该系统仅仅局限于实验室内，并未投入商业化使用。

1983 年，日本富士通公司研制出通信速率达到 19.2 kbps 的红外通信系统，它采用 880 nm 波长的红外光，发射功率为 15 mW。1985 年，美国 HP 实验室采用发射功率 165 mW 的红外光源，将通信速率提高到 1 Mbps。1994 年，美国贝尔实验室采用发射功率 40 mW 的红外光源，将通信速率提高到 155 Mbps。但这些都仅限于实验室水平，并没有投入商用。

红外收发器和控制器是实现红外通信的关键元器件，国内生产高端红外收发器的半导体公司较少，高端红外收发器主要由国际知名半导体公司生产，VI、IBM、日立、富士通、HP Labs、摩托罗拉、BT Labs、ZiLOG、夏普等公司及研究机构均生产红外收发器。ZiLOG 公司的 IrDA 兼容收发器系列模块外形小，可为薄型 PDA、蜂窝电话及其他手持式便携器件增加红外连接功能。Agilent Technologies 公司于 2005 年研制的红外收发器以最高 4 Mbps 的速率提供符合 IrDA 标准的数据传输，并且实现了手机和 PDA 对电视、VCR、DVD 和其他家电的通用红外遥控功能。Vishay Intertechnology 公司于 2007 年开发的 TFDU6300 及 TFDU6301 提供了 IrSimpleShot 所需的 4 Mbps 的快速红外数据速率，这两种收发器完全符合 IrDA 物理层规范，数据传送距离长达 0.7 m，可在 25 m 的距离内传送电视遥控信号。随后，该公司又推出业界最小的远红外（FIR）收发器 TFBS6711 和 TFBS6712，典型工作距离超过 50 cm，数据速率高达 4 Mbps，这两款收发器完全符合 IrDA 物理层及 IEC60825-II 级眼睛安全规范。夏普 2008 年开始量产支持"IrSS（IrSimpleShot）"规格的接收专用器件 GP2W4020XP0F，主要用于打印机、电视以及蓝光光盘录像机等，在光轴 ±15° 以内且发送端的输出为 100 mW/sr 时，可接收的距离为标准 2.5 m，与以往产品的 20 cm～1 m 相比，接收距离大幅延长。

Microchip Technologies 公司于 2003 年研制的 MCP2140 是一款线速为 9600 波特/秒（Bps）的 IrDA 标准协议堆栈控制器，适用于无线局域网、调制解调器、移动电话接口设备、无线手持式数据收集系统。Rohm 公司于 2005 年研发了采用高速数据传输方式的 Ir Simple-4M 规格的控制器 LSI，据称其数据传输速率为 IrDA-4M 方式的 4～10 倍。目前市场上的大多数红外控制器实现了高速（FIR）或超高速（VFIR）模式。美国国家半导体（NI）公司生产的红外控制器综合性能比较优异。

由于红外通信是对有线通信非常有力的补充，随着通信技术的发展，红外无线通信越来越被重视，在目前通信技术的发展中，它凭借自身的独特优势在通信领域中占据了重要的地位。在当前无线通信的各种解决方案中，射频通信的成本比红外通信高数倍，红外通信以其高的数据传输率、低廉的价格等众多优点在许多领域都有着广泛的应用，因此，对红外无线通信系统的研究很有价值。

5.2　IrDA 技术标准

要使各种设备能够通过红外口随意连接，一个统一的软/硬件规范是必不可少的。但在红外通信发展早期，存在规范不统一的问题：许多公司都有着自己的一套红外通信标准，同一个公司生产的设备自然可以彼此进行红外通信，但却不能与其他公司有红外功能的设备进行红外通信。当时比较流行的红外通信系统有惠普的 HP-SIR、夏普的 ASKIR 和 General Magic 的 MagicBeam 等，虽然它们的通信原理比较相似，但却不能互相感知。混乱的标准给用户带来了很大的不便，并给人们造成了一种红外通信不太实用的错觉。

为了建立一个统一的红外数据通信的标准，1993 年，由 HP、Compaq、英特尔等 20 多家公司发起成立了红外数据协会 IrDA。IrDA 相继制定了很多红外通信协议，有侧重于传输速率方面的，有侧重于低功耗方面的，也有二者兼顾的。

1994 年，IrDA 发布的第一个红外通信标准 IrDA 1.0 定义了数据传输率最高 115.2 kbps

的红外通信，简称为 SIR（Serial Infrared，串行红外协议），采用 3/16 ENDEC 编/解码机制。SIR 是基于 HP-SIR 开发出来的一种异步的、半双工的红外通信方式，它以系统的异步通信收发器（UART）为依托，通过对串行数据脉冲的波形压缩和对所接收的光信号电脉冲的波形扩展这一编/解码过程实现红外数据传输。

1996 年，IrDA 发布了 IrDA 1.1 标准，即 Fast Infrared（快速红外协议），简称 FIR。与 SIR 相比，由于 FIR 不再依托 UART，其最高数据传输率有了质的飞跃，可达到 4 Mbps 的水平。FIR 采用 4PPM（Pulse Position Modulation，脉冲相位调制）编译码机制，同时在低速时保留 IrDA 1.0 协议规定。IrDA 1.2 协议定义了最高速率为 115.2 kbps 下的低功耗选择，IrDA 1.3 协议将这种低功耗选择功能推广到 1.152 Mbps 和 4 Mbps。之后，IrDA 又推出了最高通信速率达 16 Mbps 的协议，简称为 VFIR（Very Fast Infrared，特速红外协议）。

IrDA 标准包括 3 个强制性规范：物理层 IrPHY（The Physical Layer）、连接建立协议层 IrLAP（Link Access Protocol），以及链接管理协议层 IrLMP（Link Management Protocol），每一层的功能是为上一层提供特定的服务。IrPHY 规范制定了红外通信硬件设计上的目标和要求；IrLAP 和 IrLMP 为两个软件层，负责对连接进行设置、管理和维护。这里，我们侧重介绍前两个规范。在 IrLAP 和 IrLMP 基础上，针对一些特定的红外通信应用领域，IrDA 还陆续发布了一些更高级别的红外协议，如 TinyTP、IrOBEx、IrCoMM、IrLAN、IrTran-P 和 IrBus 等。

5.2.1　物理层规范（IrPHY）

1．参数定义

IrDA 物理层定义了串行、半双工、距离 0～100 cm、点到点的红外通信规程，它包括调制、视角（接收器和发射器之间红外传输方向上的角度偏差）、视力安全、电源功率、传输速率，以及抗干扰性等，以保证各种品牌、种类的设备之间物理上的互连。该规范也保证了在某些典型环境下（如存在环境照明——太阳光或灯光及其他红外干扰）的可靠通信，并将参加通信的设备之间的干扰降到最低。目前最新版本规范 113 支持两种电源：标准电源和低功率电源。标准电源的无差错传输距离为 0～100 cm，最大视角至少 15°，低功率电源适用于便携式设备和电信产业中，其无差错传输距离 0～20 cm，最大视角至少 15°。

2．脉冲调制的必要性

红外通信通过数据电脉冲和红外光脉冲之间的相互转换实现无线数据的收发。IrDA 设备靠发光二极管发送信号，波长范围为 875±30 nm，接收器采用装有滤波屏的光电二极管，仅使经调制的特定频率的红外光通过并接收。接收器的光学部分接收到的电荷量与信号辐射的能量成正比。因为接收装置需要把混在外界照明和干扰中的有用信号提取出来，所以

尽可能地提高发送端的输出功率，才可能在接收端有较大信号电流和较高信噪比。但是，红外发光二极管不能在 100%时间段内全功率工作，所以发送端采用了脉宽为 3/16 或 1/4 比特的脉冲调制，这样，发光二极管持续发光功率可提高到最大功率的 4～5 倍。另外传输路径中不含直流成分，接收装置总在调整适应外界环境照明，接收到的只是变化的部分，即有用信号，所以脉冲调制是必要的。集成的 IrDA 收发器具有滤波屏以消除噪声，使在 IrDA 频率范围 2.4～115.2 kbps 和 0.576～4 Mbps 内的信号通过。

3．调制原理

IrDA 1.0 简称 SIR（Serial Infra Red），数据传输率最高为 115.2 kbps，它是基于 HP SIR（惠普在 SIR 编/解码电路及红外接收装置上拥有专利）开发出来的一种异步的、半双工的红外通信方式。这是为了与通常的 UART 如 NS16550 建立连接，是对串口的简单延伸，如图 5.1 所示。

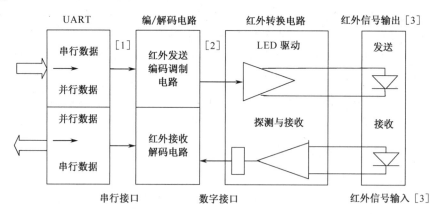

图 5.1　IrDA 1.0 标准物理层框图

数据在发送前首先被编码调制，UART 和串口使用 NRZ（Non Return to Zero）编码方式，编码输出后的连续几个数据位都是高电位。这不是最佳红外传输，因为持续的一串高电位比特使发光二极管导通任意长时间，致使 LED 功耗很大，有效工作距离缩短。而 IrDA 标准要求反向归零（Return to Zero Inverted，RZI）调制，以便使峰值与平均功率之比得到增加。波特率在 1.152 Mbps 以下时，都使用 RZI 调制。由于受到 UART 通信速率的限制，SIR 的最高通信速率只有 115.2 kbps，也就是大家熟知的计算机串行端口的最高速率。

综上所述，波特率在 214～115.2 kbps 时，使用脉宽为 3/16 比特的脉冲调制，或使用固定宽度 1163 μs 的脉冲调制。数据与串行异步通信格式相一致，一帧字符用起始位和停止位来完成收发同步。一个"0"用一个光脉冲表示。UART 与编/解码电路之间的信号[1]是 UART 数据帧，它包含一个起始位，8 个数据位，一个停止位，见图 5.2。

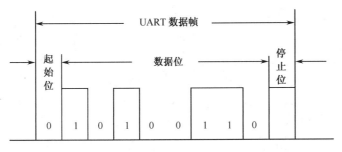

图 5.2　UART 数据帧

在编/解码电路与红外转换电路之间的信号[2]是红外 IR 数据帧，它具有与串口相同的数据格式，见图 5.3，其中在红外发送与 LED 驱动之间是 3/16 比特宽的脉冲信号，与探测接收和红外接收解码之间的信号基本一致。这样，信号[2]是红外信号[3]的电信号表示。

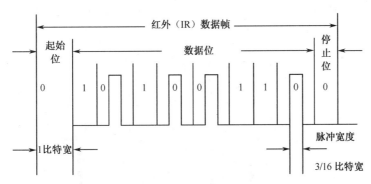

图 5.3　红外数据帧

IrDA 1.1 标准，即 Fast Infrared，简称 FIR。与 SIR 相比，由于 FIR 不再依托 UART，其最高通信速率可达到 4 Mbps。在物理层之上的 IrLAP（Link Access Protocol）层要求所有的红外连接以 916 kbps 的速率（3/16 调制）建立起始连接，因此支持 4 Mbps 速率的设备至少必须支持 916 kbps 的速率，这样也保证了 4 Mbps 的设备可以与仅支持 916 kbps 的低速设备相通信，即保证向后兼容。IrDA1.1 物理层框图如图 5.4 所示。

速率为 0.576 Mbps 和 1.152 Mbps 时，使用与 IrDA 1.0 标准相同的 RZI 编码，只是用 1/4 比特宽替代 3/16 调制。例如，发送 0100110101 这一串二进制码，图 5.5 示意出实际传输的信号在不同速率下的脉冲编码（较低速率、0.576 Mbps 及 1.152 Mbps），其中 NRZ 表示未经调制的原始信号。

当波特率为 4 Mbps 时，FIR 采用了全新的 4PPM（Pulse Position Modulation）调制解调，即依靠脉冲的相位来表达所传输的数据信息，其通信原理与 SIR 不同，见表 5.1。每两个比特（即"比特对"）被一起编码成一个 500 ns 宽的"数据符号位"，每个符号位分为 4 等份，只有一份包含光脉冲，信息靠数据符号脉冲的位置来传达。例如，比特 00 将被传送为 1000，01 被传送为 0100，11 被传送为 0001，每一个"1"靠一个光脉冲传送。对于 4 Mbps 的传输速率，光脉冲宽度为 125 ns，发射器闪烁频率为数据传输速率的一半，即 2 Mbps，而且在一段固定时间内，接收器收到的脉冲数目是一定的，这将使接收器比较容易与外界环境光强度保持一致，使接收到的只是变化的部分，即有用信号。

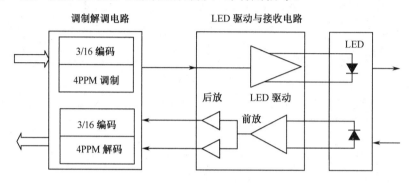

图 5.4 IrDA 1.1 标准物理层框图

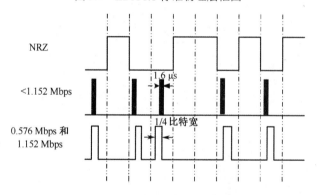

图 5.5 速率为 0.576 Mbps 和 1.152 Mbps 的 1/4 比特宽编码和低速 1.6 μs 编码

其中逻辑 1 表示在这段数据符号位内 LED 发送红外光，逻辑 0 表示在这段数据符号位内 LED 处于关断状态。

表 5.1 速率为 4 Mbps 时的 4PPM 调制

比　特　对	4PPM 数据符号位
00	1　0　0　0
01	0　1　0　0
10	0　0　1　0
11	0　0　0　1

5.2.2　连接建立协议层（IrLAP）

连接建立协议层的定义与 OSI（Open System Interconnect Reference Model，开放式系统互连参考模型）第二层——数据链路层相对应，是红外通信规范强制性定义层。IrLAP 以现有的高级数据链路控制协议，（High-Level Data Link Control，HDLC）和同步数据链路控制（Synchronous Data Link Control，SDLC）半双工协议为基础，经修订以适应红外通信需要。IrLAP 为软件提供了一系列指南，如寻找其他可连接设备、解决地址冲突、初始化某一连接、传输数据，以及断开连接。IrLAP 定义了红外数据包的帧和字结构，以及出错检测方法。

IrLAP 对不同的数据传输速率定义了三种帧结构：①异步帧（速率在 916～115.2 kbps 之间）；②同步 HDLC 帧（速率为 0.576 Mbps 和 1.152 Mbps）；③同步 4PPM 帧（速率为 4 Mbps）。速率在 115.2 kbps（包括 115.2 kbps）之内时，信号除使用 RZI 编码外，还被组织成异步帧，每一字节异步传输，具有一起始位，8 比特数据位和 1 比特停止位。数据传输率在 115.2 kbps 以上时，数据以包含有许多字节的数据包——同步帧串行同步传输。同步帧的数据包由 2 个起始标记字，8 比特目标地址，数据（8 比特控制信息和其他 2045 B 数据），循环冗余码校验位（16 或 32 比特）和 1 个停止标记字组成，包括循环冗余码校验位在内的数据包由与 IrDA 兼容的芯片组产生。

5.3　基于 IrDA 协议栈的红外通信

5.3.1　IrDA 协议栈

IrDA 协议栈是红外通信的核心，本节将系统讲述 IrDA 协议栈中各层协议。基于 IrDA 协议的红外数据通信技术，目前已被广泛应用于笔记本电脑，台式电脑，各种移动数据终端，如手机、数码相机、游戏机、手表，以及工业设备和医疗设备等也融合了该项技术，并且为嵌入式系统和其他类型设备提供了有效、低廉的短距离无线通信手段。

通信协议管理整个通信过程，通常被划分成几层，各层除有自己的一套管理职责外，与上下层之间联系紧密，可以互相调用，将各协议层叠起来就成了协议栈。IrDA 是一套层叠的专门针对点对点红外通信的协议，图 5.6 是 IrDA 协议栈的结构图，其中有核心协议和可选协议之分。

核心协议包括红外物理层（Infrared Physicallayer，IrPHY），定义硬件要求和低级数据帧结构，以及帧传送速度；红外链路建立协议（Infrared Link Access Protocol，IrLAP），在自动协商好的参数基础上提供可靠的、无故障的数据交换；红外链路管理协议（Infrared Link

Management Protocol，IrLMP）提供建立在 IrLAP 连接上的多路复用及数据链路管理；信息获取服务（Information Access Service，IAS）提供一个设备所拥有的相关服务检索表。依据各种特殊应用需求可选配如下协议。

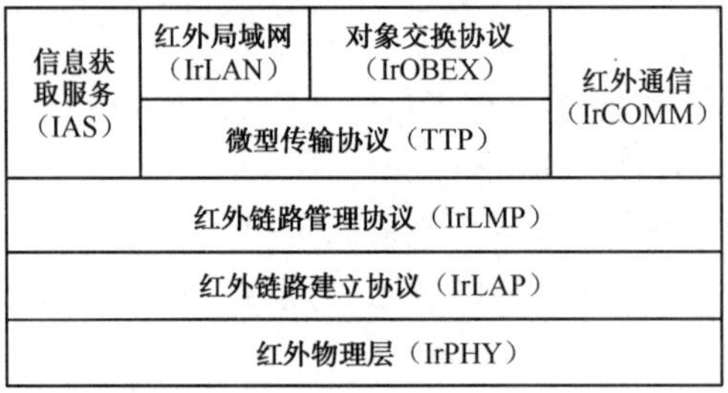

信息获取服务（IAS）	红外局域网（IrLAN）	对象交换协议（IrOBEX）	红外通信（IrCOMM）
	微型传输协议（TTP）		
红外链路管理协议（IrLMP）			
红外链路建立协议（IrLAP）			
红外物理层（IrPHY）			

图 5.6　IrDA 协议栈结构图

（1）微型传输协议（Tiny Transport Protocol，TTP），对每通道加入流控制来保持传输顺畅。

（2）红外对象交换协议（Infrared Object Exchange，IrOBEX），文件和其他数据对象的交换服务。

（3）红外通信（Infrared Communication，IrCOMM），串/并行口仿真，使当前的应用能够在 IrDA 平台上使用串/并行口通信，而不必进行转换。

（4）红外局域网（Infrared Local Area Net Word，IrLAN），能为笔记本电脑和其他设备开启 IR 局域网通道。

当图 5.6 栈中各层被集成到一个嵌入式系统中时，其结构如图 5.7 所示。从图中可以看出在嵌入式应用环境下，拥有三种操作模式：用户模式、驱动模式、中断模式，各模式之间的衔接是通过应用编程接口（Application Programming Interface，API）来实现的。下面具体介绍在此环境下各层通信协议。

5.3.2　核心协议层

1. 物理层（IrPHY）和帧生成器（Framer）

红外物理层规范涵盖了红外收发器、数据位的编/解码，以及一些数据帧的组成，例如帧头、帧尾标志和循环冗余检测（CRC）。还规定了传输距离、传输视角（接收器和发送器之间的红外传输方向上的角度偏差）、视力安全、电源功率等，以保证不同品牌、不同种类的设备之间物理上的互连。这一层主要是通过硬件来实现的。

为了将栈数据通信部分与经常变动的硬件层隔离，构造了一个被称为帧生成器的软件层，它的主要责任是接收来自物理层的帧并将它们提交给 IrLAP 层，还包括接收输出帧，并传送它们到物理层。此外，帧生成器还可根据 IrLAP 层的命令来控制硬件通信速度。

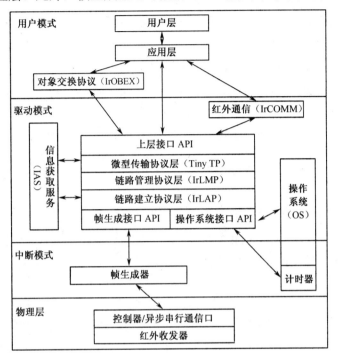

图 5.7　IrDA 协议栈在嵌入式系统中的集成框图

2. 链路建立协议层（IrLAP）

IrLAP 是链路建立协议，是 IrDA 的核心协议之一，是在广域网中广泛使用的高级数据链路控制协议（High-level Data Link Control，HDLC）基础上开发的半双工面向连接服务的协议。

在 IrLAP 的开发过程中需要考虑到以下几个因素。

- 点对点，连接是一对一的，如相机对 PC，典型的距离范围是 0～1 m，甚至可以拓宽到 10 m，但它不能够像一个局域网（多对多）一样。

- 半双工，红外光（或数据）一次只能在一个方向上传输，但可以通过链路频繁改变方向近似模拟全双工。

- 狭窄的红外锥角，红外传输为了将周围设备的干扰降到最低，其半角应在 15°范围内。

- 节点隐蔽，当其他红外设备从当前发送方后面靠近现存的链路时，不可能迅速侦测到链路的存在。

- 干扰，IrLAP 必须能克服荧光、其他红外设备、太阳光、月光等类似的干扰。

● 无冲突检测，硬件的设计是不检测冲突的，因此软件必须处理冲突以免数据丢失。

建立 IrLAP 连接的两部分存在主从关系，承担不同的责任，用 IrDA 术语来表达为主站（Primary）和从站（Secondary）。

主站控制通信，管理和保持各个任务的独立性，它发送命令帧，初始化链路和传输，组织发送数据和进行数据流控制，并处理不可校正的数据链路错误；从站发送响应帧来响应主站的请求。但是设备的协议栈可以既作主站又作从站，一旦链路建立，双方轮流发问（在允许另一方有机会发问之前，发问方一次发问不能超过 500 ms）。

注意：在更高层，主从关系并不明显，一旦两设备建立连接，从站的应用程序也能实现初始化操作。

IrLAP 的建立过程中包含两个操作模式，其划分依据是连接是否存在。

（1）常规断开模式（Normal Disconnect Mode，NDM）。这是未建立连接的设备的默认操作模式。由于各个站在可能的通信范围内移动，因此主站在建立链路时需要寻找移动站所在的位置。在这一模式下，设备必须对传输介质进行检测，在进行传输之前必须检查其他传输是否正在进行，这可以通过对传输活动进行监听来完成。如果超过 500 ms（最大链路运行周期），无传输活动被检测到，则可认为介质可用来建立连接，这样做可以避免对现有的链路造成干扰。

一个典型的问题是，在这种模式下连接双方需要通过互传信息，协商一致的通信参数配置，这对嵌入式设备（没有用户接口来进行设备通信参数设置）而言尤其困难。IrDA 中规定了在 NDM 状态下，使用下列连接参数：ASYNC（异步）、9600 bps、8 位、无校验。在连接双方握手的过程中，相互交换信息，协商确立最佳的通信参数。这些参数包括：波特率、最大分组长度（64 bit～2 kbit）、窗口尺寸、分组头标志的数量（0～48）、最小运行周期（0～10 ms）、链路断开时间。

（2）常规响应模式（Normal Response Mode，NRM）。NRM 是已连接设备的操作模式。一旦连接双方采用在 NDM 中协商好的最佳参数进行通信，协议栈中较高的层就可以利用常规命令和响应帧来进行信息交换。

在图 5.8 中，标志字段标记每一帧的开始和结束，并且包含了特殊的位模式 01111110。地址字段是自我解释性的，标准格式是 8 位，扩充格式为 16 位，当只有一个主站并且从站之间不互相发送帧时，目的地址是不需要的，而源地址是必需的，主站因此才能得知帧的出处。在有些情况下，段还包括组地址和广播地址（全部为 1），带有组地址的帧将被所有组中预先定义的从站接收，而且有广播地址的帧将被所有与主站建立连接的从站接收。校验序列（FCS）用于 CRC 错误检测，大部分情况定义为 16 位；控制字段用来发送状态信息或发布命令，一般情况下为 8 位，它的内容取决于帧的类型。帧有三种类型，分别为：信息帧、监控帧、无号帧，格式如图 5.9 所示。

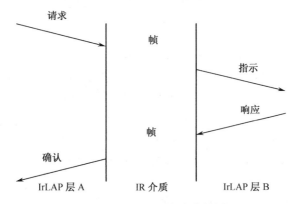

| 信息帧： | 0 | Ns | P/F | Nr |

| 监控帧： | 1 | 0 | S | P/F | Nr |

| 无号帧： | 1 | 1 | M | P/F | M |

| 标志 | 地址 | 控制 | 数据 | FCS | 标志 |
| 8 位 | 8 或 16 位 | 8 或 16 位 | 位数可变 | 16 或 32 位 | 8 位 |

图 5.8　IrLAP 帧格式

图 5.9　帧格式图

在传送之前，可以对帧信息进行格式转换。依据不同的数据传输速率，IrLAP 定义了 3 种编码方式不同的帧结构：①异步帧（速率在 9.6～115.2 kbps 之间）；②同步 HDLC 帧（速率为 0.576 Mbps 和 1.152 Mbps）；③同步 4PPM 帧（速率为 4 Mbps）。

在 IrLAP 服务中定义了很多服务，但对特定的设备来说并不是所有这些服务都是必需的。IrLAP 操作可用服务单元规则来进行描述。图 5.10 为 IrLAP 层有向传输图。

图 5.10　IrLAP 层有向传输图

精简的 IrDA（IrDALite）标准中对 IrLAP 规则提出最基本的要求如下。

● 设备搜索：搜寻 IR 空间存在的设备。
● 连接：选择合适的传送对象，协商双方均支持的最佳的通信参数，并且连接。
● 数据交换：用协商好的参数进行可靠的数据交换。
● 断开连接：关闭链路，并且返回到 NDM 状态，等待新的连接。

3. 链路管理协议层（IrLMP）

IrLMP 是 IrDA 协议栈的核心层之一，根据 IrLAP 层建立的可靠连接和协商好的参数特性，提供如下功能：①多路复用，允许同时在一个 IrLAP 链路上独立地运行多个 IrLMP 服务连接；②高级搜索，在 IrLAP 搜索中解决地址冲突，处理具有相同 IrLAP 地址的多设备事件，并告知它们重新产生一个新的地址。

为了在一个 IrLAP 链路上建立多个 IrLMP 连接，必须有一些更高级的寻址方案，其中包括下面两个重要的专用名词。

① 链路服务访问点（Link Service Access Point，LSAP），在 IrLMP 内的一个服务或者应用的访问点，如打印服务，以一个简单的字节作为导入点，它就是下面所介绍的 LSAP-SEL。

② 链路服务访问导入点（LSAP Selector，LSAP-SEL），一个字节响应一个 LSAP，作为一个服务在 LMP 多路复用内的一个地址,在链路多路复用过程中,采用了 7 bit 的识别符。LSAP-SEL 的可用值范围是 0x00～0x7F，其中 0x00 分配给 IAS 使用，0x70 分配给无线连接型通信使用，0x7F 作为广播地址，0x71～0x7E 为保留段，其余的为 LMP 上可用的服务标识，并且值的分配是任意的。

IrLMP 层为了执行其基本操作，加入了下面两字节的信息到帧中。C：区分控制和数据帧；r：保留位；DLSAP-SEL：当前帧接收方的服务地址入口；SLSAP-SEL：当前帧发送方的服务地址入口。

IAS 是信息服务和应用的检索表，它定义了命令/响应型的信息检索规程和几种基本的数据表示方法。对将要建立的连接而言，所有可用的服务或应用必须在 IAS 中有入口，这可以用来决定服务地址，也就是其 LSAP-SEL，也能询问 IAS 有关服务的附加信息。一个完整的 IAS 执行机构由客户端和服务器端两部分组成，客户端是负责用信息获取协议（Information Access Protocol，IAP）来询问在其他设备上的服务，服务器端是弄清如何去响应来自一个 IAS 客户端的询问。注意，没有进行 LMP 连接初始化的设备可能只包括一个 IAS 服务器端。

IAS 信息集是用来描述将来可用连接服务的目标集合，它被 IAS 服务器端用来响应将来的 IAS 客户端的询问。信息集对象由一个类名和一个或多个标志构成。它们与电话簿黄页中的条目非常相似，其中类名等同于电话簿中的商务名，IAS 客户端将会用类名询问一个服务。标志包含的信息类似于电话号码、地址和其他商务标记，对每一个条目而言，最关键的标记就是服务地址（LSAP-SEL），LMP 用它来与各服务之间建立连接。

IAS 目标由类名（≤60 B）和命名标记（≤60 B，最多为 256 个标记）组成。标记值有 3 种类型：字符串（≤256 B）、字节序列（≤1024 B）、符号整数（32 位）。

5.3.3 可选协议层

1. 微型传输协议层（TTP）

TTP 是 IrDA 协议栈的可选层之一，从它的重要性来看，应作为核心层对待。它有两个功能：

● 在每一个 LMP 连接基础上进行数据流控制；

● 分组与重新拼合（Segmentation And Reassembly，SAR），将数据分段传送，然后在接收方重新拼合。

TTP 以 LMP 单元核为中心，进行连接、发送、断开和施加流控制操作。

IrLAP 也提供了流控制，为什么还需要另外一个流控制呢？假定一个 IrLAP 连接已经建立，并且在其连接基础上有两个 LMP 服务连接采用多路复用，如果一方开启 LAP 流控制，则在 LAP 连接上的所有数据流（与所有的 LMP 连接相关联）在此方向上被完全切断，这样另一方就无法得到它想要的数据，直到 LAP 流控制关闭为止。如果流控制是基于每一个 LMP 连接的，并采用 TTP，那么其中一方在可以不对另一方产生任何负面影响的情况下，能够通过停止数据传输来处理已经接收到的信息。

TTP 是一种基于信用授权（credit）的流控制方案，在连接时一个 credit 允许发送一个 LMP 数据包。如果发送一个 credit，就应有能力接收一个最大尺寸的数据包。可见，连接双方 credit 的数目完全依赖于其缓冲空间的大小，只要有足够的缓冲空间，就能够最大拥有 127 个 credit，可以将数据发送到任何目的地。同时，发送数据会导致 credit 的消耗，每发送一个数据包，就会消耗 1 个 credit 单元。接收方会定期发布更多的 credit，而这一策略完全依赖于接收方的处理能力，最终可能会使链路性能产生较大差异。如果发送方在不断地消耗 credit，而且又不得不等待更多的可用 credit，那么信息流量就会受到影响。如果发送方没有了 credit，则链路上就没有数据传输。需要说明的是，只有 credit 的数据包是可以被传输的，它不受制于流量控制。

TTP 的另外一个功能是 SAR，基本的思想是将较大的数据分成几块来传输，然后在另一方重新将其拼合起来。被分割和拼合的数据中一个完整的数据块被称为服务数据单元（Service Data Unit，SDU），并且在 TTP/LMP 连接建立时就要协商好 SDU 的最大尺寸。

TTP 有两种帧格式：连接包（由 IrLMP 连接包传输，因此有长度限制）和数据包（由 IrLMP 数据包传输），如图 5.11 所示，P 为参数位，0 表示不包括参数，1 表示包括参数；M 为段提示位，0 表示此为最后一段，1 表示后面还有更多段。

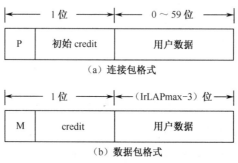

图 5.11   TTP 帧格式

2. 对象交换协议

IrOBEX（简写为 OBEX）是一个可选的应用层协议，设计它的目的是使异种系统能交换大小和类型不同的数据。在嵌入式系统中最普遍的应用是任意选择一个数据对象，并将其发送到红外设备指向的任一地址。为了使接收方识别数据对象，并能很顺利地处理它，OBEX 提供了相应的工具。

OBEX 针对的对象范围也比较广，不仅包含传统的文档，而且还包括页面、电话信息、数字图像、电子商务卡片、数据库记录、手持设备输出或诊断信息等。建立该层的一般思路就是使所有应用根本不必牵涉管理连接或处理通信过程，仅仅是选择对象并将其用最直接的方法传到另一方，这与 Internet 协议组中的 HTTP 服务的作用相似。

建立 OBEX 的目的就是尽可能完整地打包 IrDA 通信传输数据，这样可以大大简化通信应用的开发。需要特别注意的是，IrOBEX 虽在 IrDA 协议栈上运行，但其传输是独立的。OBEX 协议中包含了两种模式：①在会话模式中会话规则用来规范对象的交换，包括连接中可选的参数约定，以及针对对象的"放"、"取"的一整套操作，允许在不关闭连接的情况下终止传输，支持连接独立关断；②在对象模式中提供了一个灵活的可扩展的目标和信息代表来描述对象。

本书针对 IrDA 常用协议层做了简要的介绍，也包括用于简化的 IrLite 规则，用来对上述各层的服务进行精简，以使得在拥有一套完整 IrDA 运行的面向连接的通信基础上，通信尺寸达到最小。依据经验，在最简单的嵌入式系统中，一般的 8 位处理器主站程序代码大约为 10 KB，从站程序代码大约为 5 KB，用来缓存信息帧的 RAM 只要几百字节，在实际应用中，必须根据处理器资源灵活配置协议栈参数。

5.4   IrDA 的应用

由于红外通信的技术特点，使得它目前主要应用在各种低成本、近距离的数据通信中。常用的应用领域有网络、多媒体、移动办公系统等。在网络应用方面，红外通信可以实现点到点调制解调器连接。在多媒体方面，由于 Internet 的迅猛发展和图形文件逐渐增多，红外通信用在需要高速率传输的扫描仪和数码相机等图形处理设备中，可以使扫描仪、照相机等以无线方式灵活地接入网络，并接收和发送信息，如图 5.12 和图 5.13 所示。在移动办公系统应用方面，现在大部分笔记本电脑和部分打印机等都配有红外通信接口设备。在军事方面，红外夜视仪的应用可以帮助士兵在夜晚观察、搜索和瞄准目标，如图 5.14 所示。

图 5.12　数码相机红外通信接口

图 5.13　办公设备上的红外接口

图 5.14　红外夜视仪

由于红外无线通信技术是采用较特殊的红外线作为载波的，红外线对人体的危害性成为开发红外无线设备人员必须重视的问题。红外无线通信的应用场合多为人员密集型场合，安全性的考虑成为一个重要的开发环节。随着位速率的提高，达到相同的有效距离所需要的发射光强越来越大。出于人类安全方面的考虑限制了红外发射功率。许多研究者尝试采用在发射端进行滤波的方式来提高发射功率。牛津大学的 M.Ghisoni 等人得出了在发射端采用全息漫射器过滤可以有效降低红外光的辐射的结论。在红外无线数据传送中，室内环境的光源干扰对系统的传输有很大的影响。太阳光的影响范围比较广，白炽灯对带宽有较大的影响，荧光灯只在 600 nm 左右产生较大的干涉。不同调制方案的使用，以及相关误码率的处理能很好地解决室内光源的干扰问题。

5.5　本章小结

本章首先简要介绍了 IrDA 的发展情况，然后详细讲述了 IrDA 标准和两种规范——物理层规范和链接建立协议层规范。IrDA 协议栈作为红外通信的核心，本章从核心协议层和可选协议层两方面介绍了 IrDA 协议栈，最后简要介绍了 IrDA 的应用。

红外通信是利用红外光进行通信的一种空间通信方式。红外通信标准 IrDA 是目前 IT 和通信行业普遍支持的近距离无线数据传输规范。IrDA 具有移动通信设备所必需的体积小、功率低的特点。相对简单的红外连接使它能适应不同的操作系统和大范围的传输速率，红外连接比有线连接更安全可靠，它避免了因线缆和连接器磨损和断裂造成的检修。考虑到上述特点，对于要求传输速率高、使用次数少、移动范围小、价格比较低的设备，如打印机、扫描仪、数码相机等，IrDA 技术是首选。

思考与练习

（1）IrDA 有哪些规范？这些规范的作用是什么？

（2）IrDA 物理层规范的调制原理是什么？

（3）连接建立协议层有哪些帧结构？

（4）IrDA 协议栈分为哪些层？

（5）简要说明链路建立协议层的操作模式。

（6）TTP 的工作方式是什么？

（7）红外技术有哪些应用？

参考文献

[1] S.Williams. IrDA: past, present and future[J]. IEEE Personal Communications, 2000, 7（1）: 11-19.

[2] F. R. Gfeller, U. H. Bapst. Wireless in-house data communication via diffuse infrared radiation[J]. Proceedings of the IEEE, 1979, 67（11）: 1474-1486.

[3] 红外线通信. 百度百科[EB/OL]. http://baike.baidu.com/view/141314.htm.

[4] 张晓红，SasanSadat，乔为民，等. 红外通信 IrDA 标准与应用[J]. 光电子技术, 2003, 23（4）: 261-265.

[5] 周锦荣，张恒. 基于红外载波的近距离无线通信技术应用研究[J]. 红外, 2008, 29（9）: 37-42.

[6] 邱磊，肖兵. 基于 IrDA 协议栈的红外通信综述[J]. 无线通信技术, 2004, 4: 28-32.

[7] Infrared Data Association（IrDA）. Serial infrared linkccess protocol（IrLAP），version1.1[EB/OL] [1996-06-16]. http://www.irda.org/standards/specifications.asp.

[8] Agilent Technologies Inc.. Agilent IrDA link design guide [EB/OL]. http://literature. agilent.com/litweb/ pdf/5988-9321EN.Pdf, 2003-03-26.

[9] Vladimir Myslik. Introduction to IrDA[EB/OL]. http://www.hw.cz/english/docs/irda/irda.html. Copy-right （C）1997, 1998 HW server.

[10] Infrared Data Association（IrDA）. IrDA serial infrared physical layer specification（IrPHY），version 1.4[EB/OL]. http://www.irda.org/standards/specifications.asp. 2001-05-30.

[11] 张晓莹，刘丽华. 带有红外接口的移动式温度数据采集仪的研制[J]. 电子技术应用, 2001, 27（10）: 12-14.

[12] Vishay Telefunken Inc., TFDx4x00 datasheet, Rev.A1.2[OL]. http://www.vishay.com/docs/tfd-4.pdf. 2001-02.

[13]　IrDA. Link management protocol, version1.1[S]. 1996.

[14]　IrDA. 'Tiny TP': A flow-control mechanism for use with IrLMP, version1.1[S]. 1996.

[15]　IrDA. Object exchange protocol, version0.1a[S]. 1995.

[16]　IrDA. IrCOMM: serial and parallel port emulation over IR （Wire Replacement）, version1.0[S]. 1995.

[17]　IrDA. LAN access extensions for link management protocol IrLAN, version1.0[S]. 1997.

[18]　Patrick J. Megowan, David W. Suvak, Charles D. Knutson. IrDA infrared communications: an overview[M]. Counterpoint Systems Foundry, Inc, 2003.

[19]　R Ramirez-Inguez, R J Green. Indoor optical wireless communications [J]. Proc. IEE, 1999, 14: 141-142.

[20]　Street A M, Stavrinou P N, O'Brien D C, et al. In-door optical wireless system-a review [J]. Opitical and quantum Electronica, 1997, 29: 349-378.

[21]　S H Khoo, E B Zyambo, G Faulkner, et al. Eye safe optical link using a holographic diffuser [J]. Proc. IEEE, 1999, 3: 1-6.

[22]　R Narasimhan, M D Audeh, J M Kahn. Effect of electronic-ballast fluorescent lighting on wireless infrared links [J]. IEEE Proc.-Optoelectron., Dec. 1996, 143 （6） : 347-354.

第6章

RFID 无线通信技术

射频识别（Radio Frequency Identification，RFID）技术是 20 世纪 90 年代兴起的一项自动识别技术，它利用无线电射频方式进行非接触式双向通信。从概念上来讲，RFID 类似于条码扫描，对于条码技术而言，它是将已编码的条形码附着于目标物并使用专用的扫描读写器利用光信号将信息由条形磁传送到扫描读写器；而 RFID 则使用专用的 RFID 读写器及专门的可附着于目标物的 RFID 标签，利用频率信号将信息由 RFID 标签传送至 RFID 读写器。从结构上来讲，RFID 是一种简单的无线系统，只有两个基本器件，该系统可用于控制、检测和跟踪物体。RFID 系统中标签与读写器组成的一个完整射频系统，无须物理接触即可完成识别。

RFID 技术可识别高速运动物体并可同时识别多个标签，操作快捷方便。RFID 技术已经在物流管理、生产线工位识别、绿色畜牧业养殖个体记录跟踪、汽车安全控制、身份证、公交等领域大量成功应用，是物联网应用的一项关键技术。

6.1 RFID 基础

6.1.1 射频基础

1．射频概念

射频（Radio Frequency，RF）是一种高频交流变化电磁波，通常所指的频率范围为 100 kHz～30 GHz。在电子学理论中，电流流过导体，导体周围会形成磁场；交变电流通过导体，导体周围会形成交变的电磁场，称为电磁波。当电磁波频率低于 100 kHz 时，电磁波会被地表吸收，不能形成有效的传输，但电磁波频率高于 100 kHz 时，电磁波可以在空气中传播，并经大气层外缘的电离层反射，形成远距离传输能力，我们把具有远距离传输能力的高频电磁波称为射频，射频技术在无线通信领域中被广泛使用。将电信号（模拟或数字的）用高频电流进行调制（调幅或调频），形成射频信号，经过天线发射到空中；远距离将射频信号接收后进行解调，还原成电信息源，这一过程称为无线传输。

在电子通信领域，信号采用的传输方式和信号的传输特性是由工作频率决定的。对于电磁频谱，按照频率从低到高（波长从长到短）的次序，可以划分为不同的频段。不同频段电磁波的传播方式和特点各不相同，它们的用途也不相同，因此射频通信采用了不同的工作频率，以满足多种应用的需要。在无线电频率分配上有一点需要特别注意，那就是干扰问题，无线电频率可供使用的范围是有限的，频谱是大自然中的一项资源，不能无秩序地随意占用，而需要仔细地计划加以利用。频率的分配主要是根据电磁波传播的特性和各种设备通信业务的要求而确定的，但也要考虑一些其他因素，如历史的发展、国际的协定、各国的政策、目前使用的状况和干扰的避免等。

2．频谱划分

因为电磁波是在全球存在的，所以需要有国际协议来分配频谱。频谱的分配，是指将频率根据不同的业务加以分配，以避免频率使用方面的混乱。现在进行频率分配的世界组织有国际电信联盟（International Telecommunication Union，ITU）、国际无线电咨询委员会（International Radio Consultative Committee，CCIR）和国际频率登记局（International Frequency Registration Board，IFRB）等，我国进行频率分配的组织是工业和信息化部无线电管理局。

由于应用领域众多，对频谱的划分有多种方式，而今较为通用的频谱分段法是 IEEE 建立的，如表 6.1 所示。

表 6.1　IEEE 的频谱分段法

频　段	频　率	波　长
ELF（极低频）	30～300 Hz	10000～1000 km
VF（音频）	300～300 Hz	1000～100 km
VLF（甚低频）	3～30 kHz	10～1 km
LF（低频）	30～300 kHz	10～1 km
MF（中频）	300～3 000 kHz	1～0.1 km
HF（高频）	3～30 MHz	100～10 m
VHF（甚高频）	30～300 MHz	10～1 m
UHF（超高频）	300～3000 MHz	100～10 cm
SHF（特高频）	3～30 GHz	10～1 cm
EHF（极高频）	30～300 GHz	1～0.1 cm
亚毫米波	300～3000 GHz	1～0.1 mm
P 波段	0.23～1 GHz	130～30 cm

频　段	频　率	波　长
L 波段	1～2 GHz	30～15 cm
S 波段	2～4 GHz	15～7.5 cm
C 波段	4～8 GHz	7.5～3.75 cm
X 波段	8～12.5 GHz	3.75～2.4 cm
Ku 波段	12.5～18 GHz	2.4～1.67 cm
K 波段	18～26.5 GHz	1.67～1.13 cm
Ka 波段	26.5～40 GHz	1.13～0.75 cm

3．ISM 频段

ISM（Industrial Scientific Medical）频段主要是开放给工业、科学和医用三个机构使用的频段，由于它们的功率有时很大，为了防止它们对其他通信的干扰，划出一定的频率给它们使用。ISM 频段属于无许可（Free License）频段，使用者无须许可证，没有所谓使用授权的限制。ISM 频段允许任何人随意地传输数据，但是对功率进行了限制，使得发射与接收之间只能在很短的距离内进行，因而不同使用者之间不会相互干扰。

在美国，ISM 频段是由美国联邦通信委员会（FCC）定义的，其他大多数政府也都已经留出了 ISM 频段，用于非授权用途。目前，许多国家的无线电设备（尤其是家用设备）都使用了 ISM 频段，如车库门控制器、无绳电话、无线鼠标、蓝牙耳机及无线局域网等。

射频工作频率的选择，要顾及其他无线电服务，不能对其他服务造成干扰和影响，因而射频通信系统通常只能使用特别为工业、科学和医疗应用而保留的 ISM 频率。ISM 频段的主要频率范围如下所述。

（1）频率 6.78 MHz。这个频率范围为 6.765～6.795 MHz，属于短波频率，这个频率范围在国际上已由国际电信联盟指派作为 ISM 频段使用，并将越来越多地被射频识别（RFID）系统使用。

这个频段起初是为短波通信设置的，根据这个频段电磁波的传播特性，短波通信白天只能达到很小的作用距离，最多几百千米，夜间可以横贯大陆传播。这个频率范围的使用者是不同类别的无线电服务，如无线电广播服务、无线电气象服务和无线电航空服务等。

（2）频率 13.56 MHz。这个频率范围为 13.553～13.567 MHz，处于短波频段，也是 ISM 频段。在这个频率范围内，除了电感耦合 RFID 系统外，还有其他 ISM 应用，如遥控系统、远距离控制模型系统、演示无线电系统和传呼机等。

这个频段起初也是为短波通信设置的，根据这个频段电磁波的传播特性，无线信号允许昼夜横贯大陆联系。这个频率范围的使用者是不同类别的无线电服务机构，如新闻机构和电信机构等。

（3）频率 27.125 MHz。这个频率范围为 26.957～27.283 MHz，除了电感耦合 RFID 系统外，这个频率范围的 ISM 应用还有医疗用电热治疗仪、工业用高频焊接装置和传呼机等。在安装工业用 27 MHz 的 RFID 系统时，要特别注意附近可能存在的任何高频焊接装置，高频焊接装置产生很高的场强，将严重干扰工作在同一频率的 RFID 系统。另外，在规划医院 27 MHz 的 RFID 系统时，应特别注意可能存在的电热治疗仪干扰。

（4）频率 40.680 MHz。这个频率范围为 40.660～40.700 MHz，处于甚高频（VHF）频带的低端，在这个频率范围内，ISM 的主要应用是遥测和遥控。

在这个频率范围内，电感耦合射频识别的作用距离较小，而这个频率 7.5 m 的波长也不适合构建较小的和价格便宜的反向散射电子标签，因此该频段目前没有射频识别系统工作，属于对射频识别系统不太适用的频带。

（5）频率 433.920 MHz。这个频率范围为 430.050～434.790 MHz，在世界范围内分配给业余无线电服务使用，该频段大致位于业余无线电频带的中间，目前已经被各种 ISM 应用占用。这个频率范围属于 UHF 频段，电磁波遇到建筑物或其他障碍物时，将出现明显的衰减和反射。

该频段可用于反向散射 RFID 系统，除此之外，还可用于小型电话机、遥测发射器、无线耳机、近距离小功率无线对讲机、汽车无线中央闭锁装置等。但是，在这个频带中，由于应用众多，ISM 的相互干扰比较大。

（6）频率 869.0 MHz。这个频率范围为 868～870 MHz，处于 UHF 频段。自 1997 年以来，该频段在欧洲允许短距离设备使用，因而也可以作为 RFID 频率使用。一些远东国家也在考虑允许短距离设备使用这个频率范围。

（7）频率 915.0 MHz。在美国和澳大利亚，频率范围 888～889 MHz 和 902～928 MHz 已可使用，并被反向散射 RFID 系统使用。这个频率范围在欧洲还没有提供 ISM 应用。与此邻近的频率范围被按 CT1 和 CT2 标准生产的无绳电话占用。

（8）频率 2.45 GHz。这个 ISM 频率的范围为 2.400～2.483 5 GHz，属于微波波段，也处于 UHF 频段，与业余无线电爱好者和无线电定位服务使用的频率范围部分重叠。该频段电磁波是准光线传播，建筑物和障碍物都是很好的反射面，电磁波在传输过程中衰减很大。

这个频率范围适合反向散射 RFID 系统，除此之外，该频段的典型应用还有蓝牙和 802.11 协议无线网络等。

（9）频率 5.8 GHz。这个 ISM 频率的范围为 5.725～5.875 GHz，属于微波波段，与业余无线电爱好者和无线电定位服务使用的频率范围部分重叠。

这个频率范围内的典型 ISM 应用是反向散射 RFID 系统，可以用于高速公路 RFID 系统，还可用于大门启闭（在商店或百货公司）系统。

（10）频率 24.125 GHz。这个 ISM 频率的范围为 24.00～24.25 GHz，属于微波波段，与业余无线电爱好者、无线电定位服务以及地球资源卫星服务使用的频率范围部分重叠。

在这个频率范围内，目前尚没有射频识别系统工作，此波段主要用于移动信号传感器，也可用于传输数据的无线电定向系统。

（11）其他频率的应用。135 kHz 以下的频率范围没有作为工业、科学和医疗（ISM）频率保留，这个频段被各种无线电服务大量使用。除了 ISM 频率外，135 kHz 以下的整个频率范围 RFID 也是可用的，因为这个频段可以用较大的磁场强度工作，特别适用于电感耦合的 RFID 系统。

根据这个频段电磁波的传播特性，占用这个频率范围的无线电服务可以达到半径 1000 km 以上。在这个频率范围内，典型的无线电服务是航空导航无线电服务、航海导航无线电服务、定时信号服务、频率标准服务，以及军事无线电服务。一个用这种频率工作的射频识别系统，将使读写器周围几百米内的其他无线电业务失效，为了防止这类冲突，未来可能在 70～119 kHz 之间规定一个保护区，不允许 RFID 系统占用。

6.1.2　自动识别技术简介

自动识别技术是以计算机技术和通信技术的发展为基础的综合性科学技术，它是信息数据自动读、自动输入计算机的重要方法和手段。自动识别技术近几十年在全球范围内得到了迅猛的发展，初步形成了一个包括条码技术、磁条磁卡技术、IC 卡技术、光学字符识别、射频技术、声音识别及视觉识别等集计算机、光、磁、物理、机电、通信技术为一体的高新技术学科。

1．自动识别技术的基本概念

在我们的现实生活中，各种各样的活动或者事件都会产生这样或者那样的数据，这些数据包括人的、物质的、财务的，也包括采购的、生产的和销售的，这些数据的采集与分析对于我们的生产或者生活决策来讲是十分重要的。如果没有这些实际工况的数据支援，生产和决策就将成为一句空话。在计算机信息处理系统中，数据的采集是信息系统的基础，这些数据通过数据系统的分析和过滤，最终成为影响我们决策的信息。在信息系统早期，相当部分数据的处理都是通过人工录入的，由于数据量十分庞大，不仅劳动强度大，而且数据误码率较高，也失去了实时的意义。为了解决这些问题，人们就研究和发展了各种各样的自动识别技术，将人们从繁沉、重复的但又十分不精确的手工劳动中解放出来，提高了系统信息的实时性和准确性，从而为生产的实时调整、财务的及时总结，以及决策的正确制定提供正确的参考依据。

那么，什么是自动识别技术呢？自动识别技术是应用一定的识别装置，通过被识别物品和识别装置之间的接近活动，自动获取被识别物品的相关信息，并提供给后台的计算机处理系统来完成相关后续处理的一种技术。例如，商场的条形码扫描系统就是一种典型的自动识别技术，售货员通过扫描仪扫描商品的条码，获取商品的名称、价格，输入数量，后台 POS 系统即可计算出该批商品的价格，从而完成顾客的结算。一般来讲，在一个信息系统中，数据的采集（识别）完成系统的原始数据的采集工作，解决人工数据输入的速度慢、误码率高、劳动强度大、工作简单、重复性高等问题，为计算机信息处理提供了快速、准确地进行数据采集输入的有效手段，因此，自动识别技术作为一种革命性的高新技术，正迅速为人们所接受。自动识别系统通过中间件或者接口（包括软件的和硬件的）将数据传输给后台处理计算机，由计算机对所采集到的数据进行处理或加工，最终形成对人们有用的信息。

完整的自动识别计算机管理系统包括自动识别系统（Auto Identification System，AIDS）、应用程序接口（Application Interface，API）或者中间件（Middleware），以及应用系统软件（Application Software）。也就是说，自动识别系统完成系统的采集和存储工作，应用系统软件对自动识别系统所采集的数据进行应用处理，而应用程序接口软件则提供自动识别系统和应用系统软件之间的通信接口，包括数据格式，将自动识别系统采集的数据信息转换成应用软件系统可以识别和利用的信息并进行数据传递。

2. 自动识别技术的种类与特征比较

自动识别系统根据识别对象的特征可以分为数据采集技术和特征提取技术两大类，这两大类自动识别技术的基本功能都是完成物品的自动识别和数据的自动采集。数据采集技术的基本特征是需要被识别物体具有特定的识别特征载体（如标签等，仅光学字符识别例外），而特征提取技术则根据被识别物体的行为特征（包括静态的、动态的和属性的特征）来完成数据的自动采集。

数据采集技术包括

- 利用光学原理的存储器：条码（一维、二维）、矩阵码、光标读写器、光学字符识别。
- 磁存储器：磁条、非接触磁卡、磁光存储、微波。
- 电存储器：触摸式存储、RFID 射频识别、存储卡（智能卡、非接触式智能卡）、视觉识别、能量扰动识别。

特征提取技术包括

- 动态特征：声音（语音）、键盘敲击、其他感觉特征。
- 属性特征：化学感觉特征、物理感觉特征、生物抗体病毒特征、联合感觉系统。

例如，得到广泛应用的生物识别就属于特征提取识别。生物识别之所以能够作为个人身份鉴别的有效手段，是由它自身的特点所决定的，如普遍性、唯一性、稳定性、不可复制性。普遍性：生物识别所依赖的身体特征基本上是人人天生就有的，用不着向有关部门申请或制作。唯一性和稳定性：经研究和经验表明，每个人的指纹、掌纹、面部、发音、虹膜、视网膜、骨架等都与别人不同，且终生不变。不可复制性：随着计算机技术的发展，复制钥匙、密码卡及盗取密码、口令等都变得越来越容易，然而要复制人的活体指纹、掌纹、面部、虹膜等生物特征就困难得多了。这些技术特性使得生物识别身份验证方法不依赖各种人造的和附加的物品来证明人自身，而用来证明自身的恰恰是人本身，它不会丢失、不会遗忘，很难伪造和假冒，是一种"只认人、不认物"、方便安全的保安手段。

3. 常见的自动识别技术及特征比较

（1）条码技术。条形码是由宽度不同、反射率不同的条和空，按照一定的编码规则（码制）编制成的，用以表达一组数字或字母符号信息的图形标识符，即条形码是一组粗细不同，按照一定的规则安排间距的平行线条图形。常见的条形码是由反射率相差很大的黑条（简称条）和白条（简称空）组成的。这种用条、空组成的数据编码可以供条码读写器识读，而且容易译成二进制和十进制数。这些条和空可以有各种不同的整合方法，构成不同的图形符号，即各种符号体系（也称为码制），适用于不同的场合。

由于不同颜色的物体，其反射的可见光的波长不同，白色物体能反射各种波长的可见光，黑色物体则吸收各种波长的可见光，所以当条形码扫描器光源发出的光经光阑及凸透镜后照射到黑白相间的条形码上时，反射光经凸透镜聚焦后，照射到光电转换器上，于是光电转换器接收到与白条和黑条相应的强弱不同的反射光信号，并转换成相应的电信号输出到放大整形电路。白条、黑条的宽度不同，相应的电信号持续时间长短也不同。但是，由光电转换器输出的与条形码的条和空相应的电信号一般仅 10 mV 左右，不能直接使用，因而先要将光电转换器输出的电信号送放大器放大。放大后的电信号仍然是一个模拟电信号，为了避免由条形码中的疵点和污点导致错误信号，在放大电路后需加一个整形电路，把模拟信号转换成数字电信号，以便计算机系统能准确判读。整形电路的脉冲数字信号经译码器译成数字、字符信息，它通过识别起始、终止字符来判别出条形码符号的码制及扫描方向；通过测量脉冲数字电信号 0、1 的数目来判别出条和空的数目，通过测量 0、1 信号持续的时间来判别条和空的宽度。这样便得到了被辩读的条形码符号的条和空的数目，以及相应的宽度和所用码制，根据码制所对应的编码规则，便可将条形符号换成相应的数字、字符信息，通过接口电路送给计算机系统进行数据处理与管理，便完成了条形码辨读的全过程。

Code-39
6901028001489

Interleaved-25
0690102800 1489

Code 128
6901028001489

EAN-13
6 901028 001489

Codabar
6901028001489

图 6.1　几种常用的条码

目前，通用产品码（Universal Product Code，UPC）和欧洲物品码（European Article Numbering，EAN）是目前使用频率最高的两种码制，在零售业中使用非常广泛，并正在工业和贸易领域中被广泛接受。UPC/EAN 码是一种全数字的符号法（它只能表示数字）。在工业、药物和政府应用中最多的是 39 码，39 码是一种包含字母与数字的混合符号法，它具有自我检验功能，能够提供不同的长度和较高的信息安全性。与 39 码相比，128 码是一种更便捷的符号法，能够代表整个 ASCII 字母系列。它提供了一种特殊的"双重密度"的全数字模式并有高信息安全性能。图 6.1 为几种常用的条码。

条码成本很低，适于大量需求且数据不必更改的场合。例如，商品包装上就很便宜，但是较易磨损，且数据量很小。而且条码只对一种或者一类商品有效，也就是说，同样的商品具有相同的条码。

（2）卡识别技术。

① 磁条（卡）技术。磁条卡片类似于将一组小磁铁头尾连接在一起，磁条记录信息的方法是变化小块磁物质的极性，识读器材能够在磁条内分辨到磁性变换。解码器识读到磁性变换，并将它们转换回字母和数字的形式以便计算机来处理。磁条技术应用了磁学的基本原理。对自动识别设备制造商来说，磁条就是一层薄薄的由定向排列的铁性氧化粒子组成的材料，并用树脂黏合在诸如纸或者塑料这样的非磁性基片上。

磁条技术的优点是数据可读写，即具有现场改写数据的能力；数据存储量能满足大多数需求，便于使用，成本低廉，还具有一定的数据安全性；它能黏附于许多不同规格和形式的基材上。这些优点使之在很多领域得到了广泛应用，如信用卡、银行 ATM 卡、机票、公共汽车票、自动售货卡、会员卡、现金卡（如电话磁卡）等。最著名的磁条应用是为自动提款机和售货点终端机使用的食用卡和信贷卡。磁条卡还用于对建筑、旅馆房间和其他设施的进出控制。其他应用包括时间与出勤系统、库存追踪、人员识别、娱乐场所管理、生产控制、交通收费系统和自动售货机。图 6.2 是一种常见的磁卡。

磁条技术是接触识读，它与条码有 3 点不同：数据可做部分读写操作；给定面积编码容量比条码大；对物品逐一标识成本比条码高。其接触性读写的主要缺点就是灵活性太差。

② IC 卡识别技术。IC 卡（Integrated Circuit Card，集成电路卡），有些国家和地区也称智能卡（Smart Card）、智慧卡（Intelligent Card）、微电路卡（Microcircuit Card）或微芯片卡等。它是将一个微电子芯片嵌入符合 ISO 7816 标准的卡基中，做成卡片形式。IC 卡读写

器是 IC 卡与应用系统间的桥梁，在 ISO 国际标准中称之为接口设备（Interface Device，IFD）。IFD 内 CPU 通过一个接口电路与 IC 卡相连并进行通信。IC 卡接口电路是 IC 卡读写器中至关重要的部分，根据实际应用系统的不同，可选择并行通信、半双工串行通信和 I2C 通信等不同的 IC 卡读写芯片。通常说的 IC 卡多数是指接触式 IC 卡，非接触式 IC 卡则称射频卡。

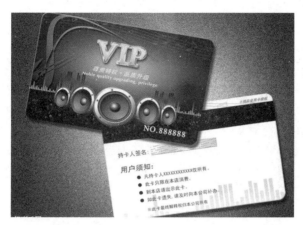

图 6.2　一种常见的磁卡

　　IC 卡是 1970 年由法国人 Roland Moreno 发明的，他第一次将可编程设置的 IC 芯片放于卡片上，使卡片具有更多功能。IC 卡的存储容量大，便于应用，方便保管。IC 卡防磁、防一定强度的静电、抗干扰能力强、可靠性比磁卡高、使用寿命长，一般可重复读写 10 万次以上。IC 卡的价格稍高，接触式 IC 卡的触点暴露在外面，有可能因人为的原因或静电损坏。在我们的生活中，IC 卡的应用也比较广泛，我们接触得比较多的有电话 IC 卡、购电（气）卡、手机 SIM 卡，以及即将大面积推广的智能水表、智能气表等。图 6.3 是几种常见的 IC 卡。

图 6.3　几种 IC 卡示例

（3）射频识别技术（RFID）。射频识别（Radio Frequency Identification，RFID）是一种非接触的自动识别技术，它是利用无线射频技术对物体对象进行非接触式和即时自动识别的无线通信技术。射频技术的基本原理是电磁理论，射频系统的优点是识别距离比光学系统远，射频识别卡具有读写能力、可携带大量数据、难以伪造和智能性较高等。射频识别和条码一样，都是非接触式识别技术，由于无线电波能"扫描"数据，所以 RFID 挂牌可做成隐形的，有些 RFID 识别产品的识别距离可达数百米，RFID 标签可以做成可读写的。RFID系统如图 6.4 所示。

射频标签的识别过程无须人工干预，适于实现自动化且不易损坏，可识别高速运动物体，并可识别多个射频标签，操作快捷方便。射频标签不怕油渍、灰尘污染等恶劣环境，短距离的射频标签可以在这样的环境中替代条码，例如，用在工厂的流水线上跟踪物体。长距离的产品多用于智能交通系统中，如自动收费或车辆身份识别，识别距离可达几十米。RFID 适用的领域有物流跟踪、运载工具和货架识别等要求非接触数据采集与交换的场合。由于 RFID 标签具有可读写能力，对于需要频繁改变数据内容的场合尤为适用。

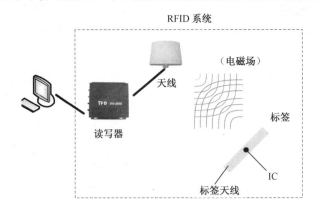

图 6.4　RFID 系统

6.2　RFID 的基本原理

RFID 标签与条码相比，具有读取速度快、存储空间大、工作距离远、穿透性强、外形多样、工作环境适应性强和可重复使用等多种优势。那么，RFID 是如何工作的呢？

6.2.1　RFID 的工作原理

RFID 技术的基本工作原理并不复杂：标签进入磁场后，会接收到读写器发出的射频信号，凭借感应电流所获得的能量发送出存储在芯片中的产品信息（Passive Tag，无源标签或被动标签），或者主动发送某一频率的信号（Active Tag，有源标签或主动标签）；读写器读取信息并解码后，送至中央信息系统进行有关数据处理。

射频识别系统的工作原理是利用射频标签与射频读写器之间的射频信号及其空间耦合、传输特性，实现对静止的、移动的待识别物品的自动识别。在射频识别系统中，射频标签与读写器之间，通过两者的天线架起空间电磁波传输的通道，通过电感耦合或电磁耦合的方式，实现能量和数据信息的传输。这两种方式采用的频率不同，工作原理也不同。低频和高频 RFID 的工作波长较长，基本上都采用电感耦合识别方式，电子标签处于读写器天线的近区，电子标签与读写器之间通过感应而不是通过辐射获得信号和能量的；微波波段 RFID 的工作波长较短，电子标签基本都处于读写器天线的远区，电子标签与读写器之间通过辐射获得信号和能量。微波 RFID 是视距传播，电波有直射、反射、绕射和散射等多种传播方式，电波传播有自由空间传输损耗、菲涅耳区、多径传输和衰落等多种现象，并可能产生集肤效应，这些现象均会影响电子标签与读写器之间的工作状况。

1. RFID 电感耦合方式使用的频率

电感耦合方式的 RFID 系统中，电子标签一般为无源标签，其工作能量通过电感耦合方式从读写器天线的近场中获得。电子标签与读写器之间传送数据时，电子标签需要位于读写器附近，通信和能量传输由读写器和电子标签谐振电路的电感耦合来实现。在这种方式中，读写器和电子标签的天线是线圈，读写器的线圈在它周围产生磁场，当电子标签通过时，电子标签线圈上会产生感应电压，整流后可为电子标签上的微型芯片供电，使电子标签开始工作。RFID 电感耦合方式中，读写器线圈和电子标签线圈的电感耦合如图 6.5 所示。

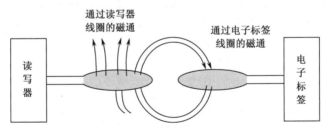

图 6.5　读写器线圈和电子标签线圈的电感耦合

计算表明，在与线圈天线的距离增大时，磁场强度的下降起初为 60 dB/十倍频程，当过渡到距离天线 $\lambda/2\pi$ 之后，磁场强度的下降为 20 dB/十倍频程。另外，工作频率越低，工作波长越长，例如，6.78 MHz、13.56 MHz 和 27.125 MHz 的工作波长分别为 44 m、22 m 和 11 m。可以看出，在读写器的工作范围内（如 0～10 cm），使用频率较低的工作频率有利于读写器线圈和电子标签线圈的电感耦合。现在电感耦合方式的 RFID 系统，一般采用低频和高频频率，典型的频率为 125 kHz、135 kHz、6.78 MHz、13.56 MHz 和 27.125 MHz。

低频频段的 RFID 系统最常用的工作频率为 125 kHz，该频段 RFID 系统的工作特性和应用如下：工作频率不受无线电频率管制约束；阅读距离一般情况下小于 1 m；有较高的电感耦合功率可供电子标签使用；无线信号可以穿透水、有机组织和木材等；典型应用为动物识别、容器识别、工具识别、电子闭锁防盗等；与低频电子标签相关的国际标准有用于动物识别的 ISO 11784/11785 和空中接口协议 ISO 18000—2（125～135 kHz）等；非常适合近距离、低速度、数据量要求较少的识别应用。

高频频段的 RFID 系统最典型的工作频率为 13.56 MHz，该频段的电子标签是实际应用中使用量最大的电子标签之一；该频段在世界范围内用作 ISM 频段使用；我国第二代身份证采用该频段；数据传输快，典型值为 106 kbps；高时钟频率，可实现密码功能或使用微处理器；典型应用包括电子车票、电子身份证、电子遥控门锁控制器等；相关的国际标准有ISO 14443、ISO 15693 和 ISO 18000—3 等；电子标签一般制成标准卡片形状。

2. RFID 电磁反向散射方式使用的频率

电磁反向散射的 RFID 系统，采用雷达原理模型，发射出去的电磁波碰到目标后反射，同时携带回目标的信息。该方式一般适合于微波频段，典型的工作频率有 433 MHz、800/900 MHz、2.45 GHz 和 5.8 GHz，属于远距离 RFID 系统。

微波电子标签分为有源标签与无源标签两类，电子标签工作时位于读写器的远区，电子标签接收读写器天线的辐射场，读写器天线的辐射场为无源电子标签提供射频能量，将有源电子标签唤醒。该方式 RFID 系统的阅读距离一般大于 1 m，典型情况为 4～7 m，最大可达 10 m 以上。读写器天线一般为定向天线，只有在读写器天线定向波束范围内的电子标签才可以被读写。该方式读写器天线和电子标签天线的电磁辐射如图 6.6 所示。

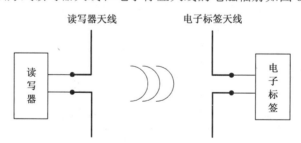

图 6.6　读写器天线和电子标签天线的电磁辐射

800/900 MHz 频段是实现物联网的主要频段。例如，860～960 MHz 是 EPC Gen2 标准描述的第二代 EPC 标签与读写器之间的通信频率。EPC Gen2 标准是 EPCglobal 最主要的RFID 标准，Gen2 标签能够工作在 860～960 MHz 频段。我国根据频率使用的实际状况及相关的试验结果，结合我国相关部门的意见，并经过频率规划专家咨询委员会的审议，规划840～845 MHz 及 920～925 MHz 频段用于 RFID 技术。以目前技术水平来说，无源微波标签比较成功的产品相对集中在 800/900 MHz 频段,特别是 902～928 MHz 工作频段上。此外,800/900 MHz 频段的设备造价较低。

2.45 GHz 频段也是实现物联网的主要频段。日本泛在识别（Ubiquitous ID，UID）标准体系是射频识别三大标准体系之一，UID 使用 2.45 GHz 的 RFID 系统。

5.8 GHz 频段的使用比 800/900 MHz 及 2.45 GHz 频段少。国内外在道路交通方面使用的典型频率为 5.8 GHz。5.8 GHz 多为有源电子标签，5.8 GHz 比 800/900 MHz 的方向性更强，数据传输速度比 800/900 MHz 更快。当然，5.8 GHz 相关设备的造价较 800/900 MHz 也更高。

6.2.2　RFID 的系统组成

最基本的 RFID 系统由标签（Tag）、读写器（Reader）、天线（Antenna）三部分组成，如表 6.2 所示。

表 6.2　RFID 系统的组成

标签（Tag）	由耦合元件及芯片组成，每个标签具有唯一的电子编码，附着在物体上标识目标对象；每个标签都有一个全球唯一的 ID 号——UID，UID 是在制作芯片时放在 ROM 中的，无法修改
读写器（Reader）	读取（有时还可以写入）标签信息的设备，可设计为手持式或固定式
天线（Antenna）	在标签和读写器间传递射频信号

1.　标签（Tag）

由耦合元件及芯片组成，每个标签具有唯一的电子编码，附着在物体上标识目标对象。电子标签中一般保存有约定格式的电子数据，在实际应用中，电子标签附着在待识别物体的表面。读写器可无接触地读取并识别电子标签中所保存的电子数据，从而达到自动识别体的目的。通常读写器与电脑相连，所读取的标签信息被传送到计算机上进行下一步处理。在以上基本配置之外，还应包括相应的应用软件。

RFID 系统在实际应用中，电子标签附着在待识别物体的表面，电子标签中保存有约定格式的电子数据。读写器可无接触地读取并识别标签中所保存的电子数据，从而达到自动识别物体的目的。读写器通过天线发送出一定频率的射频信号，当标签进入磁场时产生感应电流从而获得能量，发送出自身的编码信息，被读写器读取并解码后送至计算机主机进行有关处理。

RFID 标签分为被动标签（Passive Tags）和主动标签（Active Tags）两种。主动标签自身带有电池供电，与被动标签相比成本更高，也称为有源标签，一般具有较远的阅读距离，不足之处是电池不能长久使用，能量耗尽后需更换电池。

被动电子标签在接收到读写器（读出装置）发出的微波信号后，将部分微波能量转化为直流电供自己工作，一般可做到免维护，成本很低并具有很长的使用寿命，比主动标签更小也更轻，读写距离则较近，也称为无源标签。图6.7展示了一种无源标签。相比有源标签，无源标签在阅读距离及适应物体运动速度方面略有限制。

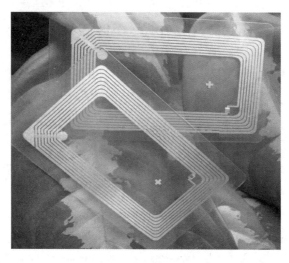

图6.7　一种无源标签

按照存储的信息是否被改写，标签可分为只读式标签（Read Only）和可读写标签（Read and Write）。只读式标签内的信息在集成电路生产时即将信息写入，以后不能修改，只能被专门设备读取；可读写标签将保存的信息写入其内部的存储区，需要改写时也可以采用专门的编程或写入设备擦写。一般将信息写入电子标签所花费的时间远大于读取电子标签信息所花费的时间，写入所花费的时间为秒级，阅读花费的时间为毫秒级。

2．读写器（Reader）

近年来，随着微型集成电路技术的进步，RFID 读写器得到了发展。被动 RFID 标签无须电池，由 RFID 读写器产生的磁场获得工作所需的能量，但是读取距离较近。过去，RFID 主动标签体积大、功耗大、寿命短，而采用最新技术制造的主动 RFID 标签不仅读取距离远，而且具有被动标签寿命长、性能可靠的优点。读取（有时还可以写入）标签信息的设备，可设计为手持式或固定式。在读写器中，由检波电路将经过 ASK 调制的高频载波进行包络检波，并将高频成分滤掉后将包络还原为应答器单片机所发送的数字编码信号送给读写器上的解码单片机。解码单片机收到信号后控制与之相连的数码管显示电路将该应答器所传送的信息通过数码管显示出来，实现信息传送。图6.8给出了一种 RFID 读写器。

图 6.8　一种 RFID 读写器

3．RFID 天线及工作频率

在无线通信系统中，需要将来自发射机的导波能量转变为无线电波，或者将无线电波转换为导波能量，用来辐射和接收无线电波的装置称为天线。发射机所产生的已调制的高频电流能量（或导波能量）经馈线传输到发射天线，通过天线将转换为某种极化的电磁波能量，并向所需方向发射出去。到达接收点后，接收天线将来自空间特定方向的某种极化的电磁波能量又转换为已调制的高频电流能量，经馈线输送到接收机输入端。RFID 天线负责在标签和读写器之间传递射频信号，图 6.9 给出了一种 RFID 天线。

通常读写器发送时所使用的频率被称为 RFID 系统的工作频率。如表 6.3 所示，常见的工作频率有低频 125 kHz、134.2 kHz 及 13.56 MHz 等。低频系统一般指其工作频率小于 30 MHz，典型的工作频率有 125 kHz、225 kHz、13.56 MHz 等，这些频点应用的射频识别系统一般都有相应的国际标准予以支持。低频系统的基本特点是电子标签的成本较低、标签内保存的数据量较少、阅读距离较短、电子标签外形多样（卡状、环状、纽扣状、笔状）、阅读天线方向性不强等。

图 6.9　RFID 天线

表 6.3　RFID 系统的工作频率和特点

频　　段	描　　述	作 用 距 离	穿 透 能 力
125～134 kHz	低频（LF）	45 cm	能穿透大部分物体
13.553～13.567 MHz	高频（HF）	1～3 m	勉强能穿透金属和液体
400～1000 MHz	超高频（UHF）	3～9 m	穿透能力较弱
2.45 GHz	微波（Microwave）	3 m	穿透能力最弱

高频系统一般指其工作频率大于 400 MHz，典型的工作频段有 915 MHz、2.45 GHz、5.8 GHz 等。高频系统在这些频段上也有众多的国际标准予以支持，其基本特点是电子标签及读写器成本均较高、标签内保存的数据量较大、阅读距离较远（可达几米至十几米），适应物体高速运动性能好，外形一般为卡状，阅读天线及电子标签天线均有较强的方向性。

图 6.10 给出了 RFID 系统的组成框图，RFID 系统的工作过程可描述如下：接通读写器电源后，高频振荡器产生方波信号，经功率放大器放大后输送到天线线圈，在读写器的天线线圈周围会产生高频强电磁场。当应答器线圈靠近读写器线圈时，一部分磁力线穿过应答器的天线线圈，通过电磁感应，在应答器的天线线圈上产生一个高频交流电压，该电压经过应答器的整流电路整流后再由稳压电路进行稳压输出直流电压作为应答器单片机的工作电源，实现能量传送。

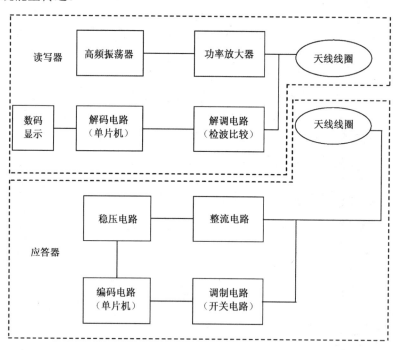

图 6.10　RFID 系统组成框图

应答器单片机在通电之后进入正常工作状态，会不停地通过输出端口向外发送数字编码信号。单片机发送的有高低电平变化的数字编码信号到达开关电路后，开关电路由于输入信号高低电平的变化就会相应地在接通和关断两个状态进行改变。开关电路高低电平的变化会影响应答器电路的品质因素和复变阻抗的大小。通过这些应答器电路参数的改变，会反作用于读写器天线的电压变化，实现 ASK 调制（负载调制）。

6.2.3 RFID 的技术特点

RFID 是一项易于操控，简单实用且特别适合用于自动化控制的灵活性应用技术，识别工作无须人工干预，它既可支持只读工作模式也可支持读写工作模式，且无须接触或瞄准；可自由工作在各种恶劣环境下，短距离射频产品不怕油渍、灰尘污染等恶劣的环境，可以替代条码，例如用在工厂的流水线上跟踪物体；长距射频产品多用于交通上，识别距离可达几十米，如自动收费或识别车辆身份等。RFID 技术所具备的独特优越性是其他识别技术无法企及的，其主要有以下几个方面的特点。

- 读取方便快捷：数据的读取无须光源，甚至可以透过外包装来进行。有效识别距离更大，采用自带电池的主动标签时，有效识别距离可达到 30 m 以上。
- 识别速度快：标签一进入磁场，解读器就可以即时读取其中的信息，而且能够同时处理多个标签，实现批量识别。
- 数据容量大：数据容量最大的二维条形码（PDF417），最多也只能储存 2725 个数字；若包含字母，存储量则会更少；RFID 标签则可以根据用户的需要扩充到数十千。
- 使用寿命长，应用范围广：无线电通信方式，使其可以应用于粉尘、油污等高污染环境和放射性环境，而且其封闭式包装使得其寿命大大超过印刷的条形码。
- 标签数据可动态更改：利用编程器可以向标签写入数据，从而赋予 RFID 标签交互式便携数据文件的功能，而且写入时间相比打印条形码更少。
- 更好的安全性：不仅可以嵌入或附着在不同形状、类型的产品上，而且可以为标签数据的读写设置密码保护，从而具有更高的安全性。
- 动态实时通信：标签以 50～100 次/秒的频率与解读器进行通信，所以只要 RFID 标签所附着的物体出现在解读器的有效识别范围内，就可以对其位置进行动态追踪和监控。

6.2.4 RFID 的技术标准

RFID 的标准化是当前亟需解决的重要问题，各国及相关国际组织都在积极推进 RFID 技术标准的制定。目前，还未形成完善的关于 RFID 的国际和国内标准。RFID 的标准化涉及标识编码规范、操作协议及应用系统接口规范等多个部分，其中标识编码规范包括标识长度、编码方法等，操作协议包括空中接口、命令集合、操作流程等规范。

与 RFID 技术有关的产业联盟主要是欧美的 EPCglobal 和日本的泛在 ID 中心(Ubiquitous ID Center)。其中 EPCglobal 是由美国统一代码委员会（UCC）和欧洲物品编码（EAN）组织联合发起成立的一个独立的非营利性机构，UCC 和 EAN 分别是推广北美和欧洲条形编码的组织。EPCglobal 目前以推广 RFID 电子标签的网络化应用为宗旨，继承了 Auto-ID 中心组织的统一行业内企业的技术标准制订工作，并成立公司（即 EPCglobal Inc）统一研究标准并推动商业应用，此外还负责 EPCgobal 号码注册管理组织。

RFID 系统主要由数据采集和后台数据库网络应用系统两大部分组成。目前已经发布或者正在制订中的标准主要是与数据采集相关的，主要有电子标签与读写器之间的空中接口、读写器与计算机之间的数据交换协议、RFID 电子标签与读写器的性能和一致性测试规范，以及 RFID 电子标签的数据内容编码标准等。

国际标准化组织 ISO 和 EPCglobal 在 RFID 的空中接口方面形成了多个标准，如图 6.11 所示。现有的 RFID 技术工作在多个无线频率范围内，常见的工作频率有低频 125 kHz 与 134.2 kHz，高频 13.56 MHz，超高频 433 MHz、860～930 MHz、2.45 GHz 等。在相同的频率下也有多种 RFID 技术标准共存，如 13.56 MHz 就有 ISO 14443 TypeA、TypeB、ISO 15693、ISO 18000—3 等标准存在，不同的标准采用的无线调制方式、基带编码格式、传输协议和传输距离各有差异，不同标准的 RFID 电子标签和识读器无法互通。

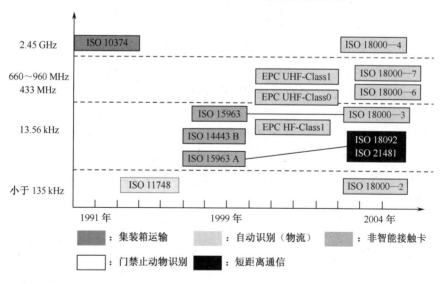

图 6.11 RFID 空中接口不同标准的无线频率范围和推出时间

1. ISO/IEC 标准化状况

在 ISO/IEC JTC31 组的工作范围内，在 ISO 18000 系列标准的范畴下，对 RFID 技术及应用的研究相对比较完整。目前很多 RFID 技术及应用标准仍在制订之中，尚未发布。此外，ISO/IEC SC17、TC122 等工作组也已经发布了一些标准，这些标准相对比较成熟，在部分行业内已经开始使用。

根据 ISO/IEC JTC31 RFID 技术的标准化工作计划，ISO 将 RFID 的国际标准分为空中接口标准、数据结构标准、一致性测试标准和应用标准 4 个方面。一致性测试标准主要针对的是电子标签和卡之间的空中接口和数据传输测试标准。此外，其他 3 类标准对应的逻辑架构结构如图 6.12 所示。

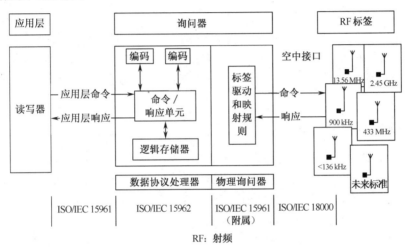

图 6.12 ISO 定义的 RFID 标准逻辑框架

2. EPCglobal 标准体系

EPC 规范由 Auto-ID 中心及后来成立的 EPCglobal 负责制定。Auto-ID 中心于 1999 年由美国麻省理工大学（MIT）发起成立，其目标是创建全球"实物互连"网（Internet of Things），该中心得到了美国政府和企业界的广泛支持。2003 年 10 月 26 日，成立了新的 EPCglobal 组织接替以前 Auto-ID 中心的工作，负责管理和发展 EPC 规范。EPCglobal 的标准化结构框架如图 6.13 所示。

EPCglobal 体系的标准化工作包括 4 个方面：①电子标签和读写器的物品编码信息承载的技术要求；②EPC 电子标签信息规范，即物品编码的规则；③EPCglobal 提供业务方面的支持，分为物品编码分配管理和目标命名业务；④软件方面的标准，分为应用层事件（与物流管理相关的数据采集和刷新等）和 EPC 信息业务层面（与物品信息对应的信息描述）。

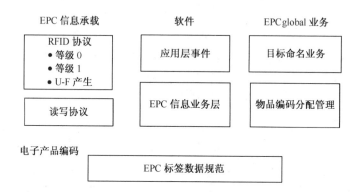

EPC—电子物品编码；RFID—射频识别；UHF—超高频

图 6.13　EPC 定义的 RFID 标准总体结构

与 ISO 相比，EPCglobal 标准在电子标签和读写器的空中接口技术要求上略有差异；在 EPC 电子标签信息规范方面要求只能接收 EPCglobal 承认的代码，在软件标准化方面进展比 ISO 快一些；同时制订了 EPC 物品编码分配管理规则以及目标命名业务的措施推广 EPCglobal 业务。

3．Ubiquitous ID 体系

主导日本 RFID 标准研究与应用的组织是 T-引擎论坛（T-Engine Forum），该论坛已经拥有成员 475 家。值得注意的是成员绝大多数都是日本的厂商，如 NEC、日立、东芝等，但是少部分来自国外的著名厂商也有参与，如微软、三星、LG 和 SKT。T-引擎论坛下属的泛在识别中心（Ubiquitous ID Center，UID）成立于 2002 年 12 月，具体负责研究和推广自动识别的核心技术，即在所有的物品上植入微型芯片，组建网络进行通信。UID 的核心是赋予现实世界中任何物理对象唯一的泛在识别号（Ucode）。它具备了 128 位（128 bit）的充裕容量，提供了 $340×1036$ 编码空间，更可以用 128 位为单元进一步扩展至 256、384 或 512 位。Ucode 的最大优势是能包容现有编码体系的元编码设计，可以兼容多种编码，包括 JAN、UPC、ISBN、IPv6 地址，甚至电话号码。Ucode 标签具有多种形式，包括条码、射频标签、智能卡、有源芯片等。泛在识别中心把标签进行分类，并设立多个不同的认证标准。UID 规范对频段没有强制要求，标签和读写器都是多频段设备，能同时支持 13.56 MHz 或 2.45 GHz 频段。

4．RFID 中国标准化情况

中国在 RFID 技术与应用的标准化研究工作上有一定的基础，目前已从多个方面开展了相关标准的研究制订工作，如制订了集成电路卡模块技术规范、建设事业 IC 卡应用技术等应用标准，并得到了广泛应用。在技术标准方面，依据 ISO/IEC 15693 系列标准已经完成国家标准的起草工作，参照 ISO/IEC 18000 系列标准制订国家标准的工作正在进行中。此外，

中国 RFID 标准体系框架的研究工作也已基本完成。另外，2007 年 4 月底，工业和信息化部发布了关于发布 800/900 MHz 频段射频识别（RFID）技术应用试行规定的通知，根据工业和信息化部 800/900 MHz 频段射频识别（RFID）技术应用规定（试行）的规定，中国 800/900 MHz RFID 技术的试用频率为 840～845 MHz 和 920～925 MHz，发射功率为 2 W。

6.3 RFID 的关键技术

6.3.1 RFID 的天线

天线是各种无线系统不可或缺的部件，同时又是直接影响系统性能的关键核心器件，是整个无线系统的"瓶颈"，天线性能的优劣决定系统能否正常工作或各项功能能否顺利运行。同样，对于 RFID 系统，天线设计也是必经的一环。对不同 RFID 系统的天线选择和设计，直接影响读写距离、功率等系统性能指标。

受应用场合的限制，RFID 标签通常需要贴于不同类型、不同形状的物体表面，甚至需要嵌入到物体内部。那么，标签天线就会受到所标识物体的形状及物理特性的影响，如标签到附着物体的距离、附着物体的介电常数、金属表面的反射、局部结构对辐射性能的影响等。此外，标签天线和阅读器天线分别承担接收能量和发射能量的作用，在要求低成本的同时，还要求有较高的可靠性。这些因素对天线的设计提出了严格的要求，同时也带来了巨大的挑战。目前，有关 RFID 天线的研究主要集中在研究天线结构和环境因素对天线性能的影响上。

天线结构决定天线的方向图、极化方向、阻抗特性、驻波比、天线增益和工作频段等特性。方向性天线由于具有较少的回波损耗，因此，比较适合电子标签应用；由于 RFID 标签放置方向不可控，读写器天线的极化方式必须采用圆极化；天线增益和阻抗特性会对 RFID 系统的作用距离产生较大影响；天线的工作频段会对天线尺寸以及辐射损耗产生较大影响。

天线特性受所标识物体的形状及物理特性影响，表现在金属物体对电磁信号有衰减作用；金属表面对信号有反射作用；弹性基层会造成标签及天线变形；物体尺寸对天线大小有一定限制等。根据上述情况，研究者提出了多种解决方案，如采用曲折形天线解决尺寸限制，采用 PIFA 天线解决金属表面的反射问题等。

天线特性还受天线周围物体和环境的影响，如金属物体对电磁信号有衰减作用，金属表面对信号有反射作用，障碍物会阻碍电磁波传输，以及金属和宽频信号源产生的电磁屏蔽和电磁干扰等影响。

目前天线的研究重点放在阻抗匹配、降低损耗、减小体积、增加增益和辐射效率等方面，以及天线在不同使用环境下的有效作用距离、读写速率、误读率和相关软件的研究。可以预期的是，以后的 RFID 天线将朝着成本低、速率高、印刷集成化、环境适应性强、误读率小和保密性好的方面发展。

1．防金属技术

若电子标签使用于金属表面，为使标签正常工作，通常采用的办法是将标签安装在距金属表面一定高度（如 1 cm 以上）的位置上，而这样会带来标签成本的增加和使用受限的问题。为解决这一难题，近年来，国内外出现了一些涉及防金属电子标签及其天线的研究，各种防金属标签天线设计方案层出不穷，如增加电子标签基板金属涂层的面积，在标签基板中引入电磁带隙（EBG）结构，以降低金属使用环境的影响。瑞士的 Harting Mitronics 公司在新研发的电子标签中融合了三维技术，标签内部是塑料注塑成型，激光全息结构的金属涂层产生三维效果，功能类似于高灵敏度 inverted-F 天线，这种天线对环境的适应性比较强，无论是金属环境、液态环境、高温环境，还是震颤环境，都可以正常工作。

2．小型化技术

由于电子标签尺寸的限制，射频天线的小型化成为决定电子标签性能的重要因素。长期以来，标签天线小型化一直是 RFID 技术应用领域的研究热点之一。研究者提出了分形天线、V 形偶极子、弯折偶极子、环天线、PIFA 天线等天线新技术。

分形天线理论是 Mandelbort 于 1975 年提出的，理论的核心是分形结构的结构体一般都具有比例自相似特性和空间填充特性。在天线设计中，利用分形结构的特点可实现天线的尺寸缩减和宽频带特性。华南理工大学赖晓铮等研究者在偶极子天线加载分支线特性的研究基础上，提出了一种基于 Mandelbort 和"分形树"结构的电子标签天线设计，通过仿真和实测结果分析得出如下结论：随着分形阶数的增加，与经典 Mandelbort 结构天线相比，"分形树"结构天线在保持尺寸缩减特性的同时，具有更易实现的几何结构，是实现电子标签天线小型化的有效途径。西北大学赵万年等研究者设计了一款 Hilbert 分形结构的被动标签天线，分析研究了天线基板材料和封装材料的相对介电常数及介质厚度对天线性能的影响，得出了如下结论：分形天线具有多谐振点特性，但多个谐振频率之间的关系是由分形的结构确定的，而不是由材料的介电常数和介质厚度确定的。这一结论对标签天线的设计和制作具有重要的指导意义。也有研究者设计了一种基于方形 Minkowski 环的分形平面开槽环天线，该天线具有双向的方向图，电子标签在查询验证过程中不需要进行特定的定位处理。

偶极子天线是标签天线最常见的形式，具有辐射能力强、制作工艺简单、成本低、能实现全向性的优点，常应用于远距离 RFID 系统中。但一般偶极子天线尺寸比较大，所以在标签天线的设计中，更多采用的是其各种改进形式。编者等人提出了一种超高频（UHF）频段等距弯折偶极子天线结构，将天线尺寸控制在 50.4 mm×30 mm，具有小型化、结构简单、阻抗带宽宽等优势；进一步地提出了一种采用开路线馈电结构的 RFID 标签天线，结构简单且尺寸仅为 55 mm×12 mm，能够同时覆盖 840～845 MHz 和 920～925 MHz 两个 UHF

频段。韩国延世大学的 Chang 等研究者将印刷偶极子天线的天线臂设计成环形，达到了进一步小型化的目的，天线尺寸仅为 15.5 mm× 14.8 mm。也有研究者采用折天线臂技术和镜像补偿技术，设计了一款工作在 915 MHz 的小型化 RFID 印刷偶极子标签天线，此种天线结构不仅适用于 900 MHz 频段，若适当减小天线结构和镜像结构尺寸，也可用来设计工作于 2.45 GHz 微波频段的天线。

倒 F 天线（PIFA）辐射效率很高，有较宽的带宽和较小的体积，而且倒 F 天线包含地面结构，可以很好地屏蔽周围物品的介电常数对天线的影响。近年来，有研究者尝试将其应用于电子标签天线设计中。相关研究者设计和实现了基于平面 PIFA 结构的双频段电子标签天线，采用了地面开缝隙技术，在天线辐射面上开槽和小环，以实现天线双频段特性，可获得比普通 PIFA 天线更宽的带宽，可以很好地工作在 867 MHz 和 915 MHz 频率上，这种天线剖面低，设计简洁，与电子标签芯片阻抗匹配容易，是实现双频段特性电子标签天线的有效途径。

3. 低成本技术

构造低成本电子标签的关键在于降低天线的成本。随着信息技术的进一步发展，标签天线的成本有望大幅降低。有研究者提出了在可降解的纸基材料上电镀标签天线的方案，分别设计了分形天线和小环天线，取得了良好的效果。纸基材料的应用不仅可以降低天线制造成本，而且纸基材料可回收，可减少环境污染。Rafsec 公司在大批量生产天线的情况下，利用高速电镀技术，可将天线成本控制在一个 1 美分左右。DuPont 公司最近也推出了专门用于智能标签 RFID 天线印刷的环保型的 MCM5033 油墨，该油墨不仅性能良好，而且可大大降低高频（HF）及超高频（UHF）天线的制作成本。韩国顺天（Sunchon）国立大学化学工程学科学家利用喷墨打印技术，已经成功开发出一种新的成本效益的制造方法，用来生产无线射频识别技术（RFID）产品，可将 RFID 产品的成本减少为原成本的 1/10。这一系列成就都为 RFID 的产业化提供了必要条件。

4. 一体集成化

对电子标签而言，采用与芯片相对独立的天线，其优点是天线品质因素 Q 值较高，易于制造，缺点则是体积较大，使用受限。若能将天线集成在标签芯片上，则会使整个标签体积更小、使用更方便。由此，将标签天线与标签芯片集成在一起，成为标签天线技术的主要趋势之一。业界也将此技术称为片上天线技术。日本藤仓、三洋电机和日本 Tachyon 联合采用晶圆级封装（WLP）技术设计微波波段 RFID 片上天线，大大减小了 RFID 天线的体积。

5. 智能化

OMRON 开发了一种新型的天线技术，可以直接控制读写器发射出来的电磁波束的方向，以避开环境或阻挡物的影响，达到最好的性能。OMRON 还开发了一种新型的天线技术，通过电子元件控制读写器天线读出电磁场，并应用于 UHF RFID 系统，使多通道干扰带来的系统性能的衰减最小化，有效地扩大通信范围，提高 RFID 产品的性能。Harting Mitronics 于 2006 年 4 月发布应用的无源超高频 RFID 标签安装了 3D 天线，进一步增强了识读能力，识读范围达 16 英尺（约为 5 m）。此外，近年来，电子标签智能天线技术的研究也日渐受到重视。可以预见，标签中采用智能天线技术也必将成为 RFID 技术发展的重要方向之一。

6.3.2 防碰撞技术

鉴于多个 RFID 标签工作在同一频率，当它们处于同一个阅读器的作用范围内时，在没有防碰撞机制的情况下，信息传输过程将产生碰撞，导致信息读取失败。同时多个阅读器之间工作范围重叠也将造成碰撞。为了防止这些碰撞的产生，RFID 系统中需要设置一定的相关命令，解决碰撞问题，这些命令被称为"防碰撞命令或算法"（Anti-Collision Algorithms）。

RFID 系统中防碰撞实现方法有以下四种：频分多路（Frequency DivisionMultiple Access，FDMA）、空分多路（Space Division Multiple Access，SDMA）、时分多路（Time Division MultiPle Access，TDMA）和码分多路（Code Division Multiple Access，CDMA）。

1. 频分多路（FDMA）法

FDMA 是把若干个使用不同载波频率的传输通路同时供给通信用户使用的技术。对于 RFID 系统来说，可以使用能够自由调制的、非发送频率的电子标签。对电子标签的能量供应，以及控制信号的传输则使用最佳的使用频率 f_n。电子标签的应答可以使用若干个供选用的电子标签频率 $f_1 \sim f_n$。因此，对于电子标签的传输来说，可以使用完全不同的频率，如图 6.14 所示。

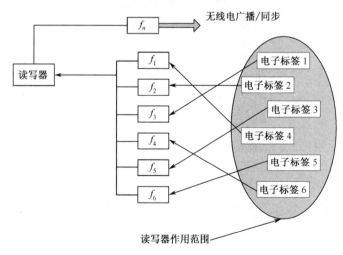

图 6.14　FDMA 射频识别举例

FDMA 的缺点是读写器非常昂贵，因为在每个接收通路上都必须有自己单独的接收器。因此，这种防碰撞算法被限制在一些特殊的应用当中。

2. 空分多路（SDMA）法

SDMA 可以理解为在分离空间范围内重新使用确定资源的技术。一般又可以分为两种方法。一种方法是使单个阅读器的距离明显减小，而把大量的读写器和天线覆盖面积并排安置在一个阵列中，当电子标签经过这个阵列时与之最近的读写器就与之交换信息，而因为每个天线的覆盖面积小，所以相邻的读写器区域如有其他的电子标签仍可以相互交换信息而不受干扰。这样许多电子标签在这个阵列中，由于空间分布就可以同时读出而不会相互影响。

第二种方法是在读写器上利用一个自适应控制的天线，直接对准某个电子标签，所以不同的电子标签可以根据其在读写器作用范围内的角度位置区分开来。可以利用相控天线作为电子控制定向天线，这种天线由若干个偶极子元件构成。这些偶极子元件由独立的、确定的相位控制，天线的方向是由各个不同方向上的偶极子的单个波叠加出来的。在某个方向上，偶极子元件的单个场叠加由于相位关系，得到加强；而在其他方向上，则全部抵消或部分抵消而被削弱。为了改变方向可以调节各个偶极子供给相位的可调高频电压。为了启动某一电子标签，必须是电子标签扫描阅读周围的空间。直至电子标签被读写器的"搜索波束"检测到为止，RFID 用的自适应 SDMA 由于天线的结构尺寸，只有当频率大于 850 MHz 时才能使用，而且此天线系统非常复杂，价格昂贵。

SDMA 技术的缺点是天线比较复杂，不易于实现，并且造价较高，这种防碰撞法被限制用于一些特殊的应用上。

3. 时分多路（TDMA）法

TDMA 法是把整个可供使用的通道容量按时间分配给多个用户的技术，它在数字移动无线电系统的范围内广泛使用。对于 RFID 系统，TDMA 成为防碰撞算法的最大的一族。相比其他种类的防碰撞算法，TDMA 在通信形式、功耗、系统复杂性及成本等多个方面有着优势，因此使用 TDMA 来实现射频识别系统也是实际应用当中最为普遍的方式。下一小节介绍的各种防碰撞算法均是时分多路法。

TDMA 法通常被分为两大类读写器控制防碰撞法和标签控制防碰撞法。读写器控制防碰撞法以读写器为主动控制器，进入射频场的所有标签同时由读写器进行控制和检查。阅读器依据标签的 ID（Idetification Number）首先向标签发射不同的询问信号或指令，阅读器依据选举方法或二进制树寻找方法，在同一时间内总是建立起一个通信关系，并且可以快速地按时间顺序操作标签。阅读器必须采用一定的防碰撞机制才能够顺利地完成在阅读器作用范围内的标签的识别、数据信息的读写操作。目前在射频识别系统中，主要采用时分多路法的原理，使每个标签在单独的某个时隙内占用信道与阅读器进行通信，防止碰撞产生，使数据能够准确地在阅读器和标签之间进行传输。阅读器使用选择、遍询、访问三个基本操作来管理标签群体。

（1）选择（Select）。用于选定多个标签，从而进行遍询和访问的操作。Seleet 指令可连续使用，基于用户指定的条件来选择特定的多个标签。这个操作与在数据库中选择多条记录很相似。

（2）遍询（Inventory）。用于识别标签的操作，读写器通过发送一个 Query（查询）指令来对标签进行遍询。会有一个或多个标签答复。读写器会在要求某一个标签发送 EPC 和 CRC（Cyclic Redundancy Check/Code，循环冗余校验码）之前探测此标签是否正在答复。遍询（Inventory）操作由多条指令共同组成。

（3）访问（Access）。与某个标签进行通信的操作（读取和写入），这个单独的标签必须在访问操作之前就被识别出来。访问（Access）操作采用确保 R=>T（Reader-to-Tag）链路安全的随机数加密算法，由多条指令组成。常用的标签防碰撞机制主要有 ALOHA 法和二进制搜索算法等，ALOHA 算法实现比较简单，在一个周期性的循环内把数据发送出去即可，二进制搜索算法的必要前提是能够辨认出数据碰撞中比特的准确位置。

4．码分多路（CDMA）法

CDMA 是数字技术的分支——扩频通信技术发展起来的一种崭新的无线通信技术。CDMA 技术的原理是基于扩频技术，而用户具有特征码，即 CDMA 包含扩频与分码两个基本概念。扩频是信息带宽的扩展，即把需要传送的具有一定信号带宽的信息数据，用一个带宽远大于信号带宽的高速伪随机（PN）码进行调制，使原数据信号的带宽被扩展，再经载波调制并发送出去。接收端使用完全相同的伪随机码，与接收的带宽信号做相关处理，把宽带信号转换成原信息数据的窄带信号，即解扩，以实现信息通信。码分是实现用户信道和基站的标识问题，可以用不同移相的伪随机系列来实现基站的码分选址，用一定的算法实现信道的选择，用周期足够长的 PN 序列实现用户的识别和多速率业务的识别。

CDMA 的缺点是频带利用率低、地址码选择较难、接收时地址码捕获时间较长，其通信频带及其技术复杂性等很难在 RFID 系统中推广应用。

6.3.3　安全与隐私问题

RFID 安全问题集中在对个人用户的隐私保护、对企业用户的商业秘密保护、防范对 RFID 系统的攻击，以及利用 RFID 技术进行安全防范等多个方面。当前广泛使用的无源 RFID 系统并没有可靠的安全机制，无法对数据进行很好的保密。如果电子标签中的信息被窃取，复制并被非法使用的话，将会带来无法估量的损失。解决安全性的途径是设计更复杂的微处理器，以及更大容量的内存，这样就可以进行更复杂的加密算法以防止数据的非法窃取。

如何在不增加太多成本的同时提高电子标签的安全性是一个有待进一步研究的问题。

1. 攻击类型与隐私威胁

在 RFID 研究领域，安全是指下面的一个或者多个元素。

- 机密性，即消息内容的安全。
- 完整性。
- 发送方和接收方的身份认证。
- 消息的有效性和可用性。

这四个元素主要来自安全需求的角度。

荷兰代尔夫特理工大学（Delft University Of Technology）的 Aikaterini M 等研究者从系统层面对 RFID 所面临的攻击类型进行了详细分类，将 RFID 系统分为物理层、网络传输层、应用层和战略层，描述了各个层次可能面临的攻击手段，以及跨越系统层次的攻击手段。详细分类如图 6.15 所示，该分类是对整个 RFID 系统面临攻击的分类，为设计整个系统安全方案提供了一个重要的参考，方便系统设计者设计出更安全的系统，同时也为 RFID 系统安全研究者指出了研究方向，也指明企业管理层在计划实施 RFID 技术时应当考虑到战略层面的系统安全问题。

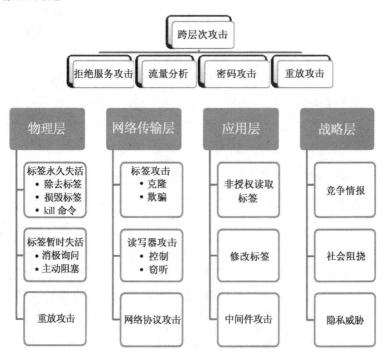

图 6.15　RFID 面临的攻击类型分类

隐私是一个包含政策、法律等诸多领域的多元概念，评价 RFID 隐私的一个标准是看其是否提供了匿名性和不可连接性。使用信息技术会带来隐私威胁的原因在于系统内部保存的大量信息会很大程度地关联到具体的个人。对于 RFID 技术而言，隐私威胁的主要问题是所有物品被唯一标识，就可以将物品与物品持有者联系起来。当标签应用于个人贴身物品，如衣服、鞋帽、首饰等时，携带物品的个人也可以被唯一标识。通过对标签的追踪即可获取个人的位置信息，这种跟踪定位功能使个人隐私受到威胁。RFID 标签中所包含的信息可能会关系到使用者的隐私信息，RFID 便捷的读取性，使得其芯片上存储的个人信息很容易被他人获取。对于个人的非法跟踪是隐私问题最突出的方面。隐私威胁的另一个方面是从 RFID 标签的标识码推断个人的行为或习惯。由于目前 EPC 标签使用的编码方式可以推断出标签所代表的物品，一旦非法人员获得该标签的 ID，就能够推断很多的个人行为。例如，从携带的药品推断持有者的病况，从携带的会员卡推断其去哪里购物等。综上所述，可以将隐私分为以下几类。

- 跟踪定位。
- 私人信息的泄露。
- 推断个人行为或习惯。

另外需要说明的是，隐私不仅仅是个人层面的问题，还关系到组织层面的利益。例如，抢劫犯能够利用 RFID 读写器来确定贵重物品的数量及位置辅助盗窃犯罪；一些情报人员可能通过读取一系列缺乏安全机制的标签来获得有用的商业机密。例如商业间谍人员可以通过隐藏在附近的读写器周期性地统计货架上的商品来推断销售数据。

网络时代的来临，社会的信息化打破了时空的界限，个人隐私被窥探的可能性随之大增使隐私权的保护日益面临挑战。随着信息技术和网络技术的进一步发展，个人信息被非法泄露对公民的人身、财产安全和个人隐私构成严重威胁，隐私权问题在现代社会已成为人们关注的一个焦点。

2. RFID 安全与隐私保护的需求特点

从 RF 子系统的构成——标签和读写器以及它们之间的通信安全考虑，安全协议应满足以下需求。

（1）消息内容的保密性：目前，读写器和标签之间的无线通信多数情况下是不受保护的。攻击者可以通过采用窃听技术，分析微处理器正常工作过程中产生的各种电磁特征，来获得 RFID 标签和读写器之间或其他 RFID 通信设备之间的通信数据。标签与读写器通信的内容被攻击者获取后，攻击者不能利用该信息获得与标签内容相关的信息。

（2）位置隐私的安全性：位置隐私是隐私保护的一个重要方面，通常在读写器发射出信号后，标签回应信息内容固定不变，攻击者可以确定目标标签的位置。通常情况下标签检测到信号后会返回信息给读写器而不会判断读写器的合法性，标签持有者的位置隐私将受到威胁。要解决这一问题，需要标签检测到信号后可以返回不同的信息，以便实现位置隐私的保护。

（3）不可推理规则：目前的标签标识码的设计还类似于条形码的编码形式，攻击者可以根据标签的标识码推断出物品的类别，并据此判断出携带者的行为习惯和状态信息。应当设法使攻击者不能够获得或间接推断出标签的标识码。

（4）前向安全性：前向安全也要保护个人隐私，是隐私保护的另外一个方面。该情况假设标签的通信状态及保密信息都被攻击者掌握，攻击者不能够递推追溯该标签之前的通信内容，据此判断出标签的历史位置信息，分析出标签持有者的行为习惯等信息。这就要设法使攻击者不能由当前的通信内容追溯标签过去的通信内容。

（5）抗欺骗性：欺骗可以分为两种，标签欺骗读写器和读写器欺骗标签。从协议的角度来看，只有合法的标签和读写器才可以完成通信的全过程。欺骗的一种方式就是攻击者将窃听的通信消息按照一定的顺序重放来实施欺骗，也称为重放攻击。协议应当能够实现标签和读写器的相互认证，并且每次的认证信息不可被窃听者重复使用以骗取信任。

（6）抵抗拒绝服务攻击：拒绝服务攻击的根本目的是使受害主机或网络无法正常工作。对于 RFID 系统来说，应当尽可能使后端数据库主机提高搜索和计算能力，协议设计时应考虑这一问题。另外，如果协议需要秘密同步更新，应考虑系统是否具备恢复数据同步的能力。

（7）系统的工作性能：鉴于标签资源和计算能力的限制，协议设计时应当尽可能降低标签端的信息存储量和计算复杂度。同时也要提高服务器数据库的搜索性能，以便快速鉴别标签的合法性。

3．解决方法

目前，解决安全与隐私保护问题主要有三种方式，即物理保护机制、基于密码技术的软件安全机制，以及两种安全机制的结合。

（1）物理保护机制。

① Kill 命令机制。Kill 命令机制是由标准化组织 Auto-ID 中心提出的，其基本原理是从物理上销毁 RFID 标签，一旦对标签实施了销毁命令，标签将不可用。在 RFID 的应用中，为了降低成本通常希望标签能够重复利用，发挥最大效益，而不是仅仅使用一次。虽然使用销毁标签的方法可以很好地解决隐私保护问题，但与此同时也牺牲了标签的其他辅助功能，如售后服务、智能家电应用、产品回收等。采用销毁标签的方法，显然会给制造商和服务商带来经济效益上的损失，技术本身的优势将不能体现出来，因此简单地采用销毁标签的方法是一个有效而不实用的隐私保护技术。

② 静电屏蔽机制。静电屏蔽的工作原理是使用 Faraday Cage 来屏蔽标签，使标签不能接收来自任何读写器发出的信号，以此来保护消费者个人隐私。静电屏蔽的原理是利用电磁学中无线电波可以被由传导材料构成的容器屏蔽。Faraday Cage 是一种特殊的袋子，袋子内部有金属环绕以阻隔电波的通过，将标签放入袋子中便可避免未授权的读写器读取标签。这种隐私保护技术可以在特定场合发挥很好的作用，比如当流通货币或电子护照普遍使用时，该方法可以有效保护个人隐私。但是为了阻隔电波，袋子的形状受到限制，采用此方法会提高袋子的制作成本。

③ 主动干扰。主动干扰也是一种屏蔽标签的方法，基本原理是使用一个电子设备持续不断地发送信号，以干扰任何靠近标签的读写器所发出的信号。使用这种方法时，标签持有者需随身携带一个可发出干扰信号的设备，在需要进行主动干扰时打开设备。此方法会带来成本的增加，而且使用者需要另外携带一个设备会带来不便。另外，使用主动干扰可能在无意间破坏到其他正常合法的标签与读写器之间的通信。

④ Blocker Tag 机制。使用 Blocker Tag 方法，读写器必须使用 tree-walk 识别算法来指定唯一标签，才能和标签通信。Blocker Tag 是一种被动式干扰器，读写器进行树形结构搜索时，如果搜索到 Blocker Tag 保护的范围，Blocker Tag 便发出干扰信号，读写器无法确定该标签是否存在，也无法和标签通信。消费者完成购物，商家会提供一个免费的 Blocker Tag 和所购商品放在一起，防止非法读写器询问标签。这个方法要使用一个额外的标签，增加了应用成本。读写器必须使用树形搜索识别算法，限制了应用的广泛性。

（2）RFID 安全协议。由于物理保护机制的局限性，使基于密码技术的软件安全机制受到更多青睐。目前主要的研究内容是利用各种成熟的密码机制来设计符合 RFID 安全需求的通信协议。到目前为止，国内外已经提出了多种 RFID 安全通信协议。这些协议通常会用到 Hash 函数、伪随机数生成器、对称加密体制等方法。

6.4　RFID 技术的应用

目前，RFID 已成为 IT 业界的研究热点，世界各大软硬件厂商包括 IBM、摩托罗拉、飞利浦、TI、微软、Oracle、Sun、BEA、SAP 等在内的公司都对 RFID 技术及其应用表现出了浓厚的兴趣，相继投入大量研发经费，推出了各自的软件或硬件产品及系统应用解决方案。在应用领域，以沃尔玛、UPS、Gillette 等为代表的大批企业已经开始准备采用 RFID 技术对业务系统进行改造，以提高企业的工作效率并为客户提供各种增值服务。RFID 的典型应用包括：在物流领域用于仓库管理、生产线自动化、日用品销售；在交通运输领域用于集装箱与包裹管理、高速公路收费与停车收费；在农牧渔业用于羊群、鱼类、水果等的管理，以及宠物、野生动物跟踪；在医疗行业用于药品生产、患者看护、医疗垃圾跟踪；

在制造业用于零部件与库存的可视化管理；RFID 还可以应用于图书与文档管理、门禁管理、定位与物体跟踪、环境感知和支票防伪等多种应用领域。

6.4.1　RFID 技术的应用背景

RFID 最早的应用可追溯到第二次世界大战中用于区分联军和纳粹飞机的"敌我辨识"系统。RFID 技术早在二战时就已被美军应用，但到了 2003 年该技术才开始吸引众人的目光。在国外，射频识别技术被广泛应用于工业自动化、商业自动化、交通运输控制管理等众多领域，如交通监控，机场管理、高速公路自动收费、停车场管理、动物监管、物品管理、流水线生产自动化、车辆防盗、安全出入检查等。国内的 RFID 产品市场十分巨大，该技术主要应用于高速公路自动收费、公交电子月票系统、人员识别与物资跟踪、生产线自动化控制、仓储管理、汽车防盗系统、铁路车辆和货运集装箱的识别等。

RFID 技术长期以来之所以没有得到广泛重视，价格是最主要的制约因素。自 RFID 技术出现以来，其生产成本一直居高不下。此外，不成熟的应用技术环境，以及缺乏统一的技术标准也是 RFID 至今才得到重视的重要原因。RFID 技术的成功应用，不仅需要硬件（标签和读写器等）制造、无线数据通信与网络、数据加密、自动数据收集与数据挖掘等技术，还必须与企业的企业资源计划（ERP）、仓库管理系统（WMS）和运输管理系统（TMS）结合起来，同时需要统一的标准以保证企业间的数据交换和协同工作，否则就很难充分实现这项技术带来的利益。所幸的是，新的制造技术的快速发展使得 RFID 的生产成本不断降低；无线数据通信、数据处理和网络技术的发展都已经日益成熟，而且在 SAP 和 IBM 等 IT 技术巨头的直接推动下，其支持技术已经达到了实际应用水平。可以说，RFID 的软件和硬件技术应用环境日渐成熟，为大规模的实际应用奠定了基础。

2003 年 6 月，在美国芝加哥市召开的零售业系统展览会上，沃尔玛做出了一项重大决定，要求其最大的 100 个供应商从 2005 年 1 月开始在供应的货物包装箱（或货盘）上粘贴 RFID 标签，并逐渐扩大到单件商品。如果供应商们在 2008 年还达不到这一要求，就可能失去为沃尔玛供货的资格。沃尔玛决定采用 RFID 技术最终取代目前广泛使用的条码技术，成为第一个公布正式采用该技术时间表的企业，这必将给业界带来一场重大革命，同时将对社会经济和人们生活产生重大影响。与此同时，美国国防部也发布了其 RFID 实施计划，以支持该技术的发展。IBM、SAP、微软等 IT 巨头纷纷以重金投入到该项技术及其解决方案的开发研究中。可以相信，RFID 技术将迎来前所未有的发展机遇，也将拥有广阔的市场前景。

6.4.2　RFID 技术的重要参数

根据行业和性能要求（如读取速度、需要同时读取的 RFID 标签数量）可以采用不同的技术。RFID 技术可以基本分为低频系统、频率为 13.56 MHz 的高频（HF）系统，以及频段在 900 MHz 左右的超高频系统（UHF），还有工作在 2.4 GHz 或者 5.8 GHz（见表 6.4）微波频段的系统。除了频率范围外的另外一个差异性因素是电源，无源 RFID 收发器，这种收发器主要用在物流和目标跟踪，它们自身并没有电源，而是从读写器的 RF 电场获得能量；有源收发器由电池供电，因此具有数十米长的通信距离，但是体积更大，价格更贵。

表 6.4　目前主要的几种 RFID 技术的主要参数比较

参　数	低　频　率	高　频　率			UHF	微　波
频率	125～134 kHz	13.56 MHz	13.56 MHz	PJM 13.56 MHz	868～915 MHz	2.45/5.8 GHz
读取距离	达 1.2 m	0.7～1.2 m	达 1.2 m	达 1.2 m	4～7 m	达 15 m(*)
读取速度	不快	慢	中（0.5 m/s）	非常快（4 m/s）	快	非常快
潮湿环境	没有影响	没有影响	没有影响	没有影响	严重影响	严重影响
发送器与阅读器的方向要求	没有	没有	没有	没有	部分必要	总是必要
全球接收的频率	是	是	是	是	部分的（EU/USA）	部分的（欧洲除外）
已有的 ISO 标准	11484/85 和 14223	14443 A+B+C	18000—3.1/15693	18000—3.2	18000—6 和 EPC C0/C1/C1G2	18000—4
主要应用	门禁、锁车架、加油站、洗衣店	智能卡、电子 ID 票务	针对大型活动、货物物流	机场验票、邮局、药店	货盘记录、卡车登记、拖车跟踪	公路收费、集装箱跟踪

注：(*)带电池的有源收发器

低频 RFID 芯片（无源）工作在 130 kHz 左右的频率上，当前主要应用在门禁控制、动物 ID、电子锁车架、机器控制的授权检查等。该技术读取速度非常慢并不是问题，因为只需要在单方向上传输非常短的信息，相应的 ISO 标准为 11484/85 和 14223。13.56 MHz 系统在很多工业领域中越来越重要，这种系统归为无源类，具有高度的可小型化特点，用来获取货物和产品信息，并符合 ISO 标准 14443、18000—3.1/15693，读取速度相对较慢，在某些情况下一次读操作需要几秒的时间，不同的数据量所需的具体时间不同。根据不同的种类，ISO 15693 标准类型的系统可以对付最大速度为 0.5 m/s 的运动目标，能获得高达 26.48 kbps 的数据传输速度，能实现每秒 30 个对象的识别。

然而，在未来大规模的物流应用中，工作在 13.56 MHz 的传统方法，甚至在 ISO 15693 中定义的最近的方法都不再能满足需要。在这种应用中出现了相位抖动调制（PJM）技术，PJM 的 RFID 标签适合被标记物体在传输带上的任何地方高速通过读写器，并且必须以非常高的数据速率逐个读取，如识别包装严实的药品、机场行李跟踪或在远达 1.2 m 的距离登录文档。在澳洲的 Magellan 公司的 PJM 技术基础上，德国的英飞凌公司和 Magellan 公司已经合作开发出了应用于这种目的的芯片。与当前的 13.56 MHz RFID 技术相比，这些芯片能提供的读写速度快 25 倍，数据速率达 848 kbps。PJM 系统为用于物流进行了优化（ISO Standard 18000—3 Mode 2），可以在不到 1 s 内可靠地对多达 500 个电子标签进行识别、读取和写入。甚至在目标运动速度 4 m/s 的情况下，采用这些新芯片的读取器都能胜任。

UHF 和微波系统最终可以允许达到几米的覆盖距离；它们通常具有自己的电池，因此适合于在装载坡道上货盘内的大型货物的识别，或者在汽车厂产品线上的车辆底盘。这些频率范围的缺点是大气湿度的负面影响，以及需要不时地或始终需要保持收发器相对于读写天线的方位。

6.4.3　RFID 技术的典型应用

从全球范围来看，美国政府是 RFID 应用的积极推动者，在其推动下美国在 RFID 标准的建立、相关软/硬件技术的开发与应用领域均走在世界前列。欧洲 RFID 标准追随美国主导的 EPCglobal 标准。在封闭系统应用方面，欧洲与美国基本处在同一阶段。日本虽然已经提出 UID 标准，但主要得到的是本国厂商的支持，如要成为国际标准还有很长的路要走。RFID 在韩国的重要性得到了加强，政府给予了高度重视，但至今韩国在 RFID 的标准上仍模糊不清。目前，美国、英国、德国、瑞典、瑞士、日本、南非等国家均有较为成熟且先进的 RFID 产品。从全球产业格局来看，目前 RFID 产业主要集中在 RFID 技术应用比较成熟的欧美市场。飞利浦、西门子、ST、TI 等半导体厂商基本垄断了 RFID 的芯片市场；IBM、HP、微软、SAP、Sybase、Sun 等国际巨头抢占了 RFID 中间件、系统集成研究的有利位置；Alien、Intermec、Symbol、Transcore、Matrics、Impinj 等公司则提供 RFID 标签、天线、读写器等产品及设备。RFID 技术应用领域极其广泛，此处着重探讨若干典型应用领域，见表 6.5。

表 6.5　RFID 系统典型应用领域

车辆自动识别管理	铁路车号自动识别是射频识别技术最普遍的应用
高速公路收费及智能交通系统	高速公路自动收费系统是射频识别技术最成功的应用之一，它充分体现了非接触识别的优势。在车辆高速通过收费站的同时完成缴费，解决了交通的瓶颈问题，提高了车行速度，避免拥堵，提高了收费结算效率
货物的跟踪、管理及监控	射频识别技术为货物的跟踪、管理及监控提供了快捷、准确、自动化的手段。以射频识别技术为核心的集装箱自动识别，成为全球范围最大的货物跟踪管理应用
仓储、配送等物流环节	射频识别技术目前在仓储、配送等物流环节已有许多成功的应用。随着射频识别技术在开放的物流环节统一标准的研究开发，物流业将成为射频识别技术最大的受益行业
电子钱包、电子票证	射频识别卡是射频识别技术的一个主要应用。射频识别卡的功能相当于电子钱包，实现非现金结算。目前主要的应用在交通方面
生产线加工过程自动控制	主要应用在大型工厂的自动化流水作业线上，可以实现自动控制、监视，提高生产效率，节约成本

续表

动物跟踪和管理	射频识别技术可用于动物跟踪。在大型养殖场，可通过采用射频识别技术建立饲养档案、预防接种档案等，达到高效、自动化管理牲畜的目的，同时为食品安全提供了保障。射频识别技术还可用于信鸽比赛、赛马识别等，以准确测定到达时间

另外，在防震预警方面，RFID 起到了很大的作为。英国科学家研究出一种利用 RFID 和传感器来监控地震的房屋，RFID 标签和传感器共同构成一套警报系统，当地震发生时，RFID 和传感器收集的数据后，会计算房屋的偏移程度并做出相应的报警。这样，人们就可以有足够的时间进行逃生。

6.4.4 RFID 技术的应用前景

近年来，RFID 技术已经在物流、零售、制造业、服装业、医疗、身份识别、防伪、资产管理、食品、动物识别、图书馆、汽车、航空、军事等众多领域开始应用，对改善人们的生活质量、提高企业经济效益、加强公共安全，以及提高社会信息化水平产生了重要的影响。我国已经将 RFID 技术应用于铁路车号识别、身份证和票证管理、动物标识、特种设备与危险品管理、公共交通及生产过程管理等多个领域。到 2013 年，全球 RFID 规模将达到 98 亿美元，2003～2013 年年均复合增长率为 19%。

通常总是某种特定应用来主导采用哪个技术的。对于百货公司，在货品上加上标签仅仅以方便在销售终端读取当然是毫无意义的，因为在当前的成本环境下，这会使产品更贵。但是，下面的应用非常有意义：在图书馆出借书或 CD 时，粘贴在书或 CD 上的 13.56 MHz 标签在经过时的几秒就能读取标签，或者在药物批发商的挑选输送带上可靠地识别药品，以避免可能造成严重后果的药品误发。然而，基本上，任何对象的读取、识别和跟踪任务都可以受益于经过深思熟虑的 RFID 技术应用，特别是当每个数据都必须被写入到芯片、被授权用户修改，以及防止对可分段存储器的非授权访问。可能的话，甚至可以以非常高的速度对大量对象进行同时处理。

2011 年全球 RFID 市场规模为 60 亿美元，成长率约 11%；但若排除汽车防盗系统，市场规模则约 50 亿美元，成长率 14%。该机构预见，不同应用、垂直市场、区域，以及技术的需求与接受度也会有所不同，特别是服装零售业，2010 年的成长率就明显呈现趋缓。但整体看来，整个 RFID 市场仍具备成长潜力。ABI Research 认为，到 2016 年，成长最快的 RFID 应用是供应链管理所需的单品追踪（Item-level Tracking），成长率可超越 37% 的水准。该机构表示，其成长动力将来自对于被动式 UHF 系统的大量需求，其支持案例有：

- 在美国与欧洲等市场的服装零售业卷标应用。
- 韩国因政府规定对药品追踪的应用。
- 对烟酒类产品与其他防仿冒商品的卷标应用。
- 化妆品、消费性电子装置等其他商品长期以来的应用。

从垂直市场来看，在五年期间成长最快的应用项目依序为零售消费者包装产品（CPG）、零售商店（Retail In-store）、医疗与生命科学产业，以及各种非CPG制造业与商业服务领域。更具体地说，主要的RFID应用可分为传统与现代两大类；前者包括接入控制（Access Control）、动物识别、汽车防盗、AVI与e-ID文件，后者则包括资产管理、行李托运、货柜追踪，以及保全、销售终端非接触式支付、立即寻址、供应链管理与交通票务等。在2011～2016年，现代化RFID应用的成长性是传统应用的两倍。

目前射频识别正在迈入下一阶段的技术演进，包括许多RFID项目规模不断扩展、持续部署的基础建设、不断深化的技术融合，以及业界对此技术的投资增长。多种以RFID技术为核心的应用，如供应链管理、库存控制、票务、身份证和电子商务等，都在经历前所未有的高速成长。随着RFID的应用更加广泛和深入，这个产业也形成了从制造到销售的完整价值链。尽管迄今多数的大型RFID项目仍然部署在美洲和欧洲，以及中东和非洲（EMEA）等地，但未来，随着制造业务持续转移到亚太区，加上源卷标（在原始发货点即贴上的卷标）日益成为标准程序，亚太地区（APAC）市场最终将成为全球RFID市场枢纽。

现在大多数最终用户已经体会到，RFID是一种与自动辨识及资料获取系统互补的解决方案。一些业者也逐步提升了在技术方面的投资，并开始与其他核心系统融合，如条形码、传感器、防盗、数据采集或者全球定位系统（GPS）等，并尝试在更短的时间内对这些汇聚技术进行试行或评估。从这些发展态势来看，未来用户对于RFID在企业和整个价值链中的应用将采取更宽阔的视野，而且也将开始思考未来这项技术将扮演的角色及其前景。

所有RFID供货商都乐见目前的需求增长，并开始开发及推出可满足未来更复杂应用需求的产品。近年来，几乎所有的主要RFID芯片供货商，如恩智浦、Alien、Impinj等都推出了更新一代的产品。尽管他们所推出的每一款芯片都有着不同的频率或针对不同的市场，但整体而言，新推出的芯片都添加了新功能，并解决了许多该产业过去所面临的问题，如强化安全性；信息共享和控制、增加内存、可编程触发器或警告器；整合及其他技术的支持和解决方案（如传感器、多功能卷标等）。

VDC曾在2010年针对582位终端用户进行了一项调查，发现有超过80%的现有用户希望扩展其RFID解决方案的功能，并进一步将之整合到其他的核心系统中，以此让RFID涵盖更多样化的应用领域。这项调查的重要结果如下。

（1）有77%的在制品（WIP）/零组件/组装/设备制造商均表示，他们需要包含更大内存的方案，以便让他们能提供更大量的产品规格文件。

（2）68%的运输/物流供货商表示希望在未来三年内，能在其现有的RFID系统中整合感测/环境监控等功能。

（3）72%的现有 RFID 供应链用户对于能够共享和控制存储在卷标及其他价值链参与者的信息存取表现出了强烈的偏好。另外，89%的供应链用户也表示希望强化安全性，通过提高认证和防伪功能进一步保障供应链的安全。

（4）超过 60%目前正在使用和评估 RFID 的零售商指出，在未来的 24～48 个月之内，他们很可能会将既有的解决方案与其他商店系统，如防盗系统，加以整合。

RFID 的发展充满着更多的可能性，这都可望成为未来支撑这个开放市场及其全球价值链的关键。今天，根据所采用的技术、功能设定、频率和外形设计，IC 可占到 RFID 应答器（Transponder）中 30%～65%的成本。而随着市场不断拓展，未来产品势必对价格更加敏感，下一代的先进集成电路也必须以成本竞争力、更大产量为诉求，同时，芯片的进展脚步也必须保持与领先应用的发展同步。

6.5　本章小结

自动识别技术是以计算机技术和通信技术的发展为基础的综合性科学技术，它将数据自动识别、自动采集并且自动输入计算机进行处理。自动识别技术近些年的发展日新月异，它已成为集计算机、光、机电、通信技术为一体的高新技术学科，是当今世界高科技领域中的一项重要的系统工程。它可以帮助人们快速、准确地进行数据的自动采集和输入，解决计算机应用中数据输入速度慢、出错率高等问题。目前它已在商业、工业、交通运输业、邮电通信业、物资管理、物流、仓储、医疗卫生、安全检查、餐饮、旅游、票证管理，以及军事装备等国民经济各行各业和人们的日常生活中得到广泛应用。

RFID 射频识别是一种非接触式的自动识别技术，它利用射频信号通过空间耦合实现非接触信息传递并通过所传递的信息达到识别目的。识别工作无须人工干预，可工作于各种恶劣环境。RFID 技术可识别高速运动物体并可同时识别多个标签，操作快捷方便。射频识别技术具有体积小、信息量大、寿命长、可读写、保密性好、抗恶劣环境、不受方向和位置影响、识读速度快、识读距离远、可识别高速运动物体、可重复使用等特点，支持快速读写、非可视识别、多目标识别、定位及长期跟踪管理。RFID 技术与网络定位和通信技术相结合，可实现全球范围内物资的实时管理跟踪与信息共享。

RFID 技术应用于物流、制造、消费、军事、贸易、公共信息服务等行业，可大幅提高信息获取与系统效率、降低成本，从而提高应用行业的管理能力和运作效率，降低环节成本，拓展市场覆盖和盈利水平。同时，RFID 本身也将成为一个新兴的高技术产业群，成为 IT 产业新的增长点。虽然 RFID 技术处于刚刚起步阶段，但它的发展潜力是巨大的，前景非常广阔。因此，研究 RFID 技术、开发 RFID 应用、发展 RFID 产业，对提升信息化整体水平、促进经济发展、提高人民生活质量、增强公共安全等方面有深远的意义。

思考与练习

（1）用自己的语言描述自动识别技术的概念和基本特征。

（2）自动识别技术包括哪几种类型？

（3）什么是条码？条码有什么用途？条码按码制分为哪几类？

（4）什么是 RFID？它的基本工作原理是什么？一个 RFID 系统有哪些组成部分？

（5）简述 RFID 技术的主要特点。

（6）RFID 的关键技术有哪些？

（7）简述 RFID 技术的应用情况。

（8）简述 RFID 系统的工作频率及应用特点。

（9）RFID 技术的发展趋势是什么？

参考文献

[1] 张智文. 射频识别技术理论与实践[M]. 北京：中国科学技术出版社，2008.

[2] 郎为民. 射频识别（RFID）技术原理与应用[M]. 北京：机械工业出版社，2006.

[3] 黄玉兰. 物联网射频识别（RFID）核心技术详解[M]. 北京：人民邮电出版社，2010.

[4] 杨刚，沈沛意，郑春红，等. 物联网理论与技术[M]. 北京：科学出版社，2010.

[5] 刘化君. 物联网技术[M]. 北京：电子工业出版社，2010.

[6] 陈邦媛. 射频通信电路[M]. 北京：科学出版社，2006.

[7] [美]拉德马内斯著. 射频与微波电子学[M]. 顾继慧，李鸣译. 北京：科学出版社，2006.

[8] 矫文成，张冬丽. 射频识别技术研究与应用[J]. 石家庄：石家庄铁道学院学报，2006,19(supp): 233-236.

[9] 李洪英. 射频识别系统的研究[D]. 大连：大连交通大学，2006.

[10] 董健，余夏苹，任华斌，等. 一种 UHF 频段弯折偶极子 RFID 天线的设计[J].电子元件与材料, 2016,35(2): 47-51.

[11] 成理. 射频识别系统的研究与设计[D]. 西安：西安电子科技大学，2007.

[12] 与非网. 射频通信理论与应用[EB/OL]. http://www.eefocus.com/article/08-08/51300s.

[13] http://www.wsn.org.cn.

[14] http://www.autoid-china.com.cn/.

[15] Chen Sung-Lin, Lin Ken-Huang. Characterization of RFID strap using single-ended probe[J] .IEEE Transactions on Instrumentation and Measurement, 2009, 58(10): 3619-3626.

[16] S. K. Padhi, G. F. Swiegers, M. E. Bialkowski. A Miniaturized Slot Rnig Antenna for RFID Applications [C] // 2004 15th Conference on Microwaves, Radar and Wireless Communications, 2004: 318-321.

[17] Xiaping Yu，Jian Dong，Yu Hu，et al. Design of a Bending Dipole RFID Antenna at UHF Band[C]// 9th International Conference on Microwave and Millimeter Wave Technology (ICMMT 2016), 2016.

[18] Kihun Chang, Sang-il Kwak, Young Joong Yoon. Small-sized spiral dipole antenna for RFID transponder of U HF band[C]//Asia-Pacific Microwave Conference Proceedings(APMC). Suzhou, 2005, vol. 4.

[19] Shi Cho Cha, Kuan Ju Huang, Hsiang Meng Chang. An efficient and flexible way to protect privacy in RFID environment with licenses[C]//IEEE International Conference on RFID, 2008: 35-42.

[20] T. Hori, T. Wda, Y. Ota, et al. A multi-sensing-range method for position estimation of passive RFID tags [C]// IEEE International Conference on Wireless and Mobile Computing, 2008: 208-213.

[21] Kim Sun-Youb, Park Hyoung-Keun, Lee Jung-Ki, et al. A study on control method to reduce collisions and interferences between multiple RFID readers and RFID tag[C]// International Conference on New Trends in Information and Service Science, 2009: 339- 343.

[22] Shen Jian, Choi Dongmin, Moh Sangman Moh, et al. A novel anonymous RFID authentication protocol providing strong privacy and security[C]//International Conference on Multimedia Information Networking and Security, 2010: 584 - 588.

[23] M.M. Hossain, V.R. Prybutok. Consumer acceptance of RFID technology: an exploratory study[J]. IEEE Transactions on Engineering Management, 2008, 55(2): 316 -328.

[24] Jo Minho, Youn Hee Yong , Cha Si-Ho, et al. Mobile RFID tag detection influence factors and prediction of tag detectability[J]. IEEE Sensors Journal, 2009, 9(2): 112 -119.

[25] Zhou Zhibin, Huang Dijiang. RFID keeper: an RFID data access control mechanism[C]//IEEE Global Telecommunications Conference, 2007: 4570- 4574.

[26] Tan Lu, Wang Neng. Future internet: the internet of things[C]//International Conference on Advanced Computer Theory and Engineering(ICACTE), 2010, 5: 376 - 380.

[27] Yan Bo, Huang Guangwen. Application of RFID and internet of things in monitoring and anti-counterfeiting for products[C]//International Seminar on Business and Information Management, 2008,1: 392-395.

[28] Ji Zhang, Anwen Qi. The application of internet of things(IOT)in emergency management system in China[C]//IEEE International Conference on Technologies for Homeland Security(HST), 2010: 139-142.

[29] Kong Ning, Li Xiaodong, Yan Baoping. A model supporting any product code atandard for the resource addressing in the internet of things[C]//International Conference on Intelligent Networks and Intelligent Systems, 2008: 233-238.

[30] P. Urien, D. Nyami, S. Elrharbi, et al. HIP Tags Privacy Architecture[c]//International Conference on Systems and Networks Communications, 2008: 179-184.

[31] Zhou Hua, Huang Zhiqiu, Zhao Guoan. A service-centric solution for wireless sensor networks[C] //International ICST Conference on Communications and Networking in China(CHINACOM), 2010: 1-5.

[32] Wang Yanyan, Zhao Xiaofeng, Wu Yaohua, et al. The research of RFID middleware's data management

model[C]// IEEE International Conference on Automation and Logistics, 2008: 2565-2568.

[33] Xie Yinggang, Kuang JiaoLi, Wang ZhiLiang, et al. Indoor location technology and its applications based on improved LANDMARC algorithm[C]//Control and Decision Conference(CCDC), 2011: 2453-2458.

[34] Padhi S. K., Karmakar N. C. Sr., Law C. L, Aditya S. Sr.. A Dual Polarized Aperture Coupled Circular Patch Antenna Using a C-Shaped Coupling Slot [J], IEEE Transactions on Antennas and Propagation, 2003, 51(12): 3295-3298.

[35] Marrocco G. Gain-Optimized Self-Resonant Meander Line Antennas for RFID Applications [J]. IEEE Antennas and Wireless Propagaation Letters, 2003, 2(1): 302-305.

[36] Aikaterini M, Melanie R R, Andrew S T. Classifying RFID attacks and defenses[J]. Information Systems Frontiers. 2010, 12(5): 491-505.

[37] Pcrrin S. RFID and global privacy policy[M]. NJ: Addison-Wesley，2005: 15-36.

[38] Sarma S, Weis S, Engels D. RFID systems，security and privacy implications[J]. Lecture Notes in ComputerScience, 2002: 454-469.

[39] Juels A. RFID Security and Privacy: A Research Survey[J]. Journal of Selected Areas in Communication. 2006, 24(2): 381-395.

[40] 赖晓铮,刘焕彬,张瑞娜,等. 基于分形结构的纸基 RFID 标签天线研究[J]. 微波学报, 2008(3): 36-39.

[41] 赵万年,武岳山,刘奕昌. 基于 Hilbert 分形结构的电子标签天线设计研究[J]. 现代电子技术, 2008(23): 29-33.

[42] 汤伟,林斌,周建华,等. 一种小型化 RFID 标签天线的仿真设计[J]. 厦门大学学报（自然科学版）, 2008, 47(1): 50-54.

[43] 陈宏山, 何平. RFID 标签天线技术发展综述. 移动通信, 2009, 9: 25-28.

[44] 范红, 冯登国. 安全协议理论与方法[M]. 北京：科学出版社，2003: 19-21.

[45] 贺蕾,甘勇,李娜娜,等. 一种基于逆 hash 链的 RFID 安全协议. 计算机应用与软件, 2009, 26(2): 87-88.

[46] 胡兰兰. 安全协议和方案的研究与设计[D]. 北京：北京邮电大学博士学位论文，2007.

[47] 张莉. RFID 技术的发展与标准化情况[J]. 中兴通信技术，2007, 13(4): 4-7.

[48] 汪浩. 智慧城市的行业实践：基于实时交通路况与用户需求的城市出租车智能调度服务[M]. 北京：北京航空航天大学出版社，2011.

[49] 郑和喜, 陈湘国, 郭泽荣，等. WSN RFID 物联网原理与应用[M]. 北京：电子工业出版社，2010.

[50] 高飞, 薛艳明, 王爱华. 物联网核心技术：RFID 原理与应用[M]. 北京：人民邮电出版社，2010.

[51] 张彦, 宁焕生. RFID 与物联网：射频中间件解析与服务[M]. 北京：电子工业出版社，2008.

[52] 刘云浩. 物联网导论[M]. 北京：科学出版社，2010.

[53] 朱近之. 智慧的云计算：物联网的平台（第 2 版）[M]. 北京：电子工业出版社，2011.

[54] 陈海滢, 刘昭. 物联网应用启示录:行业分析与案例实践[M]. 北京：机械工业出版社，2011.

[55] 周洪波. 物联网：技术、应用、标准和商业模式（第 2 版）[M]. 北京：电子工业出版社，2011.

第7章

NFC 无线通信技术

21 世纪初，当人们还在把目光聚焦在介于通信层面的五花八门的手机附加功能上时，移动支付这个全新的支付概念已经进入中国，这不但改变了人们赋予手机的传统"身份"，更加颠覆了人们传统观念中的支付手段与支付方式，一种方便、快捷的支付生活越来越多地被人们所关注。NFC 技术在手机上的应用，使得移动支付成为可能，这种技术尤其受到了年轻一族的热捧。

NFC 由非接触式射频识别（RFID）及互连互通技术整合演变而来，在单一芯片上结合感应式读卡器、感应式卡片和点对点的功能，是一种在短距离内与兼容设备进行识别和数据交换的技术。这项技术最初只是 RFID 技术和网络技术的简单合并，现在已经演变成一种短距离无线通信技术，发展态势相当迅速。NFC 芯片装在手机上，手机就可以实现小额电子支付和读取其他近场通信设备或标签的信息。NFC 的短距离交互大大简化了整个认证识别过程，使电子设备间互相访问更直接、更安全和更清楚。通过 NFC，计算机、数码相机、手机、PAD 等多个设备之间可以很方便、快捷地进行无线连接，进而实现数据交换和服务。目前，近场通信技术已成功地在手机支付、门禁、各种 POS 终端，以及在各种自动收费等应用中找到了自己的用武之地。NFC 未来的普及化应用指日可待。

7.1 NFC 概述

7.1.1 NFC 的概念

近场通信（Near Field Communication， NFC）技术是一种短距离的高频无线通信技术，允许电子设备之间进行非接触式点对点数据传输和交换数据。NFC 技术是在无线射频识别技术（RFID）和互连技术二者整合基础上发展而来的，只要任意两个设备靠近而不需要线缆接插，就可以实现相互间的通信，可以用于设备的互连、服务搜寻及移动商务等广泛的领域。NFC 作为一种简单易用的近距离无线技术，由于其对消费者的巨大吸引力和便捷的使用方式，目前正迅速成为世界各地运营商、手持设备制造商、信用卡公司和公共交通系统的首选技术，该技术可以进行安全支付和票务等非接触交易。

术语"近场"是指无线电波的邻近电磁场。电磁场在从发射天线传播到接收天线的过程中相互交换能量并相互增强，这样的电磁场称为远场。而在 10 个波长以内，电磁场是相互独立的，即为近场，近场内电场没有较大意义，但磁场可用于短距离通信。

由于在初级线圈（发射天线）和次级线圈之间仍有相当大的距离，因此可以将 NFC 看成一个耦合系数非常低的互感器。近磁场的主要问题是信号传播过程中信号强度会以大约 $1/d^6$ 的速率下降（这里 d 为通信距离或范围），因此使近场通信成为名副其实的短程通信技术，而在称为无线电波的远场中，信号强度以 $1/d^2$ 的速率下降。与 RFID 一样，近场通信信息也是通过频谱中无线频率部分的电磁感应耦合方式传递的，但两者之间还是存在很大的区别：近场通信的传输范围比 RFID 小，RFID 的传输范围可以达到 0～1 m。由于 NFC 采取了独特的信号衰减技术，相对于 RFID 来说，近场通信具有成本低、带宽高、能耗低等特点。RFID 更多地被应用在生产、物流、跟踪、资产管理上，而近场通信则在门禁、公交、手机支付等领域内发挥着巨大的作用。

与 RFID 不同的是，NFC 具有双向连接和识别的特点，工作于 13.56 MHz 频率范围，作用距离为 10 cm 左右。目前，其传输速率为 106 kbps、212 kbps 或者 424 kbps，将来可提高至 1 Mbps 左右。NFC 技术在 ISO 18092、ISO 21481、ECMA（340，352 及 356）和 ETSI TS 102 190 框架下推动标准化，同时也兼容应用广泛的 ISO 14443 Type-A、B 以及 Felica 标准非接触式智能卡的基础架构。

NFC 芯片装在手机上，手机就可以实现小额电子支付和读取其他 NFC 设备或标签的信息。NFC 的短距离交互大大简化了整个认证识别过程，使电子设备间互相访问更直接、更安全和更清楚。通过 NFC，计算机、数码相机、手机、PDA 等多个设备之间可以很方便、快捷地进行无线连接，进而实现数据交换和服务。当然，NFC 通信不一定非要在两个手持设备之间进行，它还可以在移动设备和某些目标上工作。例如，商店收银台的销售终端系统，内置有近场通信芯片的标签、商标标签、海报、印花或者卡片。对于这些简单的目标，近场通信芯片无须电池支持。相反，芯片处于被动状态，可通过另一个设备产生无线射频场进行激活。

与其他短距离无线通信技术相比，NFC 更安全，反应时间更短，因此非常适合作为无线传输环境下的电子钱包技术，交易快速且具有安全性。由于 NFC 与现有非接触智能卡技术兼容，目前已经得到越来越多的厂商支持并成为正式标准。除了支付功能，NFC 技术还可以提供各种设备间轻松、安全、迅速而自动的通信。如 NFC 可以帮助人们在不同的设备间传输文字、音乐、照片、视频等信息，还可以购买新的信息内容。随着全球 3G 的推进，非接触智能卡与手机的结合也将越来越紧密。

7.1.2 NFC 的发展

近场通信（NFC）是由 NXP（恩智浦，飞利浦的子公司）和索尼公司在 2002 年共同联合开发的新一代无线通信技术，并被欧洲电脑厂商协会（European Computer Manufactures Association，ECMA）和国际标准化组织与国际电工委员会（International Organization for Standardization/International Electrotechnical Commission，ISO/IEC）接收为标准。

2004 年 3 月 18 日为了推动 NFC 的发展和普及，NXP、索尼和诺基亚创建了一个非营利性的行业协会——NFC 论坛（NFC Forum），旨在促进 NFC 技术的实施和标准化，确保设备和服务之间协同合作。NFC 论坛负责制定模块式 NFC 设备架构的标准，以及兼容数据交换和除设备以外的服务、设备恢复和设备功能的协议。目前，NFC 论坛在全球拥有超过140 个成员，包括全球各关键行业的领军企业，如万事达卡国际组织、松下电子工业有限公司、微软公司、摩托罗拉公司、NEC 公司、瑞萨科技公司、三星公司、德州仪器制造公司和 VISA 国际组织等。2006 年 7 月复旦微电子成为首家加入 NFC 联盟的中国企业，之后清华同方微电子也加入了 NFC 论坛。

NFC 技术最初只是 RFID 技术和网络技术的简单合并，现在已经演变成一种具有相应标准的短距离无线通信技术，发展态势相当迅速。由于近场通信具有天然的安全性，因此，NFC 技术被认为在手机支付、移动（电子）票务、数据共享等领域具有很大的应用前景。2007 年，诺基亚推出了其首款具备 NFC 技术的商务手机。随后，Google 和 NXP 把 NFC 技术用于 Android 2.3 系统和 Nexus S 等手机上，微软 Windows Phone 8 也宣布支持 NFC 功能。但苹果 iOS 6 尚不支持 NFC，这也表明 NFC 移动支付技术成熟尚需时日。

从 2005 年 12 月起，在美国的乔治亚州的亚特兰大菲利浦斯球馆，VISA 和飞利浦就开始合作进行主要的 NFC 测试——球迷们可以很轻松地在特许经营店和服装店里买东西。另外，将具有 NFC 功能的手机放在嵌有 NFC 标签的海报前，还可以下载电影内容，如手机铃声、壁纸、屏保和最喜欢的明星及艺术家的剪报。

在欧洲，随着 3G 商用进程的逐步加快，各大移动运营商也在积极推广移动支付业务。2005 年 10 月，在法国诺曼底的卡昂，飞利浦同法国电信、Orange、三星、LaSer 零售集团及 Vinci 公园合作进行了多应用 NFC 测试。在六个月的测试中，200 位居民使用嵌有飞利浦NFC 芯片的三星 D500 手机在选定的零售点、公园的设备上进行支付，并可下载著名旅游景点的信息，电影宣传片及汽车班次表。2004 年 5 月起，芬兰国家铁路局在全国推广电子火车票，乘客不仅可以通过国家铁路局网站购买车票，还可以通过手机短信订购电子火车票。2004 年，日本 NTT DoCoMo 先后推出了面向 PDC 用户和 FOMA 用户的基于非接触 IC 智能芯片的 Felica 业务，用户可以在各种零售、电子票务、娱乐消费等商户利用这种手机进行支付。

2006 年 6 月，NXP、诺基亚、中国移动厦门分公司与"厦门易通卡"在厦门展开 NFC 测试，该项合作是中国首次对 NFC 手机支付的测试。2006 年 8 月诺基亚与银联商务公司宣布在上海启动新的 NFC 测试，这是继厦门之后在中国的第 2 个 NFC 试点项目，也是全球范围首次进行 NFC 空中下载试验，参与测试使用的 NFC 手机均为诺基亚 3220。2007 年 8 月开始，内置 NFC 芯片的诺基亚 6131i 在包括北京、厦门、广州在内的数个城市公开发售。这款手机预下载了一项可以在市政交通系统使用的交通卡，使用该手机，用户只需开设一个预付费账户就可以购买车票和在某些商场购物。2013 年 12 月 18 日，中国移动依托 NFC 技术推出的手机钱包业务取名为"和包"，该业务将日常生活中使用的各种卡片应用（如银行卡、公交卡、校园/企业一卡通、会员卡等）装载在具有 NFC 功能的手机中，这样可以随时随地刷手机消费，实现手机变钱包的功能。

2014 年，手机制造商苹果首次在推出的 iPhone6 和 iPhone6 plus 内置 NFC 功能，但还没有开放 NFC 的 API 以供开发者调用，仅限于苹果的 Apple Pay 使用。而三星积极地推出 NFC 功能和支持 NFC 的设备。在移动支付市场迎来爆发式发展的背景下，银联、运营商、互联网公司纷纷加入战局。日前，ApplePay 携银联入华，这是苹果公司基于 NFC 技术搭建的一个近场支付系统；而新发布的"小米 5"手机也拾回了此前在"小米 4"丢弃的 NFC。随着众多厂商对 NFC 热情的逐渐高涨，支付领域内的安全问题也不得不提。预计到 2019 年全球将会有接近 10.9 亿人使用近距离移动支付服务，其中将有 9.391 亿是通过 NFC 支付来完成的。因此，在产业链上的各方要协力合作，解决安全问题，扫除移动支付普及的最后障碍是难点也是重点。

在未来，尤其是方兴未艾的物联网和移动互联网则赋予了 NFC 技术更多的前景，例如：

各种电子标签识别。在物联网时代，任何物品都是数字化的，因此，很可能具有一个电子标签，这个电子标签可能就是一个 RFID Tag（类似取代现在的条形码，但成本高一些，但高不了多少），只需要将 NFC 设备（如手机）靠近任何物品/商品，即可通过网络获取物品的相关信息。

点对点付款。这和普通的手机支付不同，点对点付款是指两个人直接用 NFC 设备（如手机）进行交易，如 A 要给 B n 元钱，两个人直接连上就可以完成转账。

也许在未来，各种卡片、门票、火车票、证件都会消失，只剩下一个手机（就像手机曾经淘汰掉 MP3、MP4 一样），而一部手机，几乎能干所有的事。

7.1.3 NFC 的技术特点

与 RFID 一样，NFC 信息也是通过频谱中无线频率部分的电磁感应耦合方式传递的，但两者之间还是存在很大的区别。

首先，NFC 是一种提供轻松、安全、迅速通信的无线连接技术，其传输范围比 RFID 小，RFID 的传输范围可以达到几米、甚至几十米，但由于 NFC 采取了独特的信号衰减技术，相对于 RFID 来说 NFC 具有距离近、带宽高、能耗低等特点。

其次，NFC 与现有的非接触智能卡技术兼容，目前已经成为越来越多主要厂商支持的正式标准。

再次，NFC 还是一种近距离连接协议，提供各种设备间轻松、安全、迅速而自动的通信。与无线通信世界中的其他连接方式相比，NFC 是一种近距离的私密通信方式。加上其距离非常近、射频范围小的特点，其通信更加安全。

最后，RFID 更多地被应用在生产、物流、跟踪、资产管理上，而 NFC 则在门禁、公交、手机支付等领域内发挥着巨大的作用。

同时，NFC 还有优于红外和蓝牙传输方式的地方。红外通信要求设备在 30°以内且不能移动，而作为一种面向消费者的交易机制，NFC 比红外更快、更可靠而且简单得多。与蓝牙相比，NFC 面向近距离交易，适用于交换财务信息或敏感的个人信息等重要数据；蓝牙能够弥补 NFC 通信距离不足的缺点，适用于较长距离数据通信。因此，NFC 和蓝牙互为补充、共同存在。事实上，快捷轻型的 NFC 协议可以用于引导两台设备之间的蓝牙配对过程，促进蓝牙的使用。典型应用是：建立蓝牙连接、交换手机名片等。

表 7.1 给出了 NFC 与传统短距离无线通信技术的对比。可见，和传统的短距通信相比，NFC 具有天然的安全性，以及连接建立的快速性。

表 7.1　NFC 与传统近距离通信技术比较

	NFC	蓝　牙	红　外
网络类型	点对点	单点对多点（WPAN）	点对点
频率	13.56 MHz	2.4～2.5 GHz	红外波段
使用距离	<0.2 m	约为 10 m 低能耗模式时约为 1 m	≤1 m
速度	106 kbps，212 kbps，424 kbps 规划速率可达 1 Mbps 左右	2.1 Mbps 低能模式时约为 1.0 Mbps	约为 1.0 Mbps
建立时间	<0.1 s	6 s 低能耗模式时为 1 s	0.5 s
安全性	具备，硬件实现	具备，软件实现	不具备，使用 IRFM 时除外

通信模式	主动-主动/被动	主动-主动	主动-主动
标准化机构	ISO/IEC	Bluetooth SIG	IrDA
网络标准	ISO 13157 等	IEEE 802.15.1	IRDA1.1
成本	低	中	低

7.2 NFC 的技术原理

7.2.1 工作原理

NFC 由非接触式识别和互连技术发展而来，是一种在十几厘米的范围内实现无线数据传输的技术。在一对一的通信中，根据设备在建立连接中的角色，把主动发起连接的一方称为发起设备，另一方称为目标设备。发起和目标设备都支持主动和被动两种通信模式。

在主动模式下，每台设备要向另一台设备发送数据时，都必须产生自己的射频场，如图 7.1 所示，发起设备和目标设备都要产生自己的射频场，以便进行通信。这是对等网络通信的标准模式，可以获得非常快速的连接设置。在主动模式下，通信双方收发器加电后，任何一方可以采用"发送前侦听"协议来发起一个半双工通信。在一个以上 NFC 设备试图访问一个阅读器时这个功能可以防止冲突，其中一个设备是发起者，而其他设备则是目标。

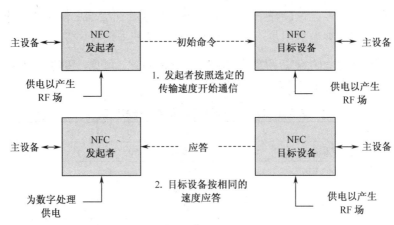

图 7.1 NFC 主动通信模式

在被动模式下，启动 NFC 通信的设备，也称为 NFC 发起设备（主设备），在整个通信过程中提供射频场（RF Field），如图 7.2 所示，它可以选择 106 kbps、212 kbps 和 424 kbps

任一种传输速度，将数据发送到另一台设备。另一台设备称为 NFC 目标设备（从设备），不必产生射频场，而使用负载调制（Load Modulation）技术，即可以相同的速度将数据传回发起设备。此通信机制与基于 ISO 14443A、MIFARE 和 FeliCa 的非接触式智能卡兼容，因此，NFC 发起设备在被动模式下，可以用相同的连接和初始化过程检测非接触式智能卡或 NFC 目标设备，并与之建立联系。

在被动模式下，像 RFID 标签一样，目标是一个被动设备。被动设备从发起者传输的磁场获得工作能量，然后通过调制磁场将数据传送给发起者（后扫描调制，AM 的一种）。移动设备主要以被动模式操作，这样可以大幅降低功耗，延长电池寿命。在一个具体应用过程中，NFC 设备可以在发起设备和目标设备之间转换自己的角色，利用这项功能，电池电量较低的设备可以要求以被动模式充当目标设备，而不是发起设备。

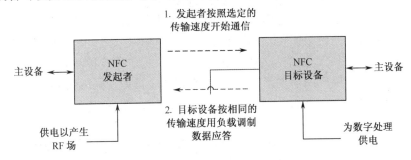

图 7.2　NFC 被动通信模式

7.2.2　技术标准

随着短距离无线数据业务迅速膨胀，NFC 于 2004 年 4 月被批准为国际标准。NFC 技术符合 ECMA 340 与 ETSI TS102 190 V1.1.1 及 ISO/IEC 18092 标准，这些标准详细规定了物理层和数据链路层的组成，具体包括 NFC 设备的工作模式、传输速度、调制方案、编码等，以及主动与被动 NFC 模式初始化过程中，数据冲突控制机制所需的初始化方案和条件。此外，这些标准还定义了传输协议，其中包括协议启动和数据交换方法等。

标准规定 NFC 技术支持三种不同的应用模式：

● 卡模式（如同 FeliCa 和 ISO 14443A/MIFARE 卡的通信）。
● 读写模式（对 FeliCa 或 ISO 14443A 卡的读写）。
● NFC 模式（NFC 芯片间的通信）。

标准规定了 NFC 的工作频率是 13.56 MHz，数据传输速度可以选择 106 kbps、212 kbps 或者 424 kbps，在连接 NFC 后还可切换其他高速通信方式。传输速度取决于工作距离，工作距离最远可为 20 cm，在大多数应用中，实际工作距离不会超过 10 cm。

标准中对于 NFC 高速传输（>424 kbps）的调制目前还没有做出具体的规定，在低速传输时都采用 ASK 调制，但对于不同的传输速率，具体的调制参数是不同的。

标准规定了 NFC 编码技术包括信源编码和纠错编码两部分。不同的应用模式对应的信源编码的规则也不一样，对于模式 1，信源编码的规则类似于密勒（Miller）码，具体的编码规则包括起始位、"1"、"0"、结束位和空位。对于模式 2 和模式 3，起始位、结束位以及空位的编码与模式 1 相同，只是 "0" 和 "1" 采用曼彻斯特（Manchester）码进行编码，或者可以采用反向的曼彻斯特码表示。纠错编码采用循环冗余校验法，所有的传输比特，包括数据比特、校验比特、起始比特、结束比特及循环冗余校验比特都要参加循环冗余校验。由于编码是按字节进行的，因此总的编码比特数应该是 8 的倍数。

为了防止干扰正在工作的其他 NFC 设备（包括工作在此频段的其他电子设备），NFC 标准规定任何 NFC 设备在呼叫前都要进行系统初始化以检测周围的射频场。当周围 NFC 频段的射频场小于规定的门限值（0.1875 A/m）时，该 NFC 设备才能呼叫。如果在 NFC 射频场范围内有两台以上 NFC 设备同时开机的话，需要采用单用户检测来保证 NFC 设备点对点通信的正常进行，单用户识别主要是通过检测 NFC 设备识别码或信号时隙完成的。

1. 帧结构

不同的传输速率具有不同的帧结构。在 106 kbps 的速率下存在以下三种帧结构。

- 短帧：用于通信的初始化过程，由起始位、7 位指令码和结束位三部分顺序组成。
- 标准帧：用于数据的交换，由起始位、n 字节指令或数据和结束位顺序组成。
- 检测帧：用于多个设备同时进行通信的冲突检测。

速率 212 kbps 和 424 kbps 的帧结构相同，由前同步码、同步码、载荷长度、载荷和校验码顺序组成。前同步码由至少 48 bit 的 "0" 信号组成；同步码有两个字节，第一个字节为 "B2"（十六进制），第二个字节为 "4D"（十六进制）；载荷长度由一个字节组成，载荷由 n 个字节的数据组成；校验码为载荷长度和载荷两个域的 CRC 校验值。

2. 冲突检测

冲突检测是 NFC 设备初始化过程中的重要过程，可分为以下两种情况。

（1）冲突避免，即防止干扰其他正在通信的 NFC 设备和同样也工作在此频段的电子设备。标准规定所有 NFC 设备必须在初始化过程开始后，首先检测周围的射频场，只有不存在外部射频场时，才进行下一步操作。判定外部射频场是否存在的阈值为 0.1875 A/m。

（2）单设备检测。NFCIP-1 中定义了 SDD（Single Device Detection）算法，用于区分和选择发起设备射频场内存在的多个目标设备。SDD 主要是通过检测 NFC 设备识别码或信号时隙来实现的。

3．初始化过程

NFC 设备的默认状态均为目标状态，目标设备不产生射频场，保持静默以等待来自于发起者的指令。应用程序能够控制设备主动从目标状态转换为发起状态，设备进入发起状态后开始冲突检测，只有在没有检测到外部射频场时，才激活自身的磁场。应用程序确定通信模式和传输速率后，开始建立连接传输数据，如图 7.3 所示。

4．传输过程

由 NFC 标准中制定的传输协议负责数据的传输。在图 7.3 中，传输协议包含协议激活、数据交换协议和协议关闭 3 个主要过程。

（1）协议激活负责发起设备和目标设备间属性请求和参数选择的协商。

（2）数据交换协议为半双工工作方式，以数据块为单位进行传输，包含错误处理机制。数据交换协议中的多点激活（Multi-Activation）特性允许发起设备在同一时刻激活存在于射频场内的多个目标设备，使发起设备能够同时和多个目标设备进行通信，在多个目标设备间进行快速切换，而不必花费时间释放一个目标，再去激活下一个。

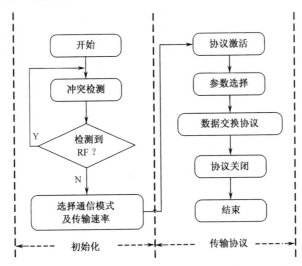

图 7.3　初始化与传输过程

（3）在数据交换完成后，发起设备执行协议关闭过程，包括撤销选中和释放连接。撤销选中过程停止目标设备，释放分配的设备标识符，并恢复到初始化状态。释放连接使发起设备和目标设备均恢复到初始化状态。

5．对 PCD 和 VCD 的支持

NFCIP-2 标准增加了对接近耦合设备（PCD，ISO/IEC14443）和邻近耦合设备（VCD，

ISO/IEC15693）的支持，故 NFCIP-2 制定了一种灵活的网关系统，用来进行 NFC、PCD 和 VCD 三种模式的检测和选择。

6. NFC 中的数据交换标准技术

NFC 论坛在 NFCIP-1 标准的基础上制定了数据交换格式的标准，以支持应用层数据的转换。NDEF（NFC Data Exchange Format）中定义了用于信息交换的消息封装格式。该格式是一个轻量级的二进制消息格式，可用于把任意大小和类型的应用层数据封装到一个简单的消息结构中。

NDEF 消息由一个或多个 NDEF 记录顺序组成，组成消息的第一个和最后一个记录分别被标记为消息开始和消息结束。记录自身不包含任何索引信息。记录间的序列关系暗含在组成消息的串行化结构中。

NDEF 记录是承载有效载荷的数据单元，用户产生的应用层数据被 NDEF 生成器封装成多个记录，然后组成 NDEF 消息，最后由设备接口完成消息的发送。接收方在收到完整的 NDEF 消息后，由 NDEF 解析器解开消息，从记录中获得应用层数据。NDEF 解析器只能判断一个消息的结构是否规范，或该消息是否过长超出了处理能力。因此，更复杂的错误处理和附加服务（如 QoS）则需要由应用程序来完成。

7. NFC 中的程序开发技术

NFC 的应用主要集中于移动设备，而 Sun 公司的 J2ME 是移动设备上使用最广泛的应用开发平台。

诺基亚和 BENQ 等公司联合开发了基于 J2ME 平台的非接触通信接口规范 JSR 257（Contactless Communication API），提供了以非接触方式访问智能卡和条形码的接口，完成了 NFC 技术链上的最后一环，为应用开发做好了准备。

7.2.3　工作模式

基于 NFC 技术的业务支持 3 种工作模式，它们分别是卡模拟模式、点对点模式、读卡器模式，这 3 种工作模式分别适用于不同的应用场景。

1. 卡模拟模式

就是将具有 NFC 功能的设备模拟成一张非接触卡，如门禁卡、银行卡等。卡模拟模式主要用于商场、交通等非接触移动支付应用中，用户只要将手机靠近读卡器，并输入密码确认交易或者直接接收交易即可。在此种方式下，卡片通过非接触读卡器的 RF 域来供电，即使 NFC 设备没电也可以工作。在该应用模式中，NFC 识读设备从具备 Tag 能力的 NFC 手机中采集数据，然后将数据传送到应用处理系统进行处理，如图 7.4 所示。基于该模式的典型应用包括本地支付、门禁控制、电子票应用等。

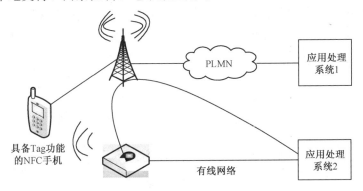

图 7.4　卡模拟模式

2．点对点模式

即将两个具备 NFC 功能的设备连接，实现点对点数据传输。基于该模式，多个具有 NFC 功能的数字相机、PDA、计算机、手机之间，都可以进行无线互连，实现数据交换，后续的关联应用是本地应用也可以是网络应用。该模式的典型应用有协助快速建立蓝牙连接、交换手机名片和数据通信等，如图 7.5 所示。

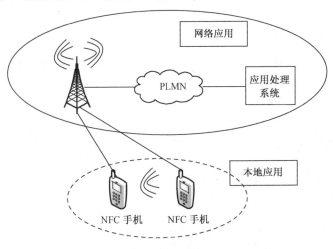

图 7.5　点对点模式

3．读卡器模式

即作为非接触读卡器使用，例如从海报或者展览信息电子标签上读取相关信息。在该模式中，具备读写功能的 NFC 手机可从 Tag 中采集数据，然后根据应用的要求进行处理。有些应用可以直接在本地完成，而有些应用则需要通过与网络交互才能完成。基于该模型的典型应用包括电子广告读取和车票、电影院门票售卖等。例如，如果在电影海报或展览信息背后贴有 Tag 标签，用户可以利用支持 NFC 协议的手机获得有关详细信息，或者立即联机使用信用卡购票。读卡器模式还能够用于简单的数据获取应用，比如公交车站站点信息、公园地图等信息的获取等，如图 7.6 所示。

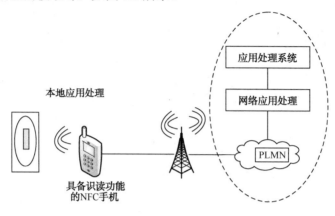

图 7.6　读卡器模式

7.3　NFC 的安全问题

像任何先进的无线技术一样，NFC 同样面临安全问题。但是 NFC 设备非常小的通信范围完全可以将黑客排除在外，在这样小的范围内，完全可以放心地进行通信。如果需要更高的安全性，可以使用带智能卡技术的 NFC，智能卡技术内置了重载加密认证功能。NFC应用中的安全问题主要分为链路层安全和应用层安全。

7.3.1　链路层安全

链路层的安全即 NFC 设备硬件接口间通信的安全，在链路层，针对以下的链路层问题，NFC 有对应的解决方案。

窃听：因 NFC 采用的是无线通信，所以很容易被窃听，实现窃听并不需要特殊的设备，标准是开放的，攻击者能够轻松地解码监听到的信号。NFC 设备工作范围在 10 cm 以内，因此窃听设备与正在通信的设备之间的距离必须很近。具体的距离多大很难确定，因为它同时受到发起、目标和窃听设备的性能、功率等多方面影响。

干扰：与其他无线通信一样，攻击者能很容易实施对无线信号的干扰，影响正常通信的进行，达到类似 DoS 攻击的效果。

消息篡改：消息篡改的难度很大，攻击者需要功能较强的设备，把自己的信号附加到正常的信号中。为了改变正常通信中的 0、1 信号，应针对不同程度的振幅偏移键控（Amplitude Shift Keying，ASK）、不同的编码方式进行复杂的操作。

除了使用 10%的 ASK 的曼彻斯特编码的情况外，还存在修改任意比特的可能性，而其他只有在特定的条件下才能被篡改。

消息插入：消息插入的可能性虽然存在，但要实现几乎是不可能的。因为攻击者要在发起设备和目标设备间"繁忙"的通信过程中，插入自己的消息，很容易与正常通信发生冲突，并被检测到。

中间人攻击：对于中间人攻击，由于在 NFC 通信环境下，无线信号能被参与通信的各方检测到，故试图对消息进行截取和发送的动作都将暴露无遗。因此，中间人攻击在具体的实施方案中是不可能实现的。

攻击解决方案通过建立加密的安全信道，可以很好地抵抗窃听、篡改、插入等威胁。由于不存在中间人攻击，Diffie-Hellmann 协议可以很好地工作在 NFC 的通信环境中。

安全信道可使用该密钥交换协议，在通信双方间交换一个共享秘密值，由共享秘密值生成对称密码算法（3DES 或 AES）的密钥，然后使用该密钥加密通信数据。在具体使用中，NFC 设备需要建立一套完善的检测机制作为各项安全措施的基础。对于通信干扰，只能做到检测发现这一步。

7.3.2　应用层安全

应用层安全包括除链路层外，所有 NFC 中开发使用的安全问题。

（1）数据的保密性：信用卡、票据、个人身份等敏感数据都可能因为 NFC 的应用而存储在移动设备中，应保证关键数据只能被合法程序、合法用户访问。

（2）认证服务：在应用过程中，移动设备往往还需要与其他设备或在线的服务进行交互，如电信运营商、银行交易支付系统等，应在设备和服务提供者之间进行认证。

在 MIDP 版本 2.0 中，J2ME 对 MIDlet 访问敏感的 API 建立了一个安全模型，以控制移动设备中应用程序的行为。安全模型中使用了信任和非信任 MIDlet 的概念。非信任 MIDlet 对受限 API 进行访问时将受到限制，需要由用户来控制访问的许可。JSR177 和 JSR219[10] 同时为通用安全机制提供了 API，如对加/解密算法、HTTPS 和 SSL 等的支持，使应用程序能够建立一套完整的安全机制。

采用专用的安全芯片来保证 NFC 使用过程中的安全，安全芯片能够支持复杂的加/解密算法，并负责存储密钥，主要有两种实现模式。

（1）NFC+SIM 模式：SIM 卡的芯片上存储移动电话客户的信息、加密密钥等内容，可供电信运营商对客户身份进行鉴别。在这种情况下，SIM 将托管 NFC 相关的移动商务应用程序和安全密钥。

（2）NFC+安全 IC 模式：将特定的安全芯片等器件集成在手机等移动设备中；支付、票证等应用程序的安全密钥则存储在安全 IC 中。将 NFC 和安全 IC 组合在单一封装的芯片中，单位成本最具吸引力，也更加灵活。目前，飞利浦制造的 NFC 和智能卡 IC 都支持双线数字接口。NFC 芯片和安全芯片之间的接口（S2C）与现有的非接触式标准完全兼容，并已提交给 ECMA 进行标准化。在具体应用中可以改进已有的认证协议，运用到发起和目标设备的单向或双向认证上。

7.4　NFC 的应用与发展前景

7.4.1　NFC 的应用

NFC 手机内置 NFC 芯片，比原先仅作为标签使用的 RFID 更增加了数据双向传送的功能，这个进步使得其更加适合用于电子货币支付。特别是 RFID 所不能实现的，相互认证和动态加密和一次性钥匙（One-Time Password，OTP）能够在 NFC 上实现。NFC 技术支持多种应用，包括移动支付与交易、对等式通信及移动中信息访问等。通过 NFC 手机，人们可以在任何地点、任何时间，通过任何设备，与他们希望得到的娱乐服务与交易联系在一起，从而完成付款、获取海报信息等。NFC 设备可以用作非接触式智能卡、智能卡的读写器终端以及设备对设备的数据传输链路，其应用主要可分为以下五个基本类型。

1．NFC 用于付款和购票等

最早在移动电话上使用非接触式智能卡，只是将卡粘到电话中，也并未通过非接触式卡提供任何增值服务，而且也不利用移动电话的功能或移动电话网络。之后经过改进，虽将非接触式智能卡集成到电话中，但仍然是基于传统智能卡部署的封闭系统。我们现在正见证向 NFC 电话发展的趋势，这种电话充分利用移动电话功能和移动电话网络，还提供卡读写器和设备对设备的连接功能。

使用非接触式智能卡的支付方式在美国和亚太地区发展势头良好，例如，VISA、MasterCard 和美国运通等信用卡的内置支付程序可以安全地存储在设备上的安全 IC 内。这样，NFC 电话就可以充分利用现有的支付基础架构，并能够支持移动电话公司的新服务项目。图 7.7 给出了一个 NFC 电子钱包的实例。

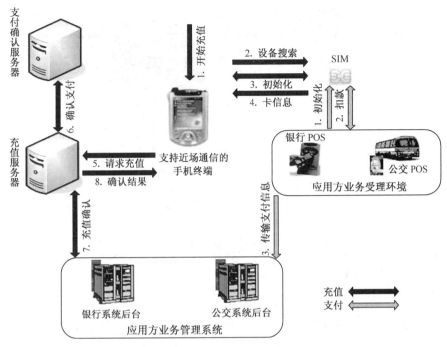

图 7.7　NFC 用于付款和购票

2．NFC 用于电子票证

电子票证以电子方式存储的访问权限，消费者可以购买此权限以获得娱乐场所的入场权。整个电子票证购买过程只需几秒，对消费者而言非常简单便捷。在收集并确认了消费者的支付信息后，电子票证将自动传输到消费者的移动电话或安全芯片中。

用户将移动电话靠近自动售票终端，即开始交易。用户与服务设备充分交互，然后通过在移动电话上确认交易，完成购买过程。到娱乐场所时，用户只需将自己的移动电话靠近安装在入口转栅上的阅读器即可，阅读器在检查了票证的有效性后允许进入。图 7.8 给出了一个 NFC 用于电子票证的实例。

3．NFC 用于连接和作为无线启动设备

消费者希望无线连接简单便捷，但对消费者承诺的便利性和移动性却仍未兑现。虽然使用方便已成为消费者优先选择的主要动因，但安全性能也是一种必要的因素。

两个移动台可以近距离内互相直接传递数据，如同步日程表、游戏、分享传输内容等；两个非接触式移动台可互传或同步数据，如图片、音乐、铃音等。

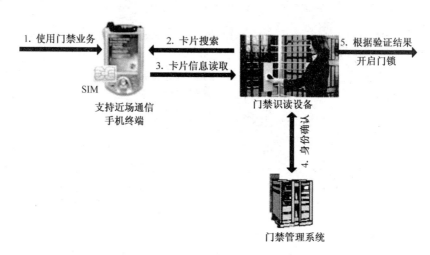

图 7.8　NFC 用于电子票证的实例

4．NFC 用于智能媒体

对于配备 NFC 的电话，利用其读写器功能，用户只需接触智能媒体即可获取丰富的信息或下载相关内容。此智能媒体带有一个成本很低的 RFID（嵌入或附加在海报中）标签，可以通过移动电话读取，借此发现当前环境下丰富多样的服务项目。并且手机可以启动移动网络服务请求，并立即按比例增加运营商的网络流量。运营商可以投资这个"即时满足"工具，通过铃声下载、移动游戏和其他收费的增值服务来增加收入。

5．NFC 用作智能标签

智能标签可以通过标签来预设置相关的应用，然后手机贴近标签后实现一些预设的功能，如进入大学的图书馆，门口可能会有一个智能标签，带有 NFC 手机贴近后，就会自动切换到静音模式，或者在会议室门口，刷一下标签，即可开启录音机应用。

7.4.2　NFC 的发展前景

NFC 具有成本低廉、方便易用和更富直观性等特点，这让它在某些领域显得更具潜力。NFC 通过一个芯片、一根天线和一些软件的组合，能够实现各种设备在几厘米范围内的通信。如果成本进一步降低，NFC 技术将会得到极大普及，从而在很大程度上改变人们使用许多电子设备的方式，甚至改变使用信用卡、钥匙和现金的方式。

NFC 作为一种新兴的技术，改善了蓝牙技术协同工作能力差的弊病。不过，它的目标并非是完全取代蓝牙、Wi-Fi 等其他无线技术，而是在不同的场合、不同的领域起到相互补充的作用。因为 NFC 的数据传输速率较低，仅为数百 kbps，不适合诸如音/视频流等需要较高带宽的应用。

目前，NFC技术还只停留在小范围的使用中。一方面，支持NFC的硬件产品非常匮乏，且价格还没有进入一个合理的范围。各项规范仍需完善，尤其应用程序的开发，还需要有力的支持。另一方面，NFC若要实现最大范围内的推广普及，涉及硬件厂商、电信、金融、零售等多个行业的整合，其中的利益分配和业务重组是一个复杂且困难的问题。同样，用户的接受程度也至关重要。只有在用户对使用NFC的便捷性、安全性和隐私保护等方面感到满意时，才会乐于使用。

基于NFC技术的业务支持三种工作模式，但总体上可将其划分为两大类应用：一类是与现金或代金券消费相关联的支付类应用，另一类是不涉及资金转移的非支付业务。在支付类业务中，目前业界关注的焦点是手机支付，即以手机为载体，以NFC技术为手段，集成相应的安全芯片及账户，帮助用户完成消费过程。与支付类业务相比，非支付类业务目前受关注的程度较低。从电信运营商的角度看，切入支付领域是其梦寐以求的利益诉求。但在整个支付领域，由于其产业链过长、利益群体多，电信运营商的话语权并不十分突出，单靠电信运营商来推动手机支付业务的快速发展，看起来很美，但执行起来很难。按照中国最新发布的相关管理规定，手机支付的相关标准将统一由中国人民银行制定颁布并监督执行，可以预见，未来相关业务的发展仍存在诸多不确定因素。在非支付类业务方面，随着4G业务和智能手机的快速发展，基于移动互联网的应用呈百花齐放之势，4G时代的移动互联网流量运营逐渐成为运营商关注的焦点，也是其新的重要利润增长点。在近场通信的非支付业务中，广告、信息查询等非支付业务能够带给电信运营商大量的流量及收入。在欧美、日本等国家和地区，基于NFC近场通信技术实现的电子广告、信息查询等业务已经逐渐发展起来。从这个角度看，近场通信中的非支付业务将逐渐成为电信运营商的关注重点。

7.5　本章小结

本章首先概述了NFC的概念、发展历程和技术特点，然后详细介绍了NFC的技术原理，包括工作原理、工作模式以及技术标准等，并对NFC的安全问题进行了讨论，最后介绍了NFC的应用情况并展望了NFC技术未来的发展前景。

与其他短距离无线通信技术相比，NFC更安全、反应时间更短，因此非常适合作为无线传输环境下的电子钱包技术，交易快速且具有安全性。由于NFC与现有非接触智能卡技术兼容，目前已经得到越来越多的厂商支持并成为正式标准。

思考与练习

（1）什么是NFC？

（2）简述NFC有哪些优势？

（3）NFC 的应用模式有哪些？

（4）简述 NFC 的工作原理。

（5）阐述 NFC 的安全问题。

（6）NFC 的应用领域有哪些？

（7）如何看待 NFC 的发展前景？

参考文献

[1] 邹涛. 网络与无线通信技术[M]. 北京：人民邮电出版社，2004.

[2] NFC Forum. Smart poster record type definition technical specification[J/OL].2006[2006-07-24]. http://www.nfc-forum.org/specs/.

[3] http://www.iso.org/iso/iso_catalogue/catalogue_tc/catalogue_detail.htm?csnumber=38578[2004-05-21].

[4] 韩丽英，陈绍强. 近距离通信的 SWP 方案及在 SIM 卡中的实现方法[J]. 单片机与嵌入式系统应用，2010 (3): 31-34.

[5] 袁琦，刘东明，徐东升. 近场通信业务技术研究[J]. 电信网技术，2008(1): 1-4.

[6] Giesecke & Devrient. NFC 近场通信技术白皮书.

[7] NFC 方案[R]. 北京首信星网科技有限公司，2009.

[8] Global Platform. Global Platform's Proposition for NFC Mobile: Secure Element Management and Messaging [OL]. White Paper, 2009. http://www.globalplatform.org/documents/ GlobalPlatform_ NFC_Mobile_ White_Paper.pdf.

[9] Global Platform. Global Platform Card Specification Version 2.2[S/OL]. GlobalPlatform, Inc, 2006. http://www.globalplatform.org/.

[10] Carsten Schimanke, Philippe Maugars. Nexperia system solutions with NFC function[OL]. Philips Semiconductors, 2006. http://www.ed-china.com/ ART_8800011007_400003_500003_TS_8d16f08d_02.HTM.

[11] Nicolas Bacca, Pierre Crego. Mobile payments & secure transactions[R]. Mercury Technologies, 2006.

[12] NFC Forum. Near field communication and the NFC forum: the keys to truly interoperable communications[R]. 2007.

[13] NFC Forum. Essentials for successful NFC mobile ecosystems[R]. 2008.

[14] 吴思楠，周世杰，秦志光. 近场通信技术分析[J]. 成都：电子科技大学学报，2007, 36(6): 1296-1299.

[15] 韩露，桑亚楼. NFC 技术及其应用. 移动通信，2008(3):25-28.

[16] NFC Forum. NFC data exchange format (NDEF) technical specification1.0[S/OL]. 2006. http://www.nfc-forum.org/specs/spec_list/ .

[17] NFC Forum. NFC record type definition (RTD) technical specification1.0[S/OL].2006. http://www.nfc-forum.org/specs/spec_list/ .

[18] ISO 18092（ECMA340）. Information technology - Telecommunications and information exchange between systems - near field communication - interface and protocol （NFCIP-1） [S]. Int. Organization for Standardization, Geneva, 2004.

[19] Requirements for single wire protocol NFC handsets 2.0.11[S]. GSM Association, 2008.

[20] PN531/C2. Near field communication （NFC） controller 3.0[DB]. Philips Semiconductors, 2006.

[21] 水木清华研究中心. NFC（近距离通信）产业研究报告[R]，2007.

[22] NFC 技术和应用专题[EB/OL]. http://www.rfidworld.com.cn/.

[23] Near Field Communication White Paper. http://www.ecmainternaional.org.

第8章
UWB 无线通信技术

无线通信技术的飞速发展，给人们日常生活带来极大的便利，同时，人们对无线通信也提出了更高的要求，要求其能够提供更高的传输速率和传输质量。目前一种新的无线通信技术引起了人们的广泛关注，这就是所谓的 UWB（Ultra WideBand，超宽带）技术。正如其名称一样，UWB 技术是一种使用 1 GHz 以上带宽的先进的无线通信技术，被认为是电信热门技术之一。但是 UWB 不是一个全新的技术，它实际上是整合了业界已经成熟的技术，如无线 USB、无线 1394 等连接技术。

与传统通信技术不同的是，UWB 是一种无载波通信技术，即它不采用载波，而是利用纳秒至微微秒级的非正弦波窄脉冲传输数据，因此其所占的频谱范围很宽，适用于高速、近距离的无线个人通信。另外，它具有的传输速率高、空间容量大，以及良好的共存性和保密性等众多优点，使得它在雷达、通信及军事应用等方面也展现了优越性能。

8.1　UWB 技术概述

8.1.1　UWB 技术的产生与发展

超宽带技术最早可以追溯到 100 年前波波夫和马可尼发明的越洋无线电报的时代。现代意义上的超宽带无线电，又称为冲激无线电（Impulse Radio，IR）技术，出现于 20 世纪 60 年代。超宽带技术出现之后的应用长期仅限于军事、灾害救援搜索、雷达定位及测距等领域。由于超宽带系统能够与其他窄带系统共享频带，从 80 年代开始，随着频带资源的紧张以及对高速通信的需求，超宽带技术开始应用于无线通信领域。超宽带技术在历史上还有一些其他的名称，如冲击雷达（Impulse Radar）、基带脉冲、无载波技术等，这是因为在早期超宽带信号通常不用正弦载波调制的窄脉冲，上述名称反映了当时超宽带信号的这个典型特点。

1989 年，美国国防部高级研究计划署（DARPA）首先采用超宽带这一术语，并规定：

若信号在−20 dB 处的绝对带宽大于 1.5 GHz 或相对带宽大于 25%，则该信号为超宽带信号。此后，超宽带这个术语才被沿用下来。绝对带宽和相对带宽定义为

$$绝对带宽 = f_H - f_L \tag{8.1}$$

$$相对带宽 = \frac{f_H - f_L}{(f_H + f_L)/2} \tag{8.2}$$

图 8.1 给出了带宽计算示意图，其中，f_H 为信号在−20 dB 辐射点对应的上限频率、f_L 为信号在−20 dB 辐射点对应的下限频率。可见，UWB 是指具有很高带宽比（射频带宽与其中心频率之比）的无线电技术。

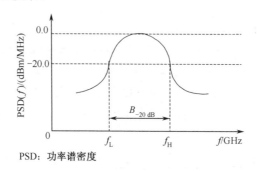

图 8.1　信号带宽计算示意图

2002 年，美国联邦通信委员会（FCC）发布了超宽带无线通信的初步规范，正式解除了超宽带技术在民用领域的限制。这是超宽带技术真正走向商业化的一个里程碑，也极大地激发了相关学术研究和产业化进程。FCC 对于 UWB 信号进行了重新定义，规定 UWB 为任何相对带宽（信号带宽与中心频率之比）大于 20%或−10 dB 绝对带宽大于 500 MHz，并满足 FCC 功率谱密度限制要求的信号。当前人们所说的 UWB 是指 FCC 给出的新定义。根据 UWB 系统的具体应用，分为成像系统、车载雷达系统、通信与测量系统三大类。根据 FCC Part15 规定，UWB 通信系统可使用频段为 3.1～10.6 GHz。为保护现有系统（如 GPRS、移动蜂窝系统、WLAN 等）不被 UWB 系统干扰，针对室内、室外不同应用，对 UWB 系统的辐射谱密度进行了严格限制，规定 UWB 系统的最高辐射谱密度为−41.3 dBm/MHz。图 8.2 示出了 FCC 对室内、室外 UWB 系统的辐射功率谱密度限制。

从 2002 年至今，新技术和系统方案不断涌现，出现了基于载波的多带脉冲无线电超宽带（IR-UWB）系统、基于直扩码分多址（DS-CDMA）的 UWB 系统、基于多带正交频分复用（MB-OFDM）的 UWB 系统等。在产品方面，Time-Domain、XSI、Freescale、英特尔等公司纷纷推出 UWB 芯片组，超宽带天线技术也日趋成熟。当前，UWB 技术已成为短距离、高速无线连接最具竞争力的物理层技术。IEEE 已经将 UWB 技术纳入其 IEEE 802 系列无线标准，正在加紧制定基于 UWB 技术的高速无线个域网（WPAN）标准 IEEE 802.15.3a

和低速无线个域网标准 IEEE 802.15.4a。以英特尔领衔的无线 USB 促进组织制定的基于 UWB 的 W-USB2.0 标准即将出台。无线 1394 联盟也在制定基于 UWB 技术的无线标准。在未来的几年中，UWB 可能成为无线个域网、无线家庭网络、无线传感器网络等短距离无线网络中占据主导地位的物理层技术之一。表 8.1 列出 UWB 技术与其他短距离无线通信技术的比较。

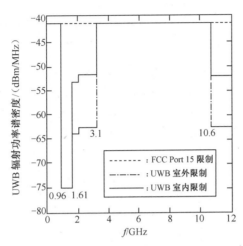

图 8.2　FCC 对室内、室外 UWB 系统的辐射限制

表 8.1　UWB 技术与其他短距离无线通信技术的比较

	传输速率/Mbps	功耗/mW	传输距离/m	频段/GHz
蓝牙	≤1	1～100	100	2.402～2.48
IEEE 802.11b	11	200	100	2.4
IEEE 802.11a	54	40～800	20	5
IEEE 802.11g	54	65	50	2.4
UWB	≥480	≤1	≤10	3.1～10.6

8.1.2　UWB 的技术特点

由于 UWB 与传统通信系统相比，工作原理迥异，因此 UWB 具有如下传统通信系统无法比拟的技术特点。

1. 传输速率高，空间容量大

根据香农（Shannon）信道容量公式，在加性高斯白噪声（AWGN）信道中，系统无差错传输速率的上限为

$$C = B \times \log_2(1 + \text{SNR}) \tag{8.3}$$

式中，B 为信道带宽（单位为 Hz），SNR 为信噪比。在 UWB 系统中，信号带宽 B 高达 500 MHz～7.5 GHz。因此，即使信噪比 SNR 很低，UWB 系统也可以在短距离上实现几百兆至 1 Gbps 的传输速率。例如，如果使用 7 GHz 带宽，即使信噪比低至−10 dB，其理论信道容量也可达到 1 Gbps。因此，将 UWB 技术应用于短距离高速传输场合（如高速 WPAN）是非常合适的，可以极大地提高空间容量。理论研究表明，基于 UWB 的 WPAN 可达的空间容量比目前 WLAN 标准 IEEE 802.11.a 高出 1～2 个数量级。

UWB 以非常宽的频率带宽来换取高速的数据传输，并且不单独占用现在已经拥挤不堪的频率资源，而是共享其他无线技术使用的频带。在军事应用中，可以利用巨大的扩频增益来实现远距离、低截获率、低检测率、高安全性和高速的数据传输。

2. 适合短距离通信

按照 FCC 规定，UWB 系统的可辐射功率非常有限，3.1～10.6 GHz 频段总辐射功率仅 0.55 mW，远低于传统窄带系统。随着传输距离的增加，信号功率将不断衰减。因此，接收信噪比可以表示成传输距离 d 的函数 SNR(d)。根据香农公式，信道容量可以表示为距离的函数，即

$$C(d) = B \times \log_2[1 + \text{SNR}(d)] \tag{8.4}$$

另外，超宽带信号具有极其丰富的频率成分。众所周知，无线信道在不同频段表现出不同的衰落特性。由于随着传输距离的增加高频信号衰落极快，这导致 UWB 信号产生失真，从而严重影响系统性能。研究表明，当收发信机之间距离小于 10 m 时，UWB 系统的信道容量高于 5 GHz 频段的 WLAN 系统，收发信机之间距离超过 12 m 时，UWB 系统在信道容量上的优势将不复存在。因此，UWB 系统特别适合短距离通信。

3. 具有良好的共存性和保密性

由于 UWB 系统辐射谱密度极低（小于−41.3 dBm/MHz），一般把信号能量弥散在极宽的频带范围内。对传统的窄带系统来讲，UWB 信号谱密度甚至低至背景噪声电平以下，UWB 信号对窄带系统的干扰可以视为宽带白噪声。因此，UWB 系统与传统的窄带系统有着良好的共存性，这对提高日益紧张的无线频谱资源的利用率是非常有利的。同时，极低的辐射谱密度使 UWB 信号具有很强的隐蔽性，很难被截获，采用编码对脉冲参数进行伪随机化后，脉冲的检测将更加困难，这对提高通信保密性是非常有利的。

4. 多径分辨能力强，定位精度高

由于常规无线通信的射频信号大多为连续信号或其持续时间远大于多径传播时间，多径传播效应限制了通信质量和数据传输速率。UWB 信号采用持续时间极短的窄脉冲，其时

间、空间分辨能力都很强。因此，UWB 信号的多径分辨率极高。极高的多径分辨率赋予了 UWB 信号高精度的测距、定位能力。对于通信系统，必须辩证地分析 UWB 信号的多径分辨率。无线信道的时间选择性和频率选择性是制约无线通信系统性能的关键因素。在窄带系统中，不可分辨的多径将导致衰落，而 UWB 信号可以将它们分开并利用分集接收技术进行合并，因此 UWB 系统具有很强的抗衰落能力。但 UWB 信号极高的多径分辨率也导致信号能量产生严重的时间弥散（频率选择性衰落），接收机必须通过牺牲复杂度（增加分集重数）以捕获足够的信号能量。这将对接收机设计提出严峻挑战。在实际的 UWB 系统设计中，必须折中考虑信号带宽和接收机复杂度，以得到理想的性价比。

冲激脉冲具有很高的定位精度，采用超宽带无线电通信，很容易将定位与通信合一，而常规无线电难以做到这一点。超宽带无线电具有极强的穿透能力，可在室内和地下进行精确定位，而 GPS 定位系统只能工作在 GPS 定位卫星的可视范围之内；与 GPS 提供绝对地理位置不同，超短脉冲定位器可以给出相对位置，其定位精度可达厘米级，此外，超宽带无线电定位器更为便宜。

5. 体积小、功耗低

传统的 UWB 技术无须正弦载波，数据被调制在纳秒级或亚纳秒级基带窄脉冲上传输，接收机利用相关器直接完成信号检测。收发信机不需要复杂的载频调制/解调电路和滤波器。因此，可以大大降低系统复杂度，减小收发信机体积和功耗。

UWB 系统使用间歇的脉冲来发送数据，脉冲持续时间很短，一般在 0.20～1.5 ns，占空因数很小，系统耗电可以做到很低，在高速通信时系统的耗电量仅为几百微瓦到几十毫瓦。民用的 UWB 设备功率一般是传统移动电话所需功率的 1/100 左右，是蓝牙设备所需功率的 1/20 左右，军用的 UWB 电台耗电也很低。因此，UWB 设备在电池寿命和电磁辐射上，相对于传统无线设备有着很大的优越性。

6. 系统结构的实现比较简单

当前的无线通信技术所使用的通信载波是连续的电波，载波的频率和功率在一定范围内变化，从而利用载波的状态变化来传输信息。而 UWB 则不使用载波，它通过发送纳秒级脉冲来传输数据信号。UWB 发射器直接用脉冲小型激励天线，不需要传统收发器所需要的上变频，从而不需要功用放大器与混频器，因此 UWB 允许采用非常低廉的宽带发射器。同时在接收端，UWB 接收机也有别于传统的接收机，不需要中频处理，因此 UWB 系统结构的实现比较简单。

在工程实现上，UWB 比其他无线技术要简单得多，可全数字化实现。它只须以一种数学方式产生脉冲，并对脉冲产生调制，而这些电路都可以被集成到一个芯片上，设备的成本很低。

8.1.3　UWB 的信道传播特征

信道测量和建模是进行无线通信系统设计和系统性能评估的基础。无线信道的传播特征通常可通过三个层面进行描述，即路径传播损耗、阴影衰落和多径衰落。前两者反映大/中尺度传播特征，表现为信号平均功率的起伏变化，主要用于链路预算；多径衰落反映信号在小尺度范围的信道传播特征，是影响接收机性能的主要因素。在传统窄带信道中，通常用瑞利（Rayleigh）分布或莱斯（Rice）分布来描述多径信道的衰落分布。由于超宽带（UWB）系统占据极大的带宽，其信道传播特征与传统的无线信道有明显的差异。

从 20 世纪 90 年代中期开始，美国南加州大学的 M.Z.Win、R.A.Scholtz 等人率先开始研究超宽带脉冲在典型室内环境中的传播特征。2001 年，D.Cassioli、M.Z.Win 等人首先提出了一种基于时域窄脉冲测量方法得到的统计抽头延时线模型（STDL），其时间分辨率为 2 ns，反映典型室内环境 1 GHz 频段的信道传播特征，多径衰落服从纳卡伽米（Nakagami）分布。UWB 技术向民用领域的开放极大地促进了 UWB 信道测量和建模工作的开展，测量频率范围延伸至 11 GHz 甚至更高，测试环境涵盖了家庭、办公室、实验室、工厂等。根据测试结果，先后提出了频域自回归（AR）模型、Δ-K 模型、修正的 Saleh-Valenzuela（简记为 S-V）模型等一系列反映 UWB 特征的多径信道模型。英特尔公司的 JeffFoerster 等人根据 2～8 GHz 频段测试数据提出的修正 S-V 模型是最具代表性的 UWB 信道模型，其时间分辨率为 0.167 ns，多径衰落分布服从对数正态（Log-Normal）分布，该模型被 IEEE 确定为 IEEE 802.15.3a 的标准信道。根据文献报道的若干信道测量结果，表 8.2 列出了 UWB 信道的主要特征参数并与传统窄带信道进行了比较。由表 8.2 可见，UWB 信道的均方根时延扩展远小于窄带信道；由于 UWB 信号多径分辨率极高，多径信号衰落分布不再服从 Rayleigh 分布，而演化为 Nakagami、Log-Normal 等分布；信号衰落范围只有 5 dB 左右，远小于窄带信道；阴影衰落比窄带信道明显改善。这充分反映了 UWB 信号的抗衰落特征。

表 8.2　典型 UWB 信道与传统窄带信道参数比较

信道参数	链路条件	UWB 信道	窄带信号
均方根时延扩展/ns	LOS	4～12	10～100
均方根时延扩展/ns	NLOS	8～19	<200
衰落分布	LOS	Nakagami、Log-Normal 等	Rice
衰落分布	NLOS	Nakagami、Log-Normal 等	Rayleigh
路径损耗指数/dB	LOS	1.5～2	1～3
路径损耗指数/dB	NLOS	2.4～4	2.1～6
阴影衰落标准差/dB	LOS	1.1～2.1	3～6
阴影衰落标准差/dB	NLOS	2～5.9	6～12
衰落范围/dB		5	25

8.2   UWB 的关键技术

8.2.1 UWB 的脉冲成形技术

任何数字通信系统，都要利用与信道匹配良好的信号携带信息。对于线性调制系统，已调制信号可以统一表示为

$$s(t) = \sum_n I_n g(t - T) \tag{8.5}$$

式中，I_n 为承载信息的离散数据符号序列；T 为数据符号持续时间；$g(t)$ 为时域成形波形，通信系统的工作频段、信号带宽、辐射谱密度、带外辐射、传输性能、实现复杂度等诸多因素都取决于 $g(t)$ 的设计。

对于 UWB 通信系统，成形信号 $g(t)$ 的带宽必须大于 500 MHz，且信号能量应集中于 3.1～10.6 GHz 频段。早期的 UWB 系统采用纳秒/亚纳秒级无载波高斯单周脉冲，信号频谱集中于 2 GHz 以下。FCC 对 UWB 的重新定义和频谱资源分配对信号成形提出了新的要求，信号成形方案必须进行调整。近年来，出现了许多行之有效的方法，如基于载波调制的成形技术、Hermit 正交脉冲成形、椭圆球面波（PSWF）正交脉冲成形等。

1．高斯单周脉冲

高斯单周脉冲即高斯脉冲的各阶导数，是最具代表性的无载波脉冲。各阶脉冲波形均可由高斯 1 阶导数通过逐次求导得到。

随着脉冲信号阶数的增加，过零点数逐渐增加，信号中心频率向高频移动，但信号的带宽无明显变化，相对带宽逐渐下降。早期 UWB 系统采用 1 阶、2 阶脉冲，信号频率成分从直流延续到 2 GHz。按照 FCC 对 UWB 的新定义，必须采用 4 阶以上的亚纳秒脉冲方能满足辐射谱要求。图 8.3 为典型的 2 ns 高斯单周脉冲。

2．载波调制的成形技术

从原理上讲，只要信号−10 dB 带宽大于 500 MHz 即可满足 UWB 要求。因此，传统的用于有载波通信系统的信号成形方案均可移植到 UWB 系统中。此时，超宽带信号设计转化为低通脉冲设计，通过载波调制可以将信号频谱在频率轴上灵活地搬移。

有载波的成形脉冲可表示为

$$w(t) = p(t)\cos(2\pi f_c t), \qquad 0 \leqslant t \leqslant T_p \tag{8.6}$$

式中，$p(t)$ 为持续时间为 T_p 的基带脉冲；f_c 为载波频率，即信号中心频率。若基带脉冲 $p(t)$

的频谱为 $P(f)$，则最终成形脉冲的频谱为

$$W(f) = \frac{1}{2}P(f + f_c) + \frac{1}{2}P(f - f_c) \tag{8.7}$$

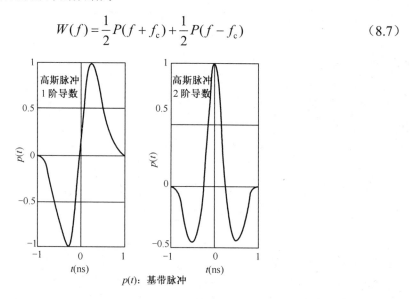

$p(t)$：基带脉冲

图 8.3　典型的 2 ns 高斯单周脉冲

可见，成形脉冲的频谱取决于基带脉冲 $p(t)$，只要使 $p(t)$的−10 dB 带宽大于 250 MHz，即可满足 UWB 设计要求。通过调整载波频率 f_c 可以使信号频谱在 3.1～10.6 GHz 范围内灵活移动。若结合跳频（FH）技术，则可以方便地构成跳频多址（FHMA）系统。在许多 IEEE 802.15.3a 标准提案中采用了这种脉冲成形技术。图 8.4 为典型的有载波修正余弦脉冲，中心频率为 3.35 GHz，−10 dB 带宽为 525 MHz。

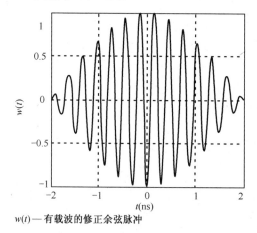

$w(t)$—有载波的修正余弦脉冲

图 8.4　有载波修正余弦脉冲

3. Hermite 正交脉冲

Hermite 脉冲是一类最早被提出用于高速 UWB 通信系统的正交脉冲成形方法，结合多进制脉冲调制可以有效地提高系统传输速率，这类脉冲波形是由 Hermite 多项式导出的。这种脉冲成形方法的特点在于：能量集中于低频，各阶波形频谱相差大，需借助载波搬移频谱方可满足 FCC 要求。

4. PSWF 正交脉冲

PSWF 脉冲是一类近似的"时限-带限"信号，在带限信号分析中有非常理想的效果。与 Hermite 脉冲相比，PSWF 脉冲可以直接根据目标频段和带宽要求进行设计，不需要复杂的载波调制进行频谱搬移。因此，PSWF 脉冲属于无载波成形技术，有利于简化收发信机复杂度。

8.2.2 UWB 的调制与多址技术

超宽带（UWB）技术的出现，实现了短距离内超宽带、高速的数据传输，其调制方式及多址技术的特点使得它具有其他无线通信技术无法具有的很宽的带宽、高速的数据传输、功耗低、安全性能高等特点。

调制方式是指信号以何种方式承载信息，它不但决定着通信系统的有效性和可靠性，同时也影响信号的频谱结构、接收机复杂度。对于多址技术解决多个用户共享信道的问题，合理的多址方案可以在减小用户间干扰的同时极大地提高多用户容量。在 UWB 系统中采用的调制方式可以分为两大类：基于超宽带脉冲的调制、基于 OFDM 的正交多载波调制。多址技术包括跳时多址、跳频多址、直扩码分多址、波分多址等，在系统设计中，可以对调制方式与多址方式进行合理的组合。

1. UWB 调制技术

（1）脉位调制。脉位调制（PPM）是一种利用脉冲位置承载数据信息的调制方式。按照采用的离散数据符号状态数可以分为二进制 PPM（2PPM）和多进制 PPM（MPPM）。在这种调制方式中，一个脉冲重复周期内脉冲可能出现的位置有 2 个或 M 个，脉冲位置与符号状态一一对应。根据相邻脉位之间距离与脉冲宽度之间关系，又可分为部分重叠的 PPM 和正交 PPM（OPPM）。在部分重叠的 PPM 中，为保证系统传输可靠性，通常选择相邻脉位互为脉冲自相关函数的负峰值点，从而使相邻符号的欧氏距离最大化。在 OPPM 中，通常以脉冲宽度为间隔确定脉位。接收机利用相关器在相应位置进行相干检测。鉴于 UWB 系统的复杂度和功率限制，实际应用中，常用的调制方式为 2PPM 或 2OPPM。

PPM 的优点在于：它仅需根据数据符号控制脉冲位置，不需要进行脉冲幅度和极性的控制，便于以较低的复杂度实现调制与解调。因此，PPM 是早期 UWB 系统广泛采用的调制方式。但是，由于 PPM 信号为单极性，其辐射谱中往往存在幅度较高的离散谱线。如果不对这些谱线进行抑制，将很难满足 FCC 对辐射谱的要求。

（2）脉幅调制。脉幅调制（PAM）是数字通信系统最为常用的调制方式之一。在 UWB 系统中，考虑到实现复杂度和功率有效性，不宜采用多进制 PAM（MPAM）。UWB 系统常用的 PAM 有两种方式：开关键控（OOK）和二进制相移键控（BPSK）。前者可以采用非相干检测降低接收机复杂度，而后者采用相干检测可以更好地保证传输的可靠性。

与 2PPM 相比，在辐射功率相同的前提下，BPSK 可以获得更高的传输可靠性，且辐射谱中没有离散谱线。

（3）波形调制。波形调制（PWSK）是结合 Hermite 脉冲等多正交波形提出的调制方式。在这种调制方式中，采用 M 个相互正交的等能量脉冲波形携带数据信息，每个脉冲波形与一个 M 进制数据符号对应。在接收端，利用 M 个并行的相关器进行信号接收，利用最大似然检测完成数据恢复。由于各种脉冲能量相等，因此可以在不增加辐射功率的情况下提高传输效率。在脉冲宽度相同的情况下，可以达到比 MPPM 更高的符号传输速率。在符号速率相同的情况下，其功率效率和可靠性高于 MPAM。由于这种调制方式需要较多的成形滤波器和相关器，其实现复杂度较高，因此在实际系统中较少使用，目前仅限于理论研究。

（4）正交多载波调制。传统意义上的 UWB 系统均采用窄脉冲携带信息。FCC 对 UWB 的新定义拓广了 UWB 的技术手段，原理上讲，–10 dB 带宽大于 500 MHz 的任何信号形式均可称为 UWB。在 OFDM 系统中，数据符号被调制在并行的多个正交子载波上传输，数据调制/解调采用快速傅里叶变换/快速傅里叶逆变换（FFT/IFFT）实现。由于具有频谱利用率高、抗多径能力强、便于 DSP 实现等优点，OFDM 技术已经广泛应用于数字音频广播（DAB）、数字视频广播（DVB）、WLAN 等无线网络中，且被作为 B3G/4G 蜂窝网的主流技术。

2．UWB 多址技术

（1）跳时多址。跳时多址（THMA）是最早应用于 UWB 通信系统的多址技术，它可以方便地与 PPM 调制、BPSK 调制相结合形成跳时-脉位调制（TH-PPM）、跳时-二进制相移键控系统方案。这种多址技术利用了 UWB 信号占空比极小的特点，将脉冲重复周期（T_f，又称为帧周期）划分成 N_h 个持续时间为 T_c 的互不重叠的码片时隙，每个用户利用一个独特的随机跳时序列在 N_h 个码片时隙中随机选择一个作为脉冲发射位置。在每个码片时隙内可以采用 PPM 调制或 BPSK 调制。接收端利用与目标用户相同的跳时序列跟踪接收。

由于用户跳时码之间具有良好的正交性，多用户脉冲之间不会发生冲突，从而避免多用户干扰。将跳时技术与 PPM 结合可以有效地抑制 PPM 信号中的离散谱线，达到平滑信号频谱的作用。由于每个帧周期内可分的码片时隙数有限，当用户数很大时必然产生多用户干扰，因此如何选择跳时序列是非常重要的问题。

（2）直扩-码分多址。直扩-码分多址（DS-CDMA）是 IS-95 和 3G 移动蜂窝系统中广泛采用的多址方式，这种多址方式同样可以应用于 UWB 系统。在这种多址方式中，每个用户使用一个专用的伪随机序列对数据信号进行扩频，用户扩频序列之间互相关很小，即使用户信号间发生冲突，解扩后互干扰也会很小。但由于用户扩频序列之间存在互相关，远近效应是限制其性能的重要因素，因此在 DS-CDMA 系统中需要进行功率控制。在 UWB 系统中，DS-CDMA 通常与 BPSK 结合。

（3）跳频多址。跳频多址（FHMA）是结合多个频分子信道使用的一种多址方式，每个用户利用专用的随机跳频码控制射频频率合成器，以一定的跳频图案周期性地在若干个子信道上传输数据，数据调制在基带完成。若用户跳频码之间无冲突或冲突概率极小，则多用户信号之间在频域正交，可以很好地消除用户间干扰。从原理上讲，子信道数量越多则容纳的用户数量越大，但这是以牺牲设备复杂度和功耗为代价的。在 UWB 系统中，将 3.1～10.6 GHz 频段分成若干个带宽大于 500 MHz 的子信道，根据用户数量和设备复杂度要求选择一定数量的子信道和跳频码解决多址问题。FHMA 通常与多带脉冲调制或 OFDM 相结合，调制方式采用 BPSK 或正交移相键控（QPSK）。

（4）PWDMA。PWDMA 是结合 Hermite 等正交多脉冲提出的一种波分多址方式，每个用户分别使用一种或几种特定的成形脉冲，调制方式可以是 BPSK、PPM 或 PWSK。由于用户使用的脉冲波形之间相互正交，在同步传输的情况下，即使多用户信号间相互冲突也不会产生互干扰。通常正交波形之间的异步互相关不为零，因此在异步通信的情况下用户间将产生互干扰。目前，PWDMA 仅限于理论研究，尚未进入实用阶段。

基于超宽带（UWB）技术自身的特点，UWB 在短距离无线连接领域将有广阔的发展前景。

8.2.3　UWB 接收机的关键技术

UWB 信道严重的频率选择性衰落特征和 UWB 系统的低辐射功率限制对接收机设计提出严峻的挑战。为优化接收机设计，必须对定时同步、信道估计、接收机结构等若干关键技术进行深入研究。图 8.5 以 UWB 系统为例，给出了简化的接收机框图。

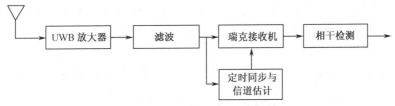

图 8.5　基于脉冲的 UWB 系统接收机框图

1. 定时同步

定时同步是 UWB 通信系统中至关重要的问题，定时偏差和抖动将严重影响接收机性能。一般定时同步分为捕获和跟踪两个阶段。在捕获阶段，要求接收机快速搜索信号到达时间，并根据搜索结果调整接收机定时；在同步跟踪阶段，接收机对微小的定时偏差进行补偿以保持同步。在 UWB 系统中，由于信号持续时间非常短，且信号功率很低，使同步捕获和跟踪变得相当困难。UWB 信道的密集多径特征进一步增加了定时同步的复杂性。

总体上讲，目前提出的 UWB 系统定时同步方法可以分为两大类：数据辅助的定时同步（Data Aided）和盲定时同步（Non-data Aided）。数据辅助的同步方法借助于事先设计的导符号训练序列进行定时捕获和跟踪，采用的训练序列有 M 序列、Gold 序列、巴克码等，结合判决反馈的方法可以进一步提高跟踪精度。这类同步方法的优点在于捕获速度较快、跟踪精度高，但在系统带宽效率和功率效率上付出较大的代价。盲定时同步借助于超宽带信号内在的循环平稳特征进行定时捕获和跟踪，不使用任何预知的训练符号。这类方法在系统带宽效率和功率效率上高于数据辅助的同步方法，但捕获速度和同步性能会有所下降。

上述两类同步方法都是采用滑动相关寻找峰值的办法，区别在于使用的相关器模板和先验信息。每种方法在具体实现上又可分为串行搜索和并行搜索。串行搜索仅采用一路相关器对接收信号进行同步捕获，具有实现复杂度低的特点，但同步捕获所需时间较长。并行搜索将帧时间分为几个时间片段，采用并行的几个相关器同时进行捕获，因此具有捕获速度快的特点，但在实现复杂度上要付出一定代价。在搜索策略上又分为线性搜索、随机搜索、反码跳序搜索等。线性搜索实现最简单，但平均捕获时间最长，后两种搜索策略可以在很大程度上加快捕获速度，但要付出一定的复杂度作为代价。

在高速无线个域网（WPAN）等无线网络中，一般采用突发式的包传递模式，因此采用数据辅助的同步方法与并行搜索相结合是比较合理的选择。盲同步方法结合串行搜索比较适合于低成本、低功耗的低速网络。

2. 瑞克接收

UWB 系统的典型应用环境为家庭、办公室等室内密集多径环境，多径信道的最大时延扩展达 200 ns 以上，可分辨多径数量与信号带宽成正比，通常高达几十至上百条。传统的宽带码分多址（WCDMA）系统利用伪随机扩频码的自相关特性分离多径信号，采用瑞克（Rake）接收机捕获、合并可分辨的多径信号能量，从而提高系统在多径衰落信道中的性能。UWB 脉冲信号具有天然的多径分辨能力，因此可以采用瑞克接收技术对抗多径信道引起的时间弥散。若要捕获 85%信道信号能量，往往需要几十甚至上百个瑞克叉指。鉴于 UWB 系统低功耗、低复杂度要求，瑞克接收机的设计应在复杂度和接收机性能之间进行折中考虑。

至今已有很多文章研究瑞克接收机在 UWB 系统中的应用，分析了各种瑞克接收机结构在 UWB 信道中的性能，以及瑞克接收机性能与信号带宽的关系。按瑞克接收机结构可以分为全瑞克（A-Rake）、选择式瑞克（S-Rake）和部分瑞克（P-Rake），合并策略分为等增益合并（EGC）、最大比合并（MRC）。A-Rake 将所有可分辨的多径信号进行合并，S-Rake 在所有可能分辨的多径信号中选择最强的几个进行合并，而 P-Rake 将最先到达的几条径进行合并。EGC 对各径信号以相同的加权合并，而 MRC 根据信道估计结果对各径信号按强度加权合并。就接收机性能而言，A-Rake 优于 S-Rake，S-Rake 优于 P-Rake，MRC 优于 EGC。就复杂度而言，EGC 结合 P-Rake 最为简单，MRC 与 A-Rake 结合实现复杂度最高。综合考虑接收机性能与实现复杂度，S-Rake 与 MRC 结合对高速 UWB 系统是最合适的方案，而 P-Rake 与 EGC 结合特别适合于低成本、低功耗的低速系统。

由于 UWB 信号带宽相当大，收发天线和无线信道往往会引起较严重的信号波形失真。若瑞克接收机仍然采用理想的脉冲波形作为相关器模板，系统性能将有很大的损失。因此，在 UWB 系统中，需要根据接收信号对瑞克接收机相关器模板进行估计和修正。一种较为实用的方法是将实测得到的 UWB 脉冲波形作为相关器模板。

信号带宽的选择也将影响瑞克接收机的复杂度和性能。仿真结果表明，若信号带宽在 500 MHz 左右，4～6 叉指 MRCS-Rake 的性能已非常接近 MRCA-Rake，若信号带宽在几个吉赫兹，则所需瑞克叉指数高达数十个。

3．信道估计

在数字通信系统中，若采用非相干检测则可以简化接收机复杂度，不需要进行复杂的信道估计。但非相干检测比相干检测有高达 3 dB 左右的性能损失，这对功率受限系统尤其难以接受。为了保证系统传输可靠性和功率效率，UWB 系统一般采用相干检测，因此信道估计问题是 UWB 接收技术中的关键问题之一。

在基于脉冲的 UWB 系统中，采用瑞克接收机合并多径信号能量并进行相干检测，信道估计问题即估计多径信号的到达时间和幅度。在基于 OFDM 的 UWB 系统中，接收机根据信道频域响应对每个子信道进行频域均衡后进行相干检测，信道估计问题即估计信道频域响应。

UWB 信道是典型的频率选择性衰落信道，在时域表现为多径弥散且呈现出多径成簇到达的现象。根据利用的先验信息分类，现有的信道估计方法分为数据辅助（Data-aided）的信道估计和盲（Blind）信道估计。数据辅助的信道估计方法利用已知的训练符号进行信道估计，具有估计速度快的特点，但在频谱利用率和功率利用率上付出一定代价。盲信道估计不需要训练符号，利用信号自身的结构特点或数据信息内在的统计特征进行信道估计，但计算复杂度很高，收敛速度通常很慢。

UWB 系统的典型应用环境为室内，与数据传输速率相比，信道的变化速度非常慢，可以看成准静态。因此，对于突发式的包传递模式，采用数据辅助的信道估计方法最为合适，仅需插入少量训练符号即可快速估计信道信息，配合判决反馈可进一步提高估计精度。盲信道估计则比较适合于连续传输模式的网络。

8.3　UWB 的系统方案

UWB 系统方案需要根据具体应用需求、规则约束和信道特征进行优化选择。需要重点考虑的几个内容有频带规划、调制与多址方案、共存性问题、系统复杂度、成本与功耗等。按照美国联邦通信委员会（FCC）规定，UWB 信号的可用带宽为 7.5 GHz，瞬时辐射信号带宽应大于 500 MHz。对于特定的应用，系统频带规划和应用方案需要综合考虑各种因素进行合理选择。目前已有的系统方案可以分为单频带和多频带两种体制，如图 8.6 所示。在多带体制中，根据子带调制方式又可分为多带脉冲调制和多带正交频分复用（OFDM）调制两种方案。目前在 UWB 无线通信系统单频带和多频带两种体制中，多频带体制逐渐成为主流技术，以英特尔和 TI 为主的至少有 20 个公司支持基于 OFDM 技术的多频带体制，并形成了多频带 OFDM 联盟。

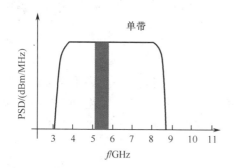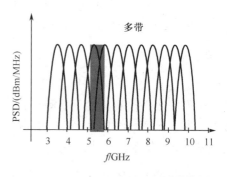

PSD—功率谱密度

图 8.6　单带与多带系统频带规划

8.3.1　单带系统

在单频带系统中，仅使用单一的成形脉冲进行数据传输，信号频谱覆盖免授权频谱3.1～10.6 GHz 的一部分或全部，通常信号带宽高达几吉赫。图 8.7 为单带脉冲 UWB 系统信号示意图。由于信号带宽很大，其多径分辨率很高，抗衰落能力强，采用瑞克接收机可以有效地对抗频率选择性衰落。但由于信号的时间弥散严重，若采用瑞克接收机则需要较多的叉指数，增加了接收机复杂度。同时，在数字接收机中，单带信号对模/数转换器（ADC）的采样率和数字信号处理器（DSP）的处理速度提出很高要求。这在一定程度上将增加系统功耗。为解决共存性问题，单带系统一般采用开槽滤波器对信号进行滤波。从而避免与带内窄带系统相互干扰，但开槽滤波器的设计往往是比较复杂的。XSI 和摩托罗拉公司的方案是单带系统的典型代表，为避免与 UNII 频段（免授权国家信息设施频段）IEEE 802.11a 相互干扰，将 3.1～10.6 GHz 分为高（3.1～5.15 GHz）、低（5.825～10.6 GHz）两个频段，分别使用，避开 UNII 频段不用。

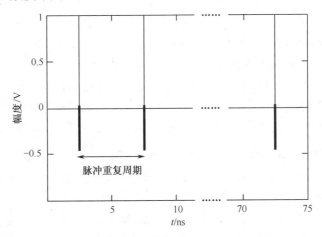

图 8.7 单带脉冲 UWB 系统信号示意图

在单带系统中，调制方式可以采用脉位调制（PPM）、脉幅调制（PAM），多址方式采用跳时多址（THMA）、直扩码分多址（DS-CDMA）。

对于低速系统，由于符号周期比较长，多径信道时延扩展不会引起符号间干扰，此时采用跳时-脉位调制（TH-PPM）、跳时-脉幅调制（TH-PAM）是较合适的 UWB 系统方案。在满足速率要求的前提下，采用二进制脉位调制（2-PPM）、二进制脉幅调制（2-PAM）将有利于降低设备复杂度，采用多进制脉位调制（M-PPM）或多进制脉幅调制（M-PAM）与较低的脉冲重复频率，则有利于克服多径信道引起的符号间干扰。

对于高速系统，由于符号周期较短，多径信道将引起严重的符号间干扰，THMA 的性能严重下降，采用 DS-CDMA 将有利于提高系统可靠性和多用户容量。若符号间干扰非常严重，则需要使用瑞克接收机+均衡器的方案进行消除。

8.3.2 多带系统

多带系统的 3.1～10.6 GHz 频段被划分成若干个 500 MHz 左右的子带。根据具体应用需要，使用部分子带或全部子带进行数据传输。信号成形和数据调制在基带完成，通过射频载波搬移到不同子带。子带数量的增加使射频部分复杂度提高，通常需要复杂的射频频率合成电路和相应的切换控制电路。各子带接收信号经下变频处理后，可以使用相同的基带处理部件和算法完成数据检测。与单带系统相比，由于每个子带比单带信号的带宽小得多，数字接收机对 A/D 转换采样速率和 DSP 计算速度降低了要求。较小的子带信号带宽使系统抗衰落性能有所下降，但捕获多径信号能量所需的瑞克接收机又指数较少。多带系统在共存性和规则适应性方面具有很大的灵活性，为避免与窄带系统相互干扰，可以禁用某些子带，或者配合信道监听技术选择无干扰的子带进行数据传输。

在多带系统中，通常使用跳频技术（FH）解决多址问题。相对于符号速率，跳频速率可分为慢跳和快跳两种方式。慢跳是指跳频速率低于符号传输速率，连续几个符号在同一子带上传输。快跳是指跳频速率高于符号传输速率，每个符号在几个子带上传输。慢跳可以降低频率切换和同步捕获电路的复杂度，但多径信道引起的符号间干扰将影响传输可靠性。快跳可以克服符号间干扰并获得频率分集增益，但增加了频率切换和同步捕获的难度。因此，跳频方式的选择需要在传输速率、传输可靠性、系统复杂度之间进行折中考虑。

按调制方式区分，多带 UWB 系统又可分为多带脉冲无线电（MB-IR）和多带正交频分复用（MB-OFDM）两种方式，图 8.8 和图 8.9 分别为调频 MB-IR 和调频 MB-OFDM 的信号示意图。在 MB-IR 系统中，每个子带利用持续时间极短的窄脉冲携带信息，采用脉位调制（PPM）、脉幅调制（PAM）等调制方式。因此，MB-IR 系统继承了传统脉冲无线电的特点，可以采用瑞克接收机对抗多径信道引起的频率选择性衰落。由于采用了跳频技术，每个子带的脉冲重复频率大大下降，符号间干扰大大减弱，因此不必采用复杂的均衡技术。

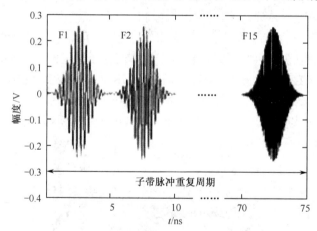

图 8.8 调频 MB-IR 系统信号示意图

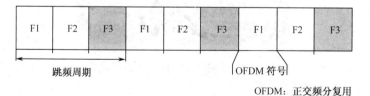

图 8.9 调频 MB-OFDM 系统信号示意图

在 MB-OFDM 系统中，每个子带被划分成若干个等间隔的窄带子信道，借助快速傅里叶逆变换/快速傅里叶变换（IFFT/FFT）进行 OFDM 调制/解调。因此，MB-OFDM 系统具有频谱利用率高、符号持续时间长的特点，借助于循环前缀（CP）可以克服多径信道引入的时延扩展。结合跳频技术、交织技术，MB-OFDM 系统可以进一步在时域和频域获得分集增益。OFDM 系统固有的峰均比问题、同步问题、载波间干扰问题是 MB-OFDM 系统的难点。

8.4   UWB 技术的标准化

8.4.1   UWB 技术标准之争

由于 UWB 有着巨大的发展潜力和广阔的市场应用前景，UWB 的标准之争从其概念提出之时就非常激烈。首先从 2002 年开始的 IEEE 802.15.3 的高速无线个域网标准的制定当中，出于商业利益的争夺，MB-OFDM-UWB 和 DS-UWB 两种方案的竞争就异常激烈。两种 UWB 方案有着本质的区别，无法实现彼此妥协。2006 年 1 月，IEEE 宣布解散 802.15.3 工作组。2007 年 3 月，WiMedia 联盟的 MB-OFDM-UWB 提案通过 ISO 认证，正式成为第一个 UWB 的国际标准；而另一个提案 DS-UWB 事实上已经被放弃，倡导 DS-UWB 方案的 UWB 联盟也随着半导体厂商飞思卡尔的退出而宣布解体，但是其成员 Belkin 等仍然在推动自己的"Cable-FreeUSB"的生产和发展。WiMedia 联盟也重点发展 MB-OFDM-UWB 在无线 USB 等方面的应用。2008 年 11 月，WiMedia 联盟中 UWB 控制器芯片市场的领先厂商 WiQuest 公司倒闭，英特尔随后也宣布停止开发 UWB 芯片，让 MB-OFDM-UWB 技术标准进入了名存实亡的尴尬状态。2009 年 3 月，WiMedia 宣布把现有的 MB-OFDM-UWB 技术规范及尚处开发过程中的 UWB 未来框架技术全部转让给蓝牙技术联盟（SIG）、无线 USB 促进组（Wireless USB Promoter Group）及 USB 开发论坛（USB-IF）三大相关组织。在完成这些技术转移以及一些剩余的营销和管理工作后，WiMedia 联盟组织就会永久性停止运作。

由于两大 UWB 方案标准化的失败，意味着 UWB 作为一项国际性独立技术标准的正式消亡。但其技术并不会被行业弃用，而是以其他无线传输标准底层技术的形式继续被众厂商使用。从现在的情况来看，将 UWB 技术融入其他相关技术组织进行后续开发效率更高。UWB 技术现在已经被嵌入到无线 USB 技术当中，而使用蓝牙协议的 UWB 传输技术也应用在望。由于 WiMedia 联盟厂商基本也都是另外几家无线传输技术组织的成员，该联盟的倒台并不会对这些技术的未来发展产生太大影响。蓝牙技术联盟现在也将注意力从 UWB 转向 60 GHz 无线通信技术，视之为新一代高速无线技术的潜力股；但也有人担心，该技术可能会遭遇和 UWB 相同的命运，因为 60 GHz 无线通信技术现在面临分裂为两个标准阵营的局面：其中之一是 WirelessHD，另一个则是后来成立的 WiGig（Wireless Gigabit）联盟。

8.4.2 DS-UWB 方案

DS-UWB 方案采用脉冲形式，每个脉冲持续时间为几纳秒，利用多个脉冲传送数据信息。由于单个脉冲持续时间较短，所以从频域角度看，信号带宽很宽。在理论分析中，常用二阶高斯函数作为脉冲波形，时域信号和频域波形如图 8.10（a）和图 8.10（b）所示。通过调整脉冲的幅度、位置和极性变化可以用于传递信息。目前主要的单脉冲调制技术包括脉冲幅度调制 PAM、脉冲位置调制 PPM 和跳时直扩二进制相移键控调制（TH/DS-BPSK）等。图 8.10（c）就是一个采用 DS-PAM-UWB 的示意图。传输 "1"、"0" 两个比特信息，每比特利用伪随机码扩展到 10 位的二元序列，采用 PAM 方式调制发送。

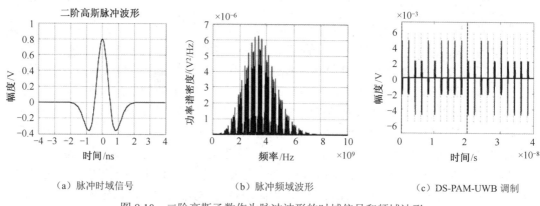

（a）脉冲时域信号　　　　　　（b）脉冲频域波形　　　　　　（c）DS-PAM-UWB 调制

图 8.10　二阶高斯函数作为脉冲波形的时域信号和频域波形

由于 DS-UWB 是无载波调制，所以系统结构的实现比较简单。UWB 通过发送纳秒级脉冲来传输数据信号，其发射器直接用脉冲小型激励天线，不需要功放与混频器；接收端也不需要中频处理。UWB 系统发射脉冲持续时间很短，所以脉冲 UWB 系统功耗很低，适用于如无线传感器网络等的低功耗要求场景；另一方面，UWB 信号的能量扩展到极宽的频带范围内，功率谱密度低于自然的电子噪声所以通信的保密性较强。DS-UWB 的缺点是脉冲波形的可控性较差，由于单个脉冲的覆盖频域很宽，可能会对某些通信设备造成干扰。由于 DS-UWB 的发射功耗较低，低信噪比条件下解调难度较高。以目前的硬条件不能完全利用整个 7.5 GHz 频段，一些设备厂商如索尼生产的 DS-UWB 实验芯片，都工作在 3.1～5 GHz 低频段。

DS-UWB 发射的是持续时间极短的单周期脉冲，占空比极低，多径信号在时间上是可分离的，因此具有很强的抗多径能力。冲激脉冲具有很高的定位精度和穿透能力，采用脉冲超宽带无线电通信，很容易将定位与通信结合，在室内和地下进行精确定位。

8.4.3 MB-OFDM-UWB 方案

MB-OFDM-UWB 方案采用多频带方式,技术上易于实现,频带的利用率高,多个频率子带并列,可以避开某些频带,灵活配置,速率的扩展性好。其技术方案如图 8.11 所示,将 3.1~10.6 GHz 频段分为 14 个子带（Band）,每个子带为 528 MHz,用来发送 128 个载波的 OFDM 信号,每个子载波占用 4.125 MHz 带宽,14 个子带又划分成 5 个子带组（Band Group）,每子带组包含 3 个或 2 个子带,通过在不同子带之间跳转,以取得频率分集,图 8.12（a）和图 8.12（b）分别是一个子带的时域和频域信号。

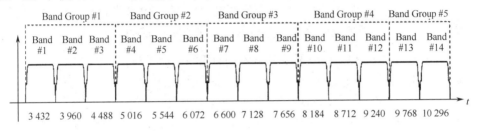

图 8.11　MB-OFDM-UWB 技术方案

MB-OFDM-UWB 使用多个频率子带,可以很方便地避开一些已被使用的频率（如 5.8 GHz 的 WLAN 频段）。MB-OFDM-UWB 方案具有两大特点:首先是抗多径、捕获多径信号的能力强,借助循环前缀克服多径信道引入的时延扩展,用结构较简单接收机,就能在高度多径环境中捕获到更多信号;其次是频谱灵活性强共存性好,MB-OFDM-UWB 信号由 A/D 转换器产生,可用软件动态地打开或关闭某些特定频段,应用于不同国家的 UWB 频谱模板。MB-OFDM-UWB 可以利用已有的一些 OFDM 技术,但也存在自身的问题:该方案利用传统的 OFDM 技术,放弃了脉冲形式,导致其消耗功率要高于 DS-UWB 方案,也没有 DS-UWB 的穿透能力强和保密性高等特点。

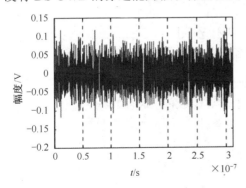

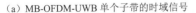

（a）MB-OFDM-UWB 单个子带的时域信号

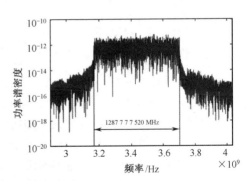

（b）时域信号对应的频域形状

图 8.12　子带的时域和频域信号图

8.5 UWB 的应用及研究方向

8.5.1 UWB 的应用

由于 UWB 具有巨大的数据传输速率优势，同时受发射功率的限制，在短距离范围内提供高速无线数据传输将是 UWB 的重要应用领域，如当前 WLAN 和 WPAN 的各种应用。此外，通过降低数据率提高应用范围，具有对信道衰落不敏感、发射信号功率谱密度低、安全性高、系统复杂度低，能提供数厘米的定位精度等优点。UWB 非常适用于短距离数字化的音/视频无线连接、短距离宽带高速无线接入等相关领域，UWB 的主要应用如下。

（1）短距离（10 m 以内）高速无线多媒体智能局域网和个域网。UWB 过去的应用主要是在军事领域，近些年来，随着技术的开放，UWB 应用遍及个人电脑、消费电子产品及移动通信领域，可以将家庭、办公室或者汽车中的电子设备连接起来，使得设备之间的互通更加便捷。在办公室中，各种计算机、外设和数字多媒体设备根据需要，利用 UWB 技术，可在小范围内动态地组成分布式自组织（Ad hoc）网络协同工作，连接、传送高速多媒体数据，并可通过宽带网关，接入高速互联网或其他网络。这一领域将融合计算机、通信和消费娱乐业，被视为具有超过电话的最大市场发展潜力。

（2）智能交通系统。UWB 系统同时具有无线通信和定位的功能，可以应用于智能交通系统中，为车辆防撞、电子牌照、电子驾照、智能收费、智能网络、测速、监视等应用提供高性能、低成本的解决方案。

（3）军事、公安、消防、医疗、救援、测量、勘探和科研等领域。UWB 用于安全通信、救援应急通信、精确测距和定位、透地探测雷达、穿墙成像、入侵检测、医用成像、储藏罐内容探测等。

（4）传感器网络和智能环境。这种环境包括生活环境、生产环境、办公环境等，主要用于对各种对象（人和物）进行检测、识别、控制和通信。

UWB 系统在很低的功率谱密度情况下，已经证实能够在户内提供超过 480 Mbps 的可靠数据传输。与当前流行的短距离无线通信技术相比，UWB 具有巨大的数据传输速率优势，最大可以提供高达 1 000 Mbps 以上的传输速率。UWB 技术在无线通信方面的创新性、利益性已引起了全球业界的关注。与蓝牙、IEEE 802.11b 等无线通信相比，UWB 可以提供更快、更远、更宽的传输速率，越来越多的研究者投入 UWB 领域，有的单纯开发 UWB 技术，有的开发 UWB 应用，有的兼而有之。特别地，UWB 在家庭数字娱乐领域大有用武之地。在过去的几年里，家庭电子消费产品层出不穷，PC、DVD、DVR、数码相机、数码摄像机、HDTV、PDA、数字机顶盒、MD、MP3、智能家电等出现在普通家庭里。如何把这些相互独立的信息产品有机地结合起来，这是建立家庭数字娱乐中心一个关键技术问题。未来"家庭数字娱乐中心"的概念是：将来住宅中的 PC、娱乐设备、智能家电和 Internet 都连接在一起，人们可以在任何地方更加轻松地使用它们。例如，家庭用户存储的视频数据可以在 PC、DVD、TV、PDA 等设备上共享观看，可以自由地同 Internet 交互信息；可以遥控 PC，让它控制信息家电；也可以通过 Internet 连机，用无线手柄结合音/像设备营造出逼真的虚拟游戏空间。无线连接的桌面设备如图 8.13 所示。在这方面，应用 UWB 技术无疑是一个很好的选择。相信 UWB 技术不仅为低端用户所喜爱，且在一些高端技术领域，在军事需求和商业市场的推动下，UWB 技术将会进一步发展和成熟起来。

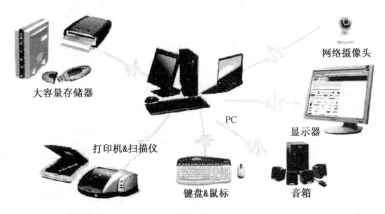

图 8.13 无线连接的桌面设备

8.5.2 UWB 的研究方向

在超宽带无线电极大的吸引力的背后，隐藏着许多极具挑战性的课题。超宽带无线通信技术目前的研究热点主要有以下几个方面。

1．脉冲波形设计和调制理论

脉冲波形设计和信号调制是 UWB 通信系统中的首要环节。面对目前紧张的无线通信资源，UWB 信号必须避免在其所占的频域上对现有无线系统造成干扰，这也是制定频谱规范以利于 UWB 技术推广的初衷。FCC 在 UWB 信号的开放频段 3.1～10.6 GHz 内，限定发射功率谱密度应小于−41.3 dBm/MHz。因此脉冲波形设计应满足频谱规范，同时应尽可能地利用更大带宽。

最常见的 UWB 调制方式包括脉冲幅度调制（PAM）和脉冲位置调制（PPM），其他方式还包括传输参考调制（Transmitted-Reference，TR）、开关键控调制（OOK）、脉冲形状调制（Pulse Shape Modulation）和混沌调制（Chaotic Pulse Position Modulation）等。还有一种与 TR 方式对应的码参考调制（Coded-Reference，CR），码参考和信号具有正交性，能获得良好的解调性能和低复杂度实现。随着光通信技术的发展，基于光脉冲波形产生和调制的 UWB 系统也成了新的研究方向。

2. UWB 天线设计和 MIMO-UWB

UWB 信号占据的带宽很大，在直接发射基带脉冲时，需要对设备功耗和信号辐射功率谱密度提出严格要求，这使得 UWB 通信系统收发天线的设计面临着巨大的挑战。辐射波形角度和损耗补偿、线性带宽、不同频点上的辐射特性、激励波形的选取等都是天线设计中的关键问题。在要求通信终端小型化的应用中，往往要求设计高性能、小尺寸、暂态性能好的 UWB 天线。最近的研究集中在这一应用中的 UWB 天线，出现了多种具有超宽带性能的微带天线、缝隙天线、平面单极天线、频率无关天线等。宽频带和小型化是超宽带天线的两个发展趋势，在宽频带和小型化的同时，增益也要尽量提高，以可信的质量更加有效地达到抗干扰、抗截获的目的。此外，为了减小 WiMax（3.3～3.6 GHz）、WLAN（5.1～5.9 GHz）等窄带通信系统对 UWB 通信系统的干扰，具有频带阻隔特性的陷波 UWB 天线设计成为研究热点。陷波 UWB 天线最初由美国 Schantz 等人于 2003 年提出，可以通过引入寄生单元、分形结构、调谐枝节、开槽等方式实现。这些方式中，开槽结构由于其实现比较简单，且对工作频带内的阻抗匹配影响较小，因而获得广泛应用。开槽形状各异，如直线形槽、C 形槽、V 形槽、U 形槽等，它们的共同原理都是改变天线表面电流的分布，从而达到频率阻隔的效果。编者提出了一种在辐射贴片和接地板上分别开圆弧状 H 槽和 L 形槽来实现双陷波的 UWB 天线结构；进一步地，在此天线背面添加具有开关特性的环形寄生单元还可实现三陷波功能。

以多天线理论为基础的 MIMO 技术是未来无线通信采用的主要技术之一，考虑到 UWB 的技术特点，将二者结合也是极具吸引力的研究方向。利用 MIMO-UWB 的优势，可以提高 UWB 系统容量和增大通信覆盖范围，并能满足高数据速率和更高通信质量的要求。此外，与天线理论相关的波束赋形，以及空时编码、协作分集等在 MIMO-UWB 系统中的应用也得到了较多的关注。

3. 同步捕获技术

在超宽带系统中，同步是极大的难题和挑战，这是因为：超宽带脉冲持续时间极短，很难捕捉；信号能量低（功率受限）；信道环境复杂。

现有的同步算法大致分为两类。

（1）基于相关搜索的同步算法。该类算法存在的问题是：需要高达几 Gbps 甚至几十 Gbps 的采样速率的 A/D 转换器，目前在硬件上无法实现，而且同步时间长。

（2）基于估计的同步算法。该类算法存在的问题是：要么同样需要高达几 Gbps 甚至几十 Gbps 的采样速率的 A/D 转换器，要么可以避免高速率采样，但需要精度在亚纳秒级的延时系统，在硬件上同样无法实现。

4. 信道估计

信道估计的任务是分析和测量信道对发射信号的衰减和延时，信道估计效果的好坏直接影响着 Rake 接收机的工作性能，因此信道估计是分析和设计 UWB 无线通信系统的核心问题之一。

信道估计方法通常分为两类：一类是基于训练序列的信道估计方法；另一类是盲信道估计方法。现有算法存在问题有：一是算法复杂度高，需要多维搜索；二是算法系统复杂度高，如所需处理时延较大或数据处理量较大等。

5. 认知超宽带

认知无线电（Cognitive Radio，CR）是一种智能的无线电技术，它具有学习能力，能与周围环境交互信息，以感知和利用在该空间的可用频谱，并限制和降低冲突的发生。CR与 UWB 都是提高频谱利用率的技术手段，所以 CR 与 UWB 结合，具有广阔的应用场景。认知超宽带是一种基于频谱感知的、具有自适应发射功率谱密度和灵活波形的新型超宽带系统。该系统的基本原理主要利用 CR 能够感知周围频谱环境和 UWB 系统易于数字化软件化的特性，依据感知得到的频谱信息和动态频谱分配策略来自适应地构建 UWB 系统的频谱结构，并生成相应的频谱灵活的自适应脉冲波形，根据信道的状态信息进行自适应的发射与接收。

8.6 本章小结

本章首先概述超宽带技术的产生与发展及其技术特点，由于超宽带（UWB）系统占据极大的带宽，其信道传播特征与传统的无线信道有明显的差异，故详细介绍了 UWB 信道传播特征；接下来对超宽带的关键技术如调制与多址技术和无线脉冲成形技术等做了详细介绍；然后描述了 UWB 的系统和技术方案；最后介绍了 UWB 的应用和研究方向。

UWB 研究已经有多年的历史，虽然目前 UWB 技术的国际化标准进程比较坎坷，但应该注意到 UWB 具有的独特优势：与蓝牙、IEEE 802.11.b 等技术相比，UWB 可以提供更快的传输速率。越来越多的研究者投入到了 UWB 领域，有的单纯开发 UWB 技术，有的开发 UWB 应用，有的兼而有之。相信 UWB 技术，不仅为低端用户所喜爱，且在一些高端技术领域，在军事需求和商业市场的推动下，UWB 技术将会进一步发展和成熟起来。

思考与练习

（1）简述 UWB 技术的发展历程。

（2）简述 UWB 技术的主要技术特点，并用自己的语言阐述 UWB 的技术优势。

（3）超宽带无线通信脉冲成形技术有哪些？各有什么特点？

（4）UWB 调制技术和多址技术有哪些？它们的特点是什么？

（5）单频带系统和多频带系统各自的优缺点是什么？

（6）简述两种高速 UWB 技术方案的特点及各自应用领域。

（7）描述 UWB 的信道传播特性。

（8）简述 UWB 系统定时同步方法。

（9）如何选择瑞克接收机？

（10）如何看待 UWB 的标准化之争以及 UWB 的应用前景？

（11）UWB 技术有哪些应用？

参考文献

[1] 焦胜才. 超宽带通信系统关键技术研究[D]. 北京：北京邮电大学出版社，2006.

[2] 王德强，李长青，乐光新. 超宽带无线通信技术 1[J]. 中兴通信技术，2005, 11(4): 75-78.

[3] 王德强，李长青，乐光新. 超宽带无线通信技术 2[J]. 中兴通信技术，2005, 11(5): 54-58.

[4] 王德强，李长青，乐光新. 超宽带无线通信技术 3[J]. 中兴通信技术，2005, 11(6): 55-59.

[5] 武海斌. 超宽带无线通信技术的研究[J]. 无线电工程，2003, 33(10): 50-53.

[6] 葛利嘉. 超宽带无线电及其在军事通信中的应用前景[J]. 重庆通信学院学报，2000, 19(3): 1- 9.

[7] 刘琪，闫丽，周正. UWB 的技术特点及其发展方向[J]. 现代电信科技，2009(10): 6-10.

[8] T.W. Barrett. History of ultra wide band(UWB)radar and communications: pioneersand innovators[C]// Progress in Electromagnetics Symposium 2000(PIERS2000), 2000.

[9] L.A. De Rosa. Random Impulse System[R].United States Patent Office, 1954.

[10] G.F. Ross. A new wideband antenna receiving element[R]. NREM conference symposium record, 1967.

[11] A.M. Nicholson, G.F. Ross. A new radar concept for short-range application[C]//Proceedings of IEEE first Int. Radar Conference, 1975:146-151.

[12] R.N. Morey. Geophysical survey system employing electromagnetic impulse[OL].United States Patent Office, 1974.

[13] C.L. Bennett, G.F. Ross. Time-domain electromagnetics and its application[J]. Proceedings of the IEEE, 1987, 66(3): 299-318.

[14] R.A. Scholtz. Impulse radio[J].IEEE PIMRC97, 1997.

[15] 美国联邦通信委员会 . FCC: federal communications commission[EB/OL]. Rule Part15, 2003. http://ftp.fcc.gov/oet/info/rules/part15/part15_12_8_03.pdf.

[16] FCC 文献[EB/OL]. http://www.fcc.gov/.

[17] IEEE 802.15 工作组文献[EB/OL]. http:// IEEE 802.org/15/index.html.

[18] 多频带 OFDM 联盟. MBOA: Multi-Band OFDM Alliance[EB/OL] .http://www.mboa.org/.

[19] WiMedia 联盟. http://www.wimedia.org/.

[20] UltraLab. http://ultra.usc.edu/New_Site/.

[21] M.Z. Win, R.A. Scholtz. Ultra-wide bandwidth signal propagation for indoor wireless communications [C]//Proc. IEEE International Conference on Communications, 1997, 1: 56-60.

[22] M.Z. Win, R.A. Scholtz. Impulse radio: how it works[J]. IEEE Communications Letters, 1998, 2(2): 36-38.

[23] R.J. Cramer, M.Z. Win, R.A. Scholtz. Impulse radio multipath characteristics and diversity reception [C]//Conference Record of 1998 IEEE International Conference on Communications, 1998, 98(3): 1650-1654.

[24] H.G. Schantz, G. Wolence, E.M. Myszka. Frequency notched UWB antenna[C]// IEEE Conference on Ultra-Wideband Systems and Technologies, RestonVA, USA, 2003: 214-218.

[25] Lotfi P, Azarmanesh M, and Soltani S. Rotatable dual band-notched UWB/triple-band WLAN reconfigurable antenna[J]. IEEE Antennas and Wireless Propagation Letters, 2013, 12(1): 104-107.

[26] Li Bing, Hong Jing-song, and Wang Bing-zhong. Switched band-notched UWB/dual-band WLAN slot antenna with inverted S-shaped slots [J]. IEEE Antennas and Wireless Propagation Letters, 2012, 11(1): 572-575.

[27] 叶亮华, 褚庆昕. 一种小型的具有良好陷波特性的超宽带缝隙天线[J]. 电子学报，2010. 38(12): 2862-2867.

[28] 施荣华, 徐曦, 董健. 一种双陷波超宽带天线设计与研究[J]. 电子与信息学报，2014,36(2): 482-487.

[29] 董健，胡国强，徐曦，等. 一种可控三陷波超宽带天线设计与研究[J]. 电子与信息学报，2015,37(9):2277-2281.

第 9 章

60 GHz 无线通信技术

尽管超宽带技术将短距离应用的传输速率提升到了百兆比特数量级，但随着近些年数据业务的发展和人们日益增长的需求，众多的室内无线应用还需要更高速率的支持，例如面向高清晰度电视（HDTV）、视频点播、家庭影院、蓝光播放机和高清摄像机的流媒体内容下载服务、高速互联网接入、实时数据传输和无线吉比特以太网等。上述应用所需的数据传输速率为 1～3 Gbps，这促使人们去寻找新的技术解决方案，60 GHz 无线通信技术（本书简写为 60 GHz）应运而生。

60 GHz 短距离无线通信技术是指通信载波频率为 60 GHz 附近的无线通信技术，属于毫米波通信技术，面向 PC、数字家电等应用，能够实现设备间数 Gbps 的超高速无线传输。在无线通信频谱资源越来越紧张，以及数据传输速率越来越高的必然趋势下，60 GHz 频段无线短距离通信技术也越来越受到关注，成为未来无线通信技术中最具潜力的技术之一。

从理论上看，要进一步提升系统容量，增加带宽势在必行。但是 10 GHz 以下无线频谱分配拥挤不堪的现状已完全排除了这种可能，因此，要实现超高速无线数据传输还需开辟新的频谱资源。2000 年以来，欧、美、日等众多国家和地区相继在 60 GHz 附近划分出 5～7 GHz 的免许可、连续频谱用做一般用途，如图 9.1 所示。北美和韩国开放了 57～64 GHz 频段，欧洲和日本开放了 59～66 GHz，澳大利亚开放了 59.4～62.9 GHz，中国目前也开放了 59～64 GHz 的频段。可以看出，在各国和地区开放的频谱中，大约有 5 GHz 的重合，这非常利于开发出世界范围适用的技术和产品。同时，我国开放的 59～64 GHz 频段正好处于这个重合部分中，这一频段上数吉赫的带宽资源奠定了实现吉比特级传输速率的基础，免许可特性又使得用户无须负担昂贵的频谱资源允许费用，因此 60 GHz 通信成为实现超高速室内短距离应用的必然选择，也是相关学术团体和标准化组织的最新研究热点。

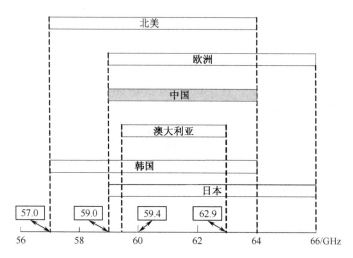

图 9.1　各国和地区对 60 GHz 频谱的划分

9.1　60 GHz 无线通信技术概述

9.1.1　60 GHz 无线通信技术的特点

1. 60 GHz 信号传播特性

说起 60 GHz 无线通信技术的特点，就不得不提到信号特有的传播特性。60 GHz 电磁波属于毫米波范畴，其传播特性和 10 GHz 以下的无线信号有明显区别，主要表现在以下几方面。

（1）路径损耗极大。电磁波的传播损耗随波长成二次方变化，因此同样传输距离下，60 GHz 电磁波比 2.4 GHz 要多出 28 dB 的路径损耗。

（2）氧气吸收损耗高。电磁波在发送和接收天线之间传输时存在的另一种损耗是大气吸收，水蒸气和氧气是产生这种衰减的主要因素。氧气吸收损耗的大小随电磁波的频率而变，60 GHz 附近正好是一个氧气吸收峰值带，此处因氧气产生的吸收损耗高达 7～15.5 dB/km。

（3）绕射能力差、穿透性差。60 GHz 毫米波的波长较短，仅有 5 mm 左右，所以绕射能力差，容易受到障碍物的遮挡。同时，物体对毫米波的衰减也会更大，导致信号穿透障碍物的能力减弱。表 9.1 对比了各种材料对毫米波和低频电磁波的穿透损耗。此外，测量显示 PC 显示器之类的金属物体对 60 GHz 信号的衰减在 40 dB 以上。

表 9.1　障碍物穿透损耗

物　　质	60 GHz 信号（dB/cm）	2.5 GHz 信号（dB/cm）
石膏板	2.4	2.1
白板	5.0	0.3
玻璃	11.3	20.0
网眼玻璃	31.9	24.1

2．60 GHz 无线通信技术特点

60 GHz 信号传输损耗高、绕射能力差的特点决定了它只适合进行短距离视距（LOS）通信，并且需要采用一些相应的技术措施来克服其不利影响和提升系统性能，如定向波束成形、多跳中继、空间复用等。

（1）定向发射和接收。为了对抗信号传输过程中面临的高路径损耗和吸收损耗，可以加大发射功率、减小接收端噪声或者增加收发天线增益，但是实际设备在提高发射功率和抑制噪声方面都受到了很大的限制，因此一般只能采用高增益的定向天线来大幅补偿 60 GHz 信号额外增加的 20 dB 损耗。幸运的是，与 2.4 GHz 相比，60 GHz 频段上更容易使用多天线波束成型技术实现高天线增益，这是因为 60 GHz 信号波长更短，天线之间的距离可以做得很近，同样的面积上能够放置更多的天线单元，简单灵活的波束成型算法很容易实现 10～20 dB 的方向性增益。小体积的天线阵列还可以同时配置在接入点和用户终端，收发定向天线联合就能实现 20～40 dB 的定向增益，足以弥补信号传输中的高损耗。

定向发射和接收为 60 GHz 无线通信带来了巨大的好处：首先，它能显著减小信号多径时延扩展，并在一定程度上简化收发信机物理层设计；其次，定向发射意味着干扰区域的减小，同时毫米波的高衰减特性也缩短了信号的干扰距离，不同链路之间的干扰大为降低。这使得 60 GHz 无线通信在通信的安全性和抗干扰性方面存在天然的优势。

但是，定向发射和接收也给系统带来一个很大的麻烦，即出现因收发设备初始天线方向没有对准而产生的"听不见（Deafness）"现象，此时需要在 MAC 协议设计中专门考虑决定向通信环境下的设备发现、网络初始化操作等问题。

（2）多跳中继。由于 60 GHz 信号的绕射能力和穿透性差，室内环境中的常见物体，如家具、墙壁、门和地板等都会阻断信号传输。因此，毫米波通信主要建立在视距通信的基础上，而且决定信号的实际覆盖范围往往不是电磁波在自由空间的传播损耗，而是穿透损耗，其有效通信范围常常仅限于一个房间之内。同时，室内人体的移动也会对信号传播造成很大影响。当视距（LOS）通路被人体遮挡时，信号会额外产生 15 dB 甚至更高的衰减，从而导致正在进行的通信中断。为了扩大 60 GHz 无线通信网络覆盖范围并保持足够高的强健性，可以借助中继利用协同或多跳等方式来进行组网。只要在一些关键的位置上布置很

少的中继，通过节点之间的接力即可绕过障碍物，保持整个网络的连通性。有实验表明，4 跳 60 GHz 无线通信系统已实现与 WLAN 相同的覆盖范围，并保持数吉比特每秒的超高速率。

（3）空间复用。定向链路之间的低干扰特性意味着 60 GHz 无线通信网络具有很大的空间复用潜力，即允许多条同频通信链路在同一空间内共存，从而有效提升网络容量。这一特性对于办公室或公共场所等密集通信场景尤为重要，此时需要在一个很小的空间内同时提供多条数吉比特每秒的数据连接，必须借助空间复用能力才能实现。

（4）单载波调制与 OFDM。在 60 GHz 无线通信系统物理层技术方案的选择上，目前有单载波调制和 OFDM 两大备选技术。由于 60 GHz 无线通信采用定向视距传输，多径效应不是主要问题，OFDM 技术并无明显优势，而且具有高峰均功率比、对相位噪声敏感及能耗较高等缺点。两种技术有大致相当的频谱效率，可以根据不同的应用和场景结合使用。例如，单载波调制实现成本低，可适于速率 2 Gbps 以下的低端应用。

9.1.2　60 GHz 无线通信的优势

1. 抗干扰能力强和安全性高

氧气对无线信号的吸收在 60 GHz 达到峰值，传输路径的自由空间损耗在 60 GHz 附近频率时约有 15 dB/km，并且墙壁等障碍物对毫米波的衰减很大，这使得 60 GHz 无线通信在短距离通信的安全性能和抗干扰性能上存在得天独厚的优势，有利于近距离小范围组网。

氧气对 60 GHz 无线信号的吸收作用，使得相邻空间多组 60 GHz 无线网络之间不会相互干扰，同时相邻空间的 60 GHz 无线网络的安全性能也得到提高。

60 GHz 无线信号的能量具有高度的方向性，99.9% 的波束集中在 4.7° 以内，此无线频率适合点对点的无线通信对高方向性天线的要求。在此频段上固定天线尺寸，天线辐射能量集中于很窄的波束宽度内，因此不同的 60 GHz 无线信号之间的干扰很弱。如表 9.2 所示，与 60 GHz 相比而言，2.4 GHz 无线通信更近似于全方向通信系统。

表 9.2　无线信号方向性

频率/GHz	99.9%的波束/度
2.4	117
24	12
60	4.7

2. 带宽大、传输速率高

60 GHz 无线通信网络具有带宽大、允许的最大发射功率高等固有特性，可以满足高速无线数据通信（>1 Gbps）的需求。

60 GHz 频段丰富的频谱资源使得数 Gbps 数据传输无线连接成为可能。相比而言，802.11n 所有可用信道的总带宽约为 660 MHz，UWB 的有效宽带为 1.5 GHz，60 GHz 无线通信的信道带宽为 2500 MHz，而 UWB 为 520 MHz，802.11n 仅为 40 MHz。

由于 60 GHz 波段附近为氧气吸收峰值，传输路径自由空间损耗高，因此，欧、美、日规定 60 GHz 波段无线通信在此波段上等效全向辐射功率为 10～100 W。

由香农定律

$$信道容量极限 = 信道带宽 \times \log_2（信息功率/噪声功率）$$

容易得出，信道容量极限随着信道带宽和有效传输功率的增加而增加。由表 9.3 可以看出，60 GHz 的最大数据传输率远大于 802.11n 和 UWB。

表 9.3　60 GHz 波段无线通信与 UWB、802.11n 比较

	可获得的频谱/GHz	信道带宽/MHz	有效发射功率/mW	最大可能的传输速率/Mbps
60 GHz	7	2500	8000	25000
UWB	1.5	520	0.4	80
802.11n	0.66	40	160	1100

由于 60 GHz 的宽带特性，在雷达中可用窄脉冲和宽带调频技术获得目标的细部特征，在通信系统中能传送更多的信息，大大拓宽现已十分拥挤的通信频谱，为更多用户提供互不干扰的通道。宽带特性也能为各种系统提供高质量的电磁兼容特性。其中，60 GHz 是高衰减峰，常用于军事保密通信，稍远距离或定向范围之外就有极大衰减，因而不易被敌方截获，根据国际电联规定属于星间通信的频段。比如 MILSTAR 军事卫星系统，工作在极高频（EHF）频段，上/下行频率为 44/20 GHz，星间链路（ISL）为 60 GHz，为大量战术用户提供实时、保密、抗干扰的通信服务，通信波束全球覆盖。但是由于其衰减特性可以在卫星和地面实现频率的复用，国外将之称为"Unlicensed Band"，同样可以在各种地面通信中使用。例如，地面近距离（如前沿阵地），为了保密通信也使用 60 GHz 频段（如美国雷神公司研制的 TMR-2 设备），所以 60 GHz 的这一缺点并不能制约 60 GHz 技术的应用，反而引起了人们对它的更多关注。

3. 具有国际通用性和免许可特性

欧美日等国相继在 57～66 GHz 范围内划分 7 GHz 连续的免允许频谱资源，如图 9.2 所示，各国的频谱分配在 60 GHz 附近存在约 5 GHz 的公用频率，因此，60 GHz 无线通信具有良好的国际通用性。

更为重要的是，60 GHz 频谱资源完全免费，消费者不用负担额外的频谱资源允许费用，因此 60 GHz 无线通信在经济上具有很大的优势，吸引众多公司和研发团体投入到 60 GHz

无线通信的研究中。

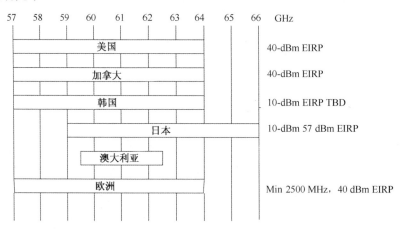

图 9.2　国际上 60 GHz 附近频率分配

4．体积小

　　与微波元件相比，毫米波元件的尺寸要小很多，这对于电子设备，特别是手机、移动硬盘等本身体积不大的产品而言很有意义。在汽车防撞雷达和卫星通信等用途上，毫米波芯片体积小的优势已经发挥得淋漓尽致。例如，2006 年飞思卡尔公司在日本展示的一款面向毫米波雷达的射频芯片，在展台前还专门放置了显微镜供参观者观赏该芯片的构造。而 2007 年 IBM 和 MediaTek 研发展出的一款用于高清视频传输的无线射频芯片（见图 9.3），连上外部封装的尺寸也不过 12 mm^2，还不如一枚硬币大。这样大小的芯片即可完成 1080p 视频的高速传输，即在 5 s 内传送大约 10 GB 文件。如果把这种芯片装在便携式高清摄像机中，用户丝毫不会感受到体积和重量的增加，而使用的便利性却可以大幅度提高。

图 9.3　IBM 展示的用于 1080p 视频传输的毫米波射频芯片

9.1.3　60 GHz 无线通信技术发展现状

1．国外发展概况

60 GHz 无线通信技术最早用于卫星通信领域，60 GHz 信号的传播特性非常有利于室内高速率的传输和太空星际通信，但由于该技术在射频电路上通常采用了成本非常高的砷化镓料或硒化锗（GeSe）等器件，使其难于应用在消费类电子领域。

近年来，60 GHz 低成本 COMS 电路设计被证明具有可行性，目前许多大公司和科研机构开展了 60 GHz 核心芯片的研究和开发工作，如英特尔、索尼、松下、三星、NEC、LG、IBM、BroadCom、SiBeam、加州大学洛杉矶分校、斯坦福大学等。2004 年，加州大学伯克利分校的 Ali. M. Niknejad 教授课题组完成了世界上第一个基于 CMOS 工艺的 60 GHz 放大器，这一成果发布在 ISSCC（IEEE 国际固态电路协议）2004 会议上，并获得了"Technology Directions Award"。加州大学伯克利分校无线技术研究中心的测试表明，基于 90 nm CMOS 工艺的晶体管 f_T 超过 100 GHz（布线后测试），f_{max} 远远超过 200 GHz。晶体管在 60 GHz 可以实现 8.5 dB 的最大稳定增益，以及超过 12 dB 的单向增益，也可以实现 3～4 dB 的最小噪声系数（间接测量）；而单个器件在 60 GHz 可以实现大约 10 mW 的输出功率。据此，他们对具备 1 GHz 带宽信道的 60 GHz 毫米波芯片运用于便携式设备（假设天线增益较低）的 60 GHz 链路进行了相关的链路预算，认为链路损耗小于 80 dB，这样的链路损耗对应的传输距离大约为 4 m。在 2008 年和 2009 年的 ISSCC 会议上，发表的成果已经大多基于 CMOS 电路设计，显示了毫米波无线芯片技术在这方面已经获得了显著进展。比如比利时鲁汶大学 IMEC 在 ISSCC2009 上报道的低成本和低功耗的 45 nm CMOS 工艺 60 GHz 无线通信芯片方案（见图 9.4），该 60 GHz 组件采用台积电（TSMC）45 nm 制程的标准数字 CMOS 技术制造，以益华（Cadence）的标准工具开发，天线与天线接口则采用 IMEC 的专有技术。IMEC 智能系统技术办公室副总裁 Rudy Lauwereins 表示，第一款 60 GHz 无线通信商品可能是 HDTV 系统类产品。它将根据 HDMI 协议，通过 16 个天线在 10 m 的范围内传送未压缩的高清影像，这一完整接收器的功耗仅为 1.6 W。

图 9.4　IMEC 在 ISSCC2009 上发表的 45 nm RF front-end IC（附天线和天线模块）

此后，SiBeam 已经开发出 3 Gbps 的 60 GHz 的通信芯片组。在 2010 年 ISSCC 会议上，索尼公司演示了使用 60 GHz 毫米波传输代替电路板布线的技术，该系统可在 20～60 mm 的距离内确保 4.3 Gbps 的数据传输速度。此外，该系统采用在印刷底板上印刷形成的天线来代替单芯片方案常用的键合线型天线，能够进一步提高传输距离。索尼公司认为这样做的好处是，可以降低平板电视等大型设备内部布线的难度，除了可提高底板上芯片布局的自由度之外，还可实现三维设置，甚至还能够降低整机成本。松下公司在 2009 年的"家庭内无线系统相关研讨会"上演示了使用 60 GHz 无线技术的数据传输方案（见图 9.5）。松下公司认为，使用简易调制方式等手段可以在手机平台上应用。同时东芝公司还展示了以半导体芯片的键合线为天线的毫米波通信用 IC（见图 9.6），它采用 CMOS 技术且不需要专用天线，适于单芯片化。东芝公司的目标是"数字产品完全无绳化"，并对毫米波通信寄予了厚望。

图 9.5　松下公司演示的 60 GHz 无线通信

图 9.6　东芝公司开发的 60 GHz 单芯片无线 IC

除了在芯片等方面降低成本外，日本的冲印刷电路公司（Oki Printed Circuit）也在日前报道了可用普通印刷电路工艺制造的 60 GHz 频段毫米波用印刷电路板。此前毫米波电路需要用特氟隆底板来制造，并需要经过 350℃ 左右的高温处理，工艺较为复杂，价格也相当高。此次冲印刷电路公司报道的是使用日油公司的接枝聚合物介电体底板 GELITE 试制的 60 GHz 频段带状线滤波器（见图 9.7），利用同样的技术，也可以制造分配器和天线等，可用于 60 GHz 频段毫米波高速 WLAN 设备。预计这一技术可将实现毫米波电路的成本降到一半左右。

目前，还有多家机构从事小型的 60 GHz 单芯片的研究，如佐治亚理工学院的研究人员在 2009 年初宣告试制了一款采用 CMOS 工艺内嵌天线的 60 GHz RF 芯片（见图 9.8），它的尺寸仅有手指尖大小，能耗仅为 100 mW 左右，能够用数吉比特每秒的速度传输数据：1 m 内数据传输速度可达 15 Gbps，2 m 内为 10 Gbps，5 m 内为 5 Gbps。研究人员利用这款芯片演示了传输 720p 和 1080i 的高清影像。2010 年 6 月 2 日美国商业电讯报道，华硕推出全球首款采用 SiBEAM 技术的无线高清集成笔记本电脑。在 2011 年 1 月国际消费电子展上，SiBEAM 公司展示了其日益壮大的 60 GHz WirelessHD 产品体系采用其技术的业界公司产品。

图 9.7　冲印刷电路试制的 60 GHz 频段带状线滤波器

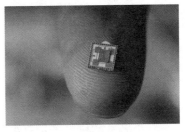

图 9.8　佐治亚理工学院开发的单芯片内嵌芯片的 RFIC

2013 年 10 月，高品质视频连接解决方案提供商 DVDO 宣布推出业内首款 60GHz 的 Wireless HD 适配器（见图 9.9），并且同时支持 MHL 和 HDMI 连接。通过 DVDO AIR3，用户将能够把来自 HDMI、DVI，甚至智能手机和平板电脑上的 1080p/60 内容（通过 MHL），无线传输到一台支持该功能的显示设备上，使用范围高达 10 m。

图 9.9　DVDO AIR3

2014 年 7 月，高通收购了 WiGig 技术开发商 Wilocity，这样高通在骁龙芯片组中集成 WiGig 技术，使智能手机和平板电脑能通过无线方式向外置显示器传输 4K 视频。在 2015 年 1 月的 CES（国际消费类电子产品展览会）上，高通展示了基于 WiGig 技术的无线路由器，此前高通推出的最新骁龙移动处理器也提供对 WiGig 的支持，在这次 CES 中还对内置骁龙 810 处理器的平板电脑通过 WiGig 传输视频进行了演示。

三星在 2014 年宣布其 WiGig 技术于 2015 年商业化。2014 年 7 月，芯片制造商 Nitero 和三星代工（Samsung Foundry）宣布将推出首款移动 WiGig 芯片 NT4600。从标准上来看，NT4600 是 802.11ad 芯片，采用 28 nm HKMG LPP 工艺。按照 Nitero 的说法，这是行业内目前唯一为移动应用打造的端到端 802.11ad 解决方案。

在 2016 年 1 月召开的 CES2016 大展上，基于 60 GHz 频段的 802.11ad 新品成为了大会备受关注的明星，包括 TP-Link Talon AD7200 三频无线路由器，Acer TravelMate P648 笔记本，Lenovo ThinkPad X1 Yoga、Lenovo ThinkVision X24 Pro 专业显示器等。

2．国内发展概况

我国有多家科研院所和大学开始了毫米波技术的研究。其中，中国科学院微电子研究所针对 60 GHz 的低噪声放大器、功率放大器、压控振荡器、混频器等部分核心芯片进行了仿真设计。在"十一五"期间，研制成功了 60 GHz 收发芯片，可以满足 60 GHz 高速通信射频前端的要求。东南大学毫米波国家重点实验室长期致力于毫米波频谱资源的开发利用研究，在微波毫米波单片集成电路方面，已完成 8 mm 波段 VCO、混频器、倍频器、开关、放大器等单功能芯片的研制，目前正在开展单片接收/发射前端的设计与研制。北京邮电大学对超帧结构设计、基于 ER 算法的空间复用方法等方面的毫米波技术进行了前期研究。2009 年，由四川省科技厅批准成立了四川省微波毫米波工程技术研究中心，全面开展毫米波基础研究和关键共性技术研究。中国科学技术大学微波毫米波工程研究中心从 20 世纪 80 年代初开始从事毫米波研究，完成了我国第一批混合集成形式的毫米波接收前端，并且在毫米波基础器件、微波毫米波通信技术、毫米波测量技术等方面也取得了重大的成果。2011 年，国家科技部"863"计划也支持了"毫米波与太赫兹无线通信技术开发"的项目。

除了开发可验证产品互操作性的科研项目外，60 GHz 也逐渐走出实验室，实现在数据、显示和音频应用方面的运用。中国智慧型手机供应商乐视（LeTV）在 2016 年年初发布了首款搭载 WiGig（60GHz）晶片的智慧型手机，这刺激苹果与三星等市场上主要的智慧型手机供应商在未来几年内也为其产品导入 WiGig。此外，诸如虚拟实境（VR）等新应用将有助于带动 WiGig 技术的长期发展。

9.2　60 GHz 无线通信的标准化

9.2.1　标准化概况

1．国际标准化概况

学术界、工业界和标准化组织已经投入大量精力研究 60 GHz 无线通信技术及标准，其中工业界有 WirelessHD 和 WiGig 联盟，标准化组织有 ECMA、IEEE 802.15.3c（TG3c）和 IEEE 802.11.ad（TGad）小组。下面将分别介绍这些组织所做的标准化工作。

（1）WirelessHD。2006 年 10 月，索尼、松下、三星电子公司等六大供应商巨头，成立了 WirelessHD 工作组，旨在开发一种无线数字高清传输技术，让各种高清设备如电视、影碟播放机、机顶盒、录像机、游戏机等实现高清信号的无线传输。2008 年 1 月，WirelessHD 联盟宣布完成首个高清视频传输标准 WirelessHD 1.0 的开发。WirelessHD 1.0 标准的数据传输速率可达 4 Gbps，其核心技术可支持高达 25 Gbps 的理论速率。2010 年 1 月，WirelessHD 联盟宣布对 WirelessHD 1.0 规范进行强化，着手制定下一代无线高清标准规范（即 WirelessHD 2.0），扩大对便携式和个人计算设备的支持。WirelessHD 2.0 向下兼容 WirelessHD 1.0，并将使数据速率提高到 10～28 Gbps，能够为高分辨率内容传输提供充足的带宽。

（2）WiGig。2009 年 5 月，英特尔、微软、戴尔和松下等公司宣布成立一个简称为 WiGig（Wireless Gigabit Alliance）的技术联盟，旨在打造一个由消费电子、手持设备、个人电脑实现可互操作、极高品质互连的全球无线生态系统，以实现人们在数字时代的无缝通信。2009 年 12 月，该联盟宣布完成了无线标准 WiGig v1.0 的制定。WiGig v1.0 支持高达 7 Gbps 的数据传输速率（比 802.11n 的最高传输速率快 10 倍以上），是对 802.11 媒质接入控制层（MAC）的补充和延伸，向后兼容 IEEE 802.11 标准，物理层同时满足 WiGig 设备对低功耗和高品质的要求，可确保设备互操作性和吉比特速率通信的要求。

2013 年，Wi-Fi Alliance（WiFi 联盟）与 Wireless Gigabit Alliance（WiGig，无线吉比特联盟）合并，强化了 Wi-Fi 联盟内部所有技术与认证开发工作，带来了紧密协调的连接与应用层解决方案。2013 年 9 月，Wi-Fi 联盟正式发布了 WiGig CERTIFIED 认证标识（见图 9.10），并于 2014 年运用到上市的认证产品中，同时应用 WiGig 技术和 Wi-Fi 技术的产品包含可帮助这两种技术实现无缝越区切换的机制。WiGig 技术标准的正式服务预计 2017 年定案，目前业界、市场关注度都很高。

图 9.10　WiGig CERTIFIED 认证标识

（3）ECMA。2008 年 12 月 8 日，ECMA 组织在官方网站上公布了超高速短距离无线应用 60 GHz 标准 ECMA-387。ECMA-387 是欧洲的 60 GHz 无线标准，它规定了物理层（PHY）、分布式媒质访问控制（MAC）子层和 HDMI 协议适应层（PAL），定义了 4 个频段，每个频段宽度为 2.160 GHz，可支持 1.728 GBps 的符号速率。在未使用信道绑定的情况下，可以取得的最大数据速率高达 6.350 Gbps，而将相邻的 2 或 3 个频段绑定，又可以获得更高的数据速率。

（4）IEEE 802.15.3c（TG3c）。2005 年 3 月成立的 IEEE 802.15.3c（TG3c）小组，其主要目的是进行 60 GHz 无线个域网（WPAN）的物理层和媒体接入控制层的标准化工作。2009 年 10 月 TG3c 小组宣布已经通过 802.15.3c—2009 标准。该标准主要是对 802.15.3—2003 的修订，定义了一种可工作在 60 GHz 频段的物理层以及相应的层，可提供的最高数据速率超过 5 Gbps。其中，WirelessHD 1.0 技术规范作为一种工作模式（AV-OFDM）也被 IEEE 802.15.3c 标准所接纳。下文将介绍该标准的细节。

（5）IEEE 802.11ad（TGad）。IEEE 802.11 小组于 2009 年 1 月启动 802.11ad 标准制定工作。TGad 是从审议现行高速 WLAN IEEE 802.11n 后续标准的工作组"VHT（Very High Throughput）"派生出来的工作组之一，目标是制定 60 GHz 频段的 WLAN 技术规范，与之并行的另一个工作组 TGac 则计划使用低于 60 GHz 的频段实现高速 WLAN 演进。TGad 小组于 2010 年 1 月开始征集技术提案，并于 2013 年 1 月正式批准 IEEE 802.11ad 标准。目前拟定的草案规定传输速度为 1 Gbps 时，数据传输距离至少要达到 10 m。在传输高清视频（1080p、24 比特/像素，60 帧/秒）时，速度必须达到 3 Gbps 以上，时延不能超过 10 ms。

与常用的 2.4 GHz 无线通信相比，毫米波通信的频段相对较高，在无线通信的标准化进程中以前也一直被定位为非主流技术。然而，随着所有主要的 WLAN 芯片厂商对该技术表现出极大的兴趣，毫米波通信的地方正在悄然发生变化，有可能成为 802.11n 的后续规格。

2．国内标准化概况

全国信息技术标准化技术委员会下设的无线个域网（CWPAN）标准工作组于 2008 年底开始研究制定 60 GHz 国家标准的可行性，并于 2009 年 6 月成立了 60 GHz 标准研究组，开展为期半年的标准化预研工作，并于 2010 年 3 月正式成立 60 GHz 标准项目组。该项目组内聚集了国内在 60 GHz 毫米波技术的大部分的优势力量共同制定我国的毫米波技术标准，主要包括清华大学、东南大学、中国科学院微系统研究所、中国科学院微电子研究所、复旦大学、北京邮电大学、深圳大学、华为海思、新加坡资讯通信研究院、广州润新信息技术有限公司、三星电子、NEC、英特尔等。

项目组通过前期对国际标准的分析可以看出，由于 60 GHz 频谱的快衰落特性以及极强的方向性传输，还存在很多技术难点，比如波束控制、空间复用、定位等，因此可以按照我国频率管理规定，提出优化的信道划分、调制方式、载波方式，建立完善的媒体访问控制机制，包括功耗、信噪比、信道、干扰、功率管理、天线等技术内容，最终形成具有自主知识产权的标准。目前，项目组结束了标准研究阶段，已明确技术需求并开始征集技术提案。

9.2.2　IEEE 802.15.3c 协议简介

1．IEEE 802.15.3c 的微微网

IEEE 802.15.3c 协议是对 IEEE 802.15.3 所做的修改，以适用于 60 GHz 无线通信。IEEE 802.15.3c 的微微网结构与无线个域网 IEEE 802.15.3 类似，如图 9.11 所示，它是一个基于中央控制的自组织网络。

通常微微网的通信范围在 10 m 以内，基本元素是设备（DEV），设备间可以独立地进行数据（Data）通信。微微网在初始化时，会选择一个 DEV 充当微微网协调器（Piconet

Coordinator，PNC）。PNC 的主要作用之一就是传送带有微微网信息的信标（Beacon），以信标形式为微微网提供基本定时功能，并负责服务质量请求、功率节省和访问控制等功能。当 802.15.3 微微网中的某一个 DEV 能够充当 PNC 开始发送信标时，就认为微微网形成了。DEV 通过关联过程加入微微网，PNC 会广播微微网内所有 DEV 的信息，并将新的 DEV 信息放到信标中，从而使网内其他 DEV 和新加入的 DEV 知道彼此的信息。如果 PNC 将要离开网络并且微微网中的其他 DEV 都没有能力成为 PNC 来协调网络时，PNC 将会通过发送带有 PNC 中断信息的信标通知微微网中的其他 DEV，微微网将结束工作。

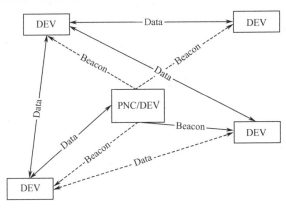

图 9.11　IEEE 802.15.3c 微微网

2. 物理层

为了适应于不同的应用，IEEE 802.15.3c 中定义了三种物理层模式。

（1）Single Carrier（SC）——单载波模式。单载波模式是为 WPAN 便携式设备进行视距通信设计的，它支持以普通的速率来传输所有的信标和信号并且支持一个强制的 1.5 Gbps 的传输速率。另外，通过不同的调制和编码机制，可以使得物理层支持的数据速率高达 5.2 Gbps。

（2）High Speed Interface（HSI）OFDM——高速率接口模式。高速率接口模式是为非可视距的操作设计，使用了 OFDM 技术，支持的最大物理层数据速率高达 5.7 Gbps。

（3）Audio/Video（AV）OFDM——音/视频模式。音/视频模式是为了支持在非可视距情况下传输无压缩的高清视频而设计的，它可以分为两种物理层模式：High-Rate PHY（HRP）和 Low-Rate PHY（LRP），两者都采用了 OFDM 技术。

此外，WirelessHD 1.0 规范作为一种 AV OFDM 工作模式被 IEEE 802.15.3c 标准所接纳。

3. MAC 层

（1）802.15.3 超帧结构。超帧（Superframe）是微微网中时间划分的基本单位，其结构如图 9.12 所示，主要包括 3 个部分：信标（Beacon）、竞争接入期（Contention Access Period，CAP）和信道时间分配期（Channel Time Allocation Period，CTAP）。信标的位置是在每一个超帧的开始，主要用于设定时间分配和交互管理信息。竞争接入期（CAP）采用 CSMA/CA 机制来竞争信道资源，用于交互命令和（或）异步数据。信道时间分配期（CTAP）又包括信道时间分配（Channel Time Allocation，CTA）和管理信道时间分配（Management CTA，MCTA）。CTAP 中采用的是时分多址（Time Division Multiple Access，TDMA）的信道接入方式，MTCA 只适用于 DEV 和 PNC 之间的通信。CTA 可以用于传输同步数据流以及异步数据流，它的长度由 PNC 根据 DEV 所发送的信道时间请求而决定。CTAP 中数据传输机会基于 PNC 预先设定的时隙分配，一旦 DEV 得到了某段 CTA 的使用允许，就意味着在这段信道时间内不会有其他 DEV 与它竞争，而 DEV 所采用的传输数据长度等信息则由其自行决定。CTA 在超帧结构中的位置是可以动态改变的，这样 PNC 可以灵活地分配 CTA 的时间给 DEV，从而提高信道资源的利用率。

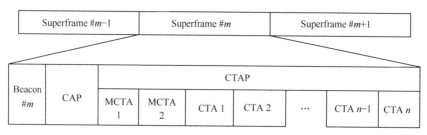

图 9.12　802.15.3 微微网超帧结构

（2）802.15.3c 超帧结构。IEEE 802.15.3c 提出了全向模式（Omni Mode）和准全向模式（Quasi-omni Mode）的概念。全向模式是指设备使用全向天线进行通信，这时 802.15.3c 的帧结构与 802.15.3 中相同。而准全向模式是分辨率最低的模式，通常指覆盖设备周围很大区域一种天线模式（也包括这个设备作为 PNC 时），此时 802.15.3c 的帧结构如图 9.13 所示。

在图 9.13 中，准全向信标（Quasi-omni Beacon）是指在准全向模式时，PNC 采用循环的方式在不同的方向上发送同样的信标，使得在不同方向的设备均可以加入同一个微微网。竞争接入期又分为 3 个部分：关联子竞争接入期（Association Sub-Contention Access Period，Association S-CAP）、定期子竞争接入期（Regular Sub-Contention Access Period，Regular S-CAP）、定期竞争接入期（Regular Contention Access Period，Regular CAP）。在关联子竞争接入期中，确定 PNC 和 DEV 之间的最佳和次最佳通信方向对。Regular S-CAP 和 Regular CAP 中可以进行一些命令和数据交换。在分配好的每一个 CTA 中，可以进行数据的通信，并且由于关联阶段发现的天线方向对不一定是最佳的，因此在信道时间分配区又进行了粗调和细调两个阶段的波束发现过程，最终确定最精准的波束对。

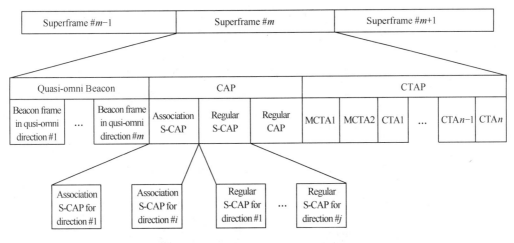

图 9.13　IEEE 802.15.3c 中的超帧结构

802.15.3c 中确定最佳方向对和最优波束对的过程是一个遍历的过程，在粗调和细调的过程中分别通过遍历 PNC 和 DEV 的所有发射方向和接收方向、发射波束和接收波束来确定最佳波束方向对。另外，协议支持周期性的插入波束跟踪过程，在已经发现的粗调波束对中选择最佳粗调波束对，可以节省时间开销。

9.2.3　ECMA-387 简介

ECMA-387 包括的主要特征如下所述。

（1）频段规划。ECMA-387 指定了 4 个频段，每一个的宽度为 2.160 GHz，符号速率为 1.728 Gsymbol/s，这对所有的设备都是相同的。标准支持两个相邻信道的绑定，信道绑定可以获得更高的数据速率，而使用有效的低阶调制也可以获得相同的速率，802.15.3c 也使用同样的频段划分。

（2）异构的网络同样适用。ECMA-387 提出了一个异构的网络解决方案，相同类型的设备之间可以互相操作，不同类型的设备之间也可以共存和互操作。

（3）物理层支持 3 种类型设备。ECMA-387 定义了 A、B、C 三种设备。ECMA-387 定义了一个单一的 MAC 层协议，但却具有不同的物理层，这使得三类设备具有不同的功能。其中 A 类设备提供 10 m 范围内的可视距/非视距多径环境下的视频流和无线个域网应用；B 类设备提供较短距离（1～3 m）点对点可视距链路的视频和数据应用；C 类设备提供 1 m 以内的可视距点对点链路的数据应用。

（4）MAC 协议。设备通过在探索频道中发送信标，以及轮询帧来发现其他设备，信标和轮询帧在探索频道中的传输使用载波侦听多址/冲突检测（CSMA/CD）机制且退避是随机的，ECMA-387 使用基于竞争的信道接入机制。ECMA-387 使用定向天线来传输，支持同时有多个连接，而设备也需要发送多个信标以避免有些需要通信的设备没有信标，通过信标的交换，来协商信道的使用，三类不同的设备具有不同的信道使用等级。MAC 协议还为阻断的链路提供了动态的中继传输功能，使用了分段、重组及聚合机制，支持根据链路质量的反馈情况来调节数据的传输速率，通过活动状态和休眠状态两种方式来进行功率控制。

此外，ECMA-387 还在空间复用、共存和互操作性上提出了自己的解决方案。

9.3　60 GHz 无线通信关键技术

1. 信道研究

信道的研究作为通信系统研究的基础，一直以来都是通信系统研究的重点之一。虽然已经存在低频段，如 5 GHz 的 WLAN 和 3～10 GHz 的 UWB 信道模型，但是这些信道模型并不适用于 60 GHz。60 GHz 信道路径损耗比低频段的路径损耗大大增加，且在很多材料中的传输损耗也显著增加。因此，60 GHz 信号被有效地限制在一个小范围空间内。目前很少信道模型考虑到空间特性和人的因素，而且现有的 60 GHz 信道测量结果与其测量的条件紧密相关，包括测量环境、测量技术、测量设备及天线参数等。为此，应排除这些影响实际信道的因素，建立更准确的传播信道模型，比如排除不同增益或不同波束的不同类型的天线影响，或者排除天线对准误差和天线极化效应对信道模型的影响。

2. 收发机结构

作为通信系统的重要组成部分，60 GHz 无线通信系统的收发机结构的研究至关重要。收发机结构包括射频收发电路、天线/天线阵列、ADC/DAC 电路、数字基带处理电路等。在目前 60 GHz 系统超宽带宽和吉比特速率的要求下，低成本、低功耗、高性能、可商用化的 60 GHz 收发机的研究设计是实现 60 GHz 短距通信的关键，也是目前各大学和企业研究机构 60 GHz 短距通信研究的主要目标。因此，现有的收发结构中的研究热点主要是与现有电路集成封装技术结合的低成本低功耗的小型单元电路或者射频收发电路的实现。

3. 天线技术

由于 60 GHz 毫米波信号的巨大路径损耗，毫米波天线必须能够提供在大带宽下的高增益和高效率。这就必须采用天线波束成形技术，波束成形技术能够改善传输质量，提升系统容量，有利于解决 60 GHz 无线通信遇到的难题。但是目前实现波束成形技术中的实现存在很多技术难题，例如，相控阵天线中的高复杂度的相控网络、高损耗的馈电网络、天线单元，以及馈线之间的耦合等，这些技术难题使得大型相控阵的实现更加复杂和昂贵。研究出低成本、小型化、超轻、高增益并易集成易控的天线阵列，成为天线技术研究的主要难题。2010年5月，IBM和MTK联合开发的60 GHz收发芯片，毫米波天线也被集成在标准封装中。该芯片采用军事应用的相控阵雷达技术，可使信号穿过阻碍，并且拥有低成本的多层16位带宽的阵列天线，可以覆盖60 GHz的4个频段。

4. 调制技术

调制技术的选择依赖于传播信道、天线与射频技术的情况。如果信道的延迟扩展很大，可以采用OFDM技术，OFDM可有效地将频率选择性信道转换成平坦衰落信道，将简化系统均衡技术的复杂性；另一方面可以采用单载波调制和高增益天线的组合方式，因为高增益天线可有效减少多径传播的影响，同时单载波可低成本实现。另一种可行方案是在低端应用（3 Gbps以下）中采用单载波调制，在高端应用中采用多载波调制。这两种方案都有许多问题值得进一步研究。OFDM有较大的峰均值功率比（PAPR），这将影响功率放大器的效率。60 GHz毫米波通信系统具有较大的相位噪声，限制了单载波高阶调制技术的应用，如何选择合适的调制技术需要大量实验的探索。

5. 电路集成技术

在毫米波段主要包括以下三类集成技术。

- 第三代和第四代半导体技术，如GaAs和InP。
- SiGe技术，如HBT和BiCMOS。
- 硅片技术，如CMOS和BJT。

图9.14为三类集成技术的工作频率示意图，可以看到，早期的硅片技术的工作频率最低，仅为10 GHz以内，而第三代和第四代半导体技术的工作频率最高。

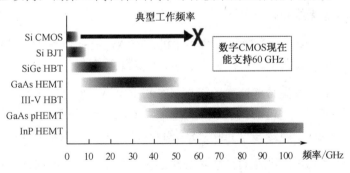

图9.14 各种集成工艺的工作频率

最初的60 GHz射频收发机主要采用GaAs基来实现，但是这些半导体工艺价格十分昂贵，同时成品率较低，导致其所能提供的集成度受限，成本效益不高。从扩大产品市场的角度出发，小型化、低成本是电路集成技术主要考虑的发展目标。CMOS技术由于其相对成本、高集成度、代价小的解决方案已经基本上取代了 GaAS 基工艺，以及其他半导体工艺，在射频低频段中得到了广泛应用。从伯克利大学无线研究中心对 90 nm CMOS 工艺的晶体管的测试表明，晶体管的特征频率超过 100 GHz，最大工作频率超过 200 GHz。CMOS 工艺目前已经被应用于 60 GHz 射频模块中，但是存在较高的噪声、较低的增益和较高的温度灵敏度，以及随着工艺节点增多产生的漏电流效应，因此，新兴的半导体工艺也有待探索中。

此外，60 GHz 的电路封装技术也逐渐占据重要地位。在 60 GHz 毫米波电路中，由于尺寸的减小、工作频率的升高，封装对芯片性能产生的影响越来越显著，例如，芯片与天线互连材料和互连方法引起的互连损耗在高频段更为严重，60 GHz 芯片封装技术中主要包括多层的 LTCC 技术和标准的 RF 解决方案（BGA 和 FR4PCB 复合板），一些新的基片材料也正在尝试开发中，如 LCP（液晶聚合物）。

9.4　60 GHz 无线通信的应用

60 GHz 无线通信系统的应用范围涵盖毫米波高速无线通信、无线高清多媒体接口、汽车雷达、医疗成像等应用。各国在 60 GHz 附近分配的连续频谱资源，都可以提供 5 GHz 以上的频宽，实现 2～4 Gbps 的高传输速率的无线数据通信。

1. 无线个域网（Wireless Personal Area Network）

60 GHz 无线通信是实现无线个域网的理想选择，60 GHz 无线网络可以取代现在广泛使用在办公室和家庭宽带通信中的光纤（如吉比特以太网、USB 2.0、IEEE 1394），降低组网的成本和复杂度。由于当前无线网络带宽的限制，无线通信网络不能支持超高速数据通信，60 GHz 在实现超高速无线数据通信具有很大的优势。

无线个域网可以连接笔记本电脑、数码相机、PDA、监视器等电子设备，实现电子设备间的无线互连，如无线显示器、无线扩展坞、无线数据流传输等功能。

60 GHz 无线通信具备高传输速率的特点，有利于电子器件之间的数据流传输，可以有效地降低通信传输的时间，提高传输效率。例如，1 GHz 大小的数据，通过 54 Mbps Wi-Fi 网络传输大约需要 159 s，但是通过 630 Mbps 的 60 GHz 网络仅仅需要 13.5 s。

2008 年以来许多公司瞄准面向数字家庭和办公室的无线个域网技术，研发工作的重点是开发毫米波频带的芯片组，开发一款用于 WPAN 的 IEEE 802.15.3c 兼容芯片组，为 WPAN 组网提供以 60 GHz 为中心，带宽大约为 7 GHz 的芯片。利用这类设备组网，可以实现跨越单个房间，以短距离毫米波覆盖整个区域，使得房间内所有音域和视屏设备都能够以超过 2 Gbps 的速度实现无线连接，对于当前和下一代的应用这个带宽是足够的。

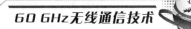

2. 无线高清多媒体接口（Wireless HDMI）

高清多媒体接口是高清电视的接口标准，通过光纤传送高清电视视频和音频信号。随着数字电视的变革，显示器的数据处理能力增强，使得接收完全非压缩方式的高清多媒体信号成为可能。例如，高清多媒体协议 1080i 的分辨率为 1920×1080，帧频为 25 fps，传送非压缩方式视频音频数据要求数据传输速率约为 2.1 Gbps。60 GHz 无线通信网络可以支持高于 2 Gbps 的无线数据传输，因此可以利用 60 GHz 无线通信系统供用户通过 DVD、机顶盒、手机等终端，以无线方式向显示器、扬声器系统传送非压缩方式的视频音频数据。

利用 60 GHz 毫米波作为载体传输无损的高清影音的尝试早在数年前就开始进行了。2005 年，日、美、韩三国七家厂商成立了 WirelessHD 联盟，制定使用 60 GHz 的毫米波作为载体，采用无损方式传输 Full HD 信号的规范。到 2008 年 2 月，WirelessHD 1.0 最终完成。WirelessHD 支持的带宽可以达到 5 Gbps 左右，延迟则很低，足以应付以 60 fps 进行全高清无线传输的需要。不过它的传输距离较短，仅为 10 m 左右，而且不能穿透墙壁，更适合用于"In Room"的无线传输用途。在 CES 2009 上，松下、东芝等厂商展示了采用 Wireless HD 传输方式的电脑和平板电视，它们都采用 SiBEAM 公司的芯片方案，从 2009 年年初开始，支持 WirelessHD 的平板电视已经相继上市。2010 年，SiBeam 进一步推出了采用 65 nm（此前采用 90 nm）工艺的第二代 WirelessHD 解决方案，它通过优化设计、削减天线数量等手段进一步降低了成本。SiBeam 公司总裁兼首席执行官 John E. LeMoncheck 满怀信心地表示："2009 年面世的支持 WirelessHD 的电视机只有高端产品。2011—2012 年，基带 LSI 将被集成到电视机的 SoC 之中，成本有望进一步降低，WirelessHD 将会配备到低端产品中。"此外，在 2010 年 CES 展会上，还展出了大量支持 WirelessHD 的组件和设备，如高清 3D 电视、蓝光播放机等，一款可以安装于蓝光光驱上的 WirelessHD 组件的售价仅为 99 美元，现场讲解员称这是"非常有挑战性的价格"。在 2010 年的台北 Computex 上，华硕公司则展示了两款配备了 SiBeam 公司 WirelessHD 芯片的笔记本电脑，它们可以直接将高清视频传输到配备 WirelessHD 技术的平板电视上。

3. 汽车雷达

60 GHz 无线通信的另一应用是汽车雷达。随着汽车工业和高速高架公路的飞速发展，汽车撞车事故也随之日益增加，汽车防撞报警是迫切需要解决的问题。例如，在夜、雨、雪、雾等的恶劣天气的条件下，能见度低，司机视距小，汽车高速行驶时，很难及时发现前方障碍物并采取必要的措施。我国的桥梁、高速公路的运行受天气条件影响较大，即时的报警系统可以避免生命财产的损失。近几十年来，美、日、西欧等国家的多家汽车公司投入巨资，先后研究成功了 24 GHz、60 GHz、76.5 GHz 等频率的单脉冲和调制连续波两种体制的雷达系统。这两种体制的雷达系统已经在国外的一些汽车公司的高档轿车中应用，但由于其成本高昂而未得到广泛的应用。由于受经济技术发展水平等因素的影响，我国在汽车防撞技术上的研究起步较晚。但这方面的研究已得到业界的高度重视，可以基于 60 GHz 频率开展我国汽车防撞雷达的研究，采用 CMOS 工艺研究汽车防撞雷达系统，有效降低硬件成本，为此技术的市场化提供了良好的保证。

按照采用技术分类，汽车雷达有超声波、激光、红外和毫米波等多种方式的汽车雷达防撞系统，前三种雷达结构简单、价格低廉，但是容易受到天气和外界环境变化的影响，无法保证测距精度。与之相比，毫米波雷达 RF 带宽大、分辨率高、天线部件尺寸小，能适应恶劣环境，所以毫米波雷达系统具有重量轻、体积小和全天候等特点，成为近年来国际上研究与开发的特点，并已有产品开始投入市场，前景十分看好。从汽车雷达功能上的分类有：

- 测速雷达：可以测出真正的地面速度，对车辆控制提供数据，如探测滑行和防抱死刹车和速度相关的功能。
- 障碍物探测雷达：是司机视力的辅助工具，有能见度差的情况下观测地形，停车时探测周边的障碍物。
- 自适应巡航控制雷达：可以根据道路的情况，以及前面车的距离，自适应调整车辆的巡航速度。
- 防撞雷达：根据车辆当前的速度和方向，测量到前方可能碰撞的障碍物，并警告驾驶员，并打开气囊或自动制动设备。
- 其他车辆监督和控制雷达：可以在雷达的帮助下进行车辆的识别、定位、车队的监督、车站调度、导航、选择行车路线。

4．医疗成像

在医疗设备中，核磁共振和超声波检测成像的数据传输速率为 4～5 Gbps，目前都采用传输电缆连接此类医疗设备和成像系统，这种方式往往限制了此类设备的应用地点与方式，若无线毫米波通信可以提供 5 Gbps 的传输速率，则可以提高医疗设备的移动性和灵活性，方便医疗救治工作的展开，能够更好地为医疗急症事件和重大突发事故服务。

5．点对点链路

点对点链路应用于无线通信回传，采用高增益天线以扩大链路的范围。60 GHz 频段在此应用已经投入市场，系统中射频芯片采用 III-V 族元素器件实现，价格相对昂贵。研究基于 CMOS 工艺的 60 GHz 射频收发器芯片，可以降低这类系统的成本，使之具有更高的市场竞争力，可以扩大应用市场。

6．卫星星际通信

信息时代空间军事系统是军力的倍增器，空间武器的力量在很大程度代表着国家的关键军事实力。军用通信卫星是空间军事系统的关键组成部分，而卫星间的交叉通信链是军用通信卫星不可或缺的功能之一。可以采用 60 GHz 频段作为星座各卫星之间的交叉通信频率，由于此频率的大气损耗高，不易受到地面的干扰，保密性强。

正在发展的美国军用通信卫星 Milstar（军用战略、战术和中继卫星），其在星座各卫星之间有交叉通信链，正是使用 60 GHz 频段以减少对地面站的依赖，在失去地面站支持的情况下，通信网能自主工作半年之久。

9.5　本章小结

本章首先简要介绍了 60 GHz 毫米波通信的技术特点和优势，然后概述了其国内外发展现状，接着介绍了 60 GHz 通信技术的标准化概况，并侧重描述了 IEEE 802.15.3c 协议和 ECMA-387 协议，然后概要地介绍了 60 GHz 通信的关键技术，包括收发电路、天线等，最后介绍了 60 GHz 通信的相关应用。

60 GHz 毫米波无线通信系统除了其频带宽、易于实现高速率传输、频段免费许可、定向性好、保密性好之外，更重要的是随着硅基集成电路技术的迅速发展，已有可能采用 CMOS 工艺在该频段实现低成本、低功耗的单片集成收发系统。但要成功实施并得到更大规模的产业化应用还需要克服许多的技术上难点，如在相控阵天线技术、集成电路的设计、如何降低成本等方面还需要深入的研究和探讨。

思考与练习

（1）什么是 60 GHz 无线通信？
（2）60 GHz 无线通信有哪些技术优势？
（3）60 GHz 信号传播特性有哪些？
（4）60 GHz 无线通信标准制定现状如何？
（5）60 GHz 无线通信技术的特点与优势有哪些？
（6）简述 60 GHz 无线通信研究的热点和趋势。
（7）简述 60 GHz 无线通信的应用领域有哪些。

参考文献

[1]　李敏，李荔华. 浅谈毫米波通信技术及应用[J]. 黑龙江邮电报，2004,9(3): 17-38.

[2]　孙锐，闫晓星，蒋建国. 毫米波无线通信系统的技术与研究展望[J]. 电信科学，2007,12: 63-66.

[3]　王静，杨旭，莫亭亭. 60GHz 无线通信研究现状和发展趋势[J]. 信息技术，2008(3): 140-144.

[4]　张春红，裘晓峰，夏海轮，等. 物联网技术与应用[M]. 北京：人民邮电出版社，2011.

[5]　卓兰，郭楠. 60GHz 毫米波无线通信技术标准研究[J]. 标准化研究，2011(11): 40-43.

[6]　60GHz 无线高速公路. Chip 新电脑，2010(8).

[7]　L. A Hung, T. T Lee., F. R Phelleps, et al. 60-GHz GaAs MMIC low-noise amplifers[C]. IEEE Microwave and Millimeter-Wave Monolithic Circuits Symposium, 1988: 87-90.

[8]　E. T. Watkins, J. M. Schellenberg, L. H. Hackett, et al. A 60 GHz GaAs FET amplifier[C]. IEEE Microwave Symposium Digest, MTT-S International, 1983: 145-147.

[9]　C. H. Doan, S. Emami, A. M. Niknejad, and R.W. Brodersen. 2004. Design of CMOS for 60GHz applications[C].IEEE International Solid-State Circuits Conference, Digest of Technical Papers, 2004, 1: 440-538.

[10]　B. Razavi. A 60-GHz CMOS receiver front-end[J]. IEEE Journal of Solid-State Circuits Conference, 2006, 41(1): 17-22.

[11]　Gaucher B. Complety integrated 60GHz ISM band front end chip set and test results[OL]. IEEE 802.15-06-0003-00003c, 2006.

[12]　A. Oncu, M. Fujishima. 19.2mW 2Gbps CMOS pulse receiver for 60GHz band wireless communication [C]. 2008 IEEE Symposium on VLSI Circuits, 2008:158-159.

[13]　C. Marcu, D. Chowdhury, C. Thakkar, et al. A 90nm CMOS low-power 60GHz transceiver with integrated baseband circuitry[C]. IEEE International Solid-State Circuits Conference Digest of Technical Papers, 2009: 314-315.

[14]　A. Natarajan, S. Nicolson, Tsai Ming-Da, et al. A 60GHz Variable-Gain LNA in 65nm CMOS[C]. 4th IEEE Asian Solid-State Circuits Conference, 2008: 117-120.

[15]　K. Raczkowski, W. De Raedt, B. Nauwelaers, et al. A wideband beamformer for a phased-array 60GHz receiver in 40nm digital CMOS[C]. IEEE International Solid-State Circuits Conference Digest of Technical Papers(ISSCC), 2010: 40-41.

[16]　C. Karnfelt, S.E. Gunnarsson, H. Zirath, et al. Highly integrated 60GHz transmitter and receiver MMICs in a GaAs pHEMT technology[J]. IEEE Journal of Solid-State Circuits, 2005, 40(11): 2174-2186.

[17]　Scott R. Brian F, Ullrich P, et al. A silicon 60GHz receiver and transmitter chipset for broadband communications[J]. IEEE Journal of Solid-State Circuits, 2006, 41(12): 2820-2831.

[18]　P. Pagani, I. Siaud, N. Malhouroux, et al. Adaptation of the france telecom 60 GHz channel model to the TG3c framework[OL]. IEEE 802.15-06-0218-00-003c, 2006: 78-90.

[19]　M. Fiacco, M. Parks, H. Radi, et al. Final report: indoor propagation factors at 17 and 60GHz [R]. Tech. report and study carried out on behalf of the Radiocommunications Agency, University of Surrey, 1998.

[20]　C. R. Anderson, T.S. Rappaport. In-building wideband partition loss measurements at 2.5 and 60 GHz[J]. IEEE Transactions on Wireless Commmunications, 2004, 3(3): 922-928.

[21]   A. Bohdanowicz, G.J.M. Janssen, S. Pietrzyk. Wideband indoor and outdoor multipath channel measurements at 17GHz[C]. IEEE VTS 50th Vehicular Technology Conference, 1999, 4: 1998-2003.

[22]   H. J. Thomas, R.S. Cole, G.L. Siqueira. An experimental study of the propagation of 55 GHz millimeter waves in an urban mobile radio environment[J]. IEEE Transactions on Vehicular Technology, 1994, 43(1): 140-146.

[23]   H. B Yang, M. H. A. J. Herben and P. F. M. Smulders. Impact of antenna pattern and reflective environment on 60 GHz indoor radio channel characteristics[J]. IEEE Antennas and Wireless Propagation Letters, 2005, 4: 300-303.

[24]   S. Collonge, G. Zaharia and G. E. Zein. Influence of the human activity on wideband characteristics of the 60GHz indoor radio channel[J]. IEEE Transactions on Wireless Comm, 2004, 3(6): 2389-2406.

[25]   P. F. M. Smulders, "Broadband wireless LANs: a feasibility study," Ph.D. Thesis,Eindhoven University, 1995.

[26]   Z. Krusevac, S. Krusevac, A. Gupta, et al. NICT indoor 60 GHz channel measurements and analysis update[S]. IEEE Standards Association, 802.15-06-0112-00-003c, 2006: 112-230.

[27]   H. Sawada, Y. Shoji and H. Ogawa. NICT Propagation Data[S]. IEEE Standards Association, 802.15.06-0012-01-003c, 2006: 45-51.

[28]   M Steinbauer, A. F. Molisch, and E. Bonek.The double-directional radio channel[J]. IEEE Antennas and Propagation Magazine, 2001, 43(4):51-63.

[29]   http://www.wi-fi.org/discover-wi-fi/wigig-certified.

[30]   http://www.elecfans.com/monijishu/zhuanhuanqi/329383.html.

第 10 章

可见光无线通信技术

载客数量超过 500 人的大型飞机内，乘客们在座位上用笔记本电脑上网、开视频会议、下载高清视频节目，单个座位需要很高的带宽。一些航空公司采用的 Wi-Fi 空中上网方式还不足以支持大带宽业务，并且其射频信号对飞机与地面通信仍有影响，而且当飞机飞行高度低于海拔 3000 m 时，该项服务会自动停止。

有没有一种更好的技术来解决这类问题呢？答案是"有！"

这就是来自光学无线通信领域的可见光通信技术，这是一种完全避免射频接入产生电磁干扰的通信新技术，使得机舱内无线上网的最后一米仅仅通过座位上方的 LED 照明灯就可以实现。近年来，随着白光 LED 技术的发展，可见光通信（Visible Light Communication，VLC）系统成为新一代短距离无线通信技术研究热点之一。VLC 在利用 LED 照明的同时，将信号调制在 LED 光源上，以可见光波段作为载体传输数据。相比其他短距离通信技术，VLC 的优势是：绿色环保，照明、通信双结合；光源带宽宽，达 400 THz；通信网络简易，安全性高。

10.1 可见光通信概述

10.1.1 可见光通信的基本原理

可见光通信技术是随着白光 LED 照明技术的发展而兴起的无线光通信技术，简单来说，可分为室内可见光通信和室外可见光通信两大类。众所周知，白光 LED 具有功耗低、寿命长、尺寸小、绿色环保等优点，最终将取代荧光灯、白炽灯等传统照明光源，成为下一代固体照明光源。同时与传统照明光源相比，白光 LED 又具有响应时间短、高速调制的特性，因此可以设计出基于白光 LED 的室内可见光无线通信系统和网络（因此可见光通信有时也称为"白光通信"），实现照明和通信的双重作用。

白光 LED 通信技术是指利用 LED 器件高速点灭的发光响应特性，将 LED 发出的用肉

眼察觉不到的高速速率调制的光载波信号来对信息进行调制和传输，然后利用光电二极管等光电转换器件接收光载波信号并获得信息，使可见光通信与 LED 照明相结合构建出 LED 照明通信两用基站灯。

如图 10.1 所示，白光 LED 通信系统的发射端根据所要传递的内容对电信号进行调制，再利用 LED 转换成光信号发送出去，接收端利用光电探测器接收光信号，再将光信号转换成电信号，经过解调进行读取。

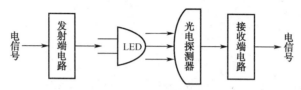

图 10.1　白光 LED 通信系统结构原理图

接收端主要包括能对信号光源实现最佳接收的光学系统、将光信号还原成电信号的光电探测器和前置放大电路、将电信号转换成可被终端识别的信号处理和输出电路。光接收机的主要任务是以最小的附加噪声及失真，恢复出经由无线光信道传输后光载波所携带的信息，因此光接收机的输出特性综合反映了整个可见光通信系统的性能。

10.1.2　可见光通信的性质

由于白光 LED 具有很高的响应灵敏度，因此可以用于进行高速的数据通信。可见，光通信（VLC）就是在白光 LED 技术上发展起来的新型无线光通信技术。

室内白光通信系统如图 10.2 所示，在该通信系统中，白光 LED 具有通信与照明的双重功能，由于 LED 的调制速率非常高，人眼完全感觉不到其闪烁。可见光通信系统可利用室内白光 LED 照明设备代替无线局域网基站，其通信速度可达每秒数十兆至数百兆比特，正是因其光学特点，LED 照明灯实现的无线通信凸出了三个特殊性质：第一就是完全避免了射频接入的电磁干扰，加之传输距离有限（1～3 m），所以在飞机、医院等射频敏感领域比较适用，目前已经得到了国际上一些大型空客公司的关注；第二，半导体照明通信网内，在 LED 灯的光照射范围内才能通信，而光线照射不到的地方没有信号，所以该技术具有高度保密性，有可能在某些保密场所得到应用；第三，LED 灯发光效率高，绿色、环保，更加凸显了其节能减排的优越性。

在实现方式上，半导体照明通信系统由接入控制器、照明 LED 灯和用户适配器三部分组成。通常安置在 LED 灯上方的接入控制器通过以太网、卫星网络等方式连接外部网络，将通信信号通过 LED 灯转换为光信号，以照射的方式实现下行传输，用户适配器（以 USB 等方式连接电脑）接收到光信号后经过解码处理发送给用户电脑，用户适配器同时还可以利用红外光传输的方式，实现上行数据传输。

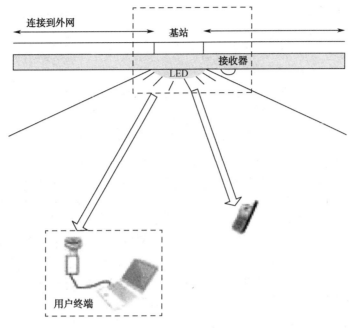

图 10.2　室内白光通信系统示意图

　　同时值得一提的是，很多场合将可见光无线通信简称为 Li-Fi（Light Fidelity），这自然让人联想到它与 Wi-Fi 方式的区别到底是什么。其实可以这样理解：相对于 Wi-Fi 采用无线电信号进行信号传输，半导体照明通信系统下行信号采用连续的可见光传送信号，而上行采用猝发红外线传送数据。另外，在通信协议上也不尽相同，半导体照明通信系统通信协议虽然在设计时部分参考了现有互联网通信协议，但是在编码方式、调制方式等方面均有不同。当然，Li-Fi 的出现，不是作为 Wi-Fi 的竞争对手，反之，两者是相辅相成的技术。

10.1.3　可见光通信的发展现状

　　由于可见光通信技术具有较好的应用前景，它在未来通信领域中占有重要的地位和价值，因此很多研究机构和电信运营公司都加入到无线光通信的研究领域中了，特别是日本、欧洲、美国等国家在可见光通信领域已经投入了大量的人力、物力和财力。

1. 国际上的相关研究现状

　　2000 年，日本庆应大学的中川研究室对基于白光的可见光通信信道进行了初步的数学分析和仿真计算，分析了白光作为室内照明和通信光源的可能性。2002 年，中川研究室的研究人员对可见光通信系统展开了具体的分析，包括光源属性、信道模型、噪声模型、室内不同位置的信噪比分布等。2003 年，在中川正雄的倡导下，日本成立了可见光通信联合体，并吸引了一大批研究单位及企业参与，包括 NEC、Sony、Toshiba 等。可见光通信协会（Visible Light Communications Consortium，VLCC）关于可见光通信的研究范围比较宽广，根据具体的应用场景可分为室内移动通信、可见光定位、可见光无线局域网接入、交通信号灯通信、水下可见光通信等。2004 年，Takakuni 等人对基于白光 LED 灯的整体通信系统进行了初步实验研究，该系统利用桌面 LED 照明台灯向用户提供广播信息，结构简单但系统通信距离较短，数据传输速率较低。2008 年，太阳诱电株式会社在"东京国际消费电子博览会"上现场演示了采用白光 LED 的高速无线通信系统，最大数据传输速率可达 100 Mbps。该系统实现了双向全双工高速通信，但是最大传输距离仅为 0.2 m 左右。当通信距离超过 0.2 m 时，随着通信距离的增加，系统的误码率增大。2013 年中川研究室还开发了基于可见光通信的超市定位及导航系统，这是面向商业化的产品。日本研发的灯塔可见光通信系统，通信速率达 1022 bps，通信距离为 2 km。目前正在研发用于紧急快速部署的低空可见光气球卫星。2013 年年底，日本 LAMPSERVE LED 街灯投入实际测试，通信速率达到 100 Mbps，距离约 200 m。2014 年，日本 TAKAYA 研发汽车间可见光通信系统，通信速率达到 10 Mbps，发射端为 LED 阵列，接收端为图像传感器。同年 5 月，日本东洋电机研发水下可见光高速通信装置，峰值速率达到 50 Mbps。2015 年 10 月，日本举办"日本可见光通信国际会议暨展览会"，松下公司推出"光 ID 服务解决方案"，富士通开发出"连接实物与信息的 LED 照明技术"以及现实增强技术等。

欧洲的 OMEGA 计划也对可见光通信展开了深入的研究。OMEGA 计划由欧洲 20 多家大学、科研单位和企业组成，其目标是研发出一种全新的能够提供宽带和高速服务的室内接入网络。OMEGA 计划把可见光通信技术列为重要的高速接入技术之一，并且已经取得了丰硕的研究成果。2009 年，牛津大学的 Brien 等人利用均衡技术实现了 100 Mbps 的通信速率；2010 年，他们又利用多输入多输出（Multiple-Input Multiple-Output，MIMO）和正交频分复用技术（Orthogonal Frequency Division Multiplexing，OFDM）技术，实现了 220 Mbps 的传输速率。2010 年在 OMEGA 计划的年会上展出的室内可见光通信演示系统的通信速率达到了 100 Mbps，该系统利用房间天花板上的 16 个白光 LED 通信，完成了 4 路高清视频的实时广播。2010 年 1 月，德国 Heinrich Hertz 实验室的科研人员创造了当时的可见光通信速率的世界纪录，他们利用普通商用的荧光白光 LED 搭建的可见光通信系统达到了 513 Mbps 的通信速率，并且通过分析认为该系统的通信速率还有提升的空间，可达到甚至 1000 Mbps。2011 年，实验室的科研人员又利用色光三原色（RGB）型白光 LED 及密集波分复用（Wavelength-Division Multiplexing，WDM）技术实现了更高的通信速率。2013 年 10 月，可见光通信领域的领军人物，德国物理学家哈斯教授创立的 PureLiFi 公司向美国一家医疗机构售出第一套可见光通信设备，价值 5000 欧元。可见光通信的实用商业价值标志着可见光通信开启了物联网行业的新篇章。2015 年 5 月，法国最大的零售商家乐福利用飞利浦公司 VLC-LED 灯具，在里尔大型卖场启用室内可见光导航系统。同年 11 月，爱沙尼亚 Velmenni 公司在塔林演示了一种 Li-Fi 原型灯泡，其数据传输速率可以达到 1 Gbps；在实验室条件下，记录的 Li-Fi 灯泡的数据传输速率达到 224 Gbps。作为典型的军民两用技术，可见光通信的应用前景是广阔的，依据《2014 欧洲可见光通信组织市场调查报告》的乐观预测，其产业增长率可达 84.9%，2018 年产值约 178 亿美元，2022 年产值可达约 2000 亿美元。

除了日本和欧洲的科研单位，美国的 UC-Light 也是进行可见光通信研究的重要机构。UC-Light 依托于加州大学的 4 所分校和 1 个美国国家实验室，其研究人员的研究背景涉及建筑学、无线通信、网络、照明、光学、器件等领域。UC-Light 成立的目的是开发一种基于 LED 照明的高速通信和定位系统。2015 年 4 月份，美国零售巨头 Target 在其店面安装了 VLC 定位导航系统。

2. 中国的研究现状

中国的可见光通信研究起步相对较晚，与国际上相比仍然落后很多，尚没有比较成熟的商用化的可见光通信系统。近年来，在国家的大力支持下，我国的可见光通信研究也逐步取得了一定的进步，在可见光通信理论、系统设计和计算机仿真、实验演示、系统设计制作等方面取得了一些成果。

2006 年，暨南大学的陈长缨、胡国永等提出利用白光 LED 照明光源用作室内无线通信，设计并实现了近距离（0.2 m）、点对点的白光 LED 通信系统。该系统成功实现了 10 Mbps 的传输速率下 FM 信号的传输。该研究团队在前期工作的基础上，利用白光 LED 阵列光源解决了前期系统通信距离过短、无法达到照明要求等问题，设计并实现了具备实用照明功能的室内白光 LED 通信系统。该系统成功实现 4 Mbps 带宽的数字多媒体音/视频信号使用白色可见光进行传输，信号传输距离超过了 2.5 m。2010 年 4 月开始，暨南大学这套白光 LED 照明-通信兼用系统作为我国唯一的白光 LED 通信科技创新成果选送上海世博会，在"沪上生态家"城市案例馆向全世界公开展示。2013 年 4 月 23 日，国家"863 计划"信息技术领域"可见光通信系统关键技术研究"主题项目启动会在河南郑州召开，该项目由解放军信息工程大学联合国内多家优势单位共同承担，旨在开发可见光（波长为 380～780 nm）新频谱资源，研究可见光通信系统在复杂信道条件下非相干光散射畸变检测、调制编码、光电多维复用与分集、最佳捕获检测等关键技术，建立可见光通信实验系统并开展典型应用示范，为可见光通信这一新型绿色信息技术的产业化奠定基础。2013 年 11 月，深圳光启推出的光子支付系统亮相中国国际高新技术成果交易会。2014 年 6 月，深圳光启与平安集团签署战略合作协议，推动光子支付解决方案。另外，深圳光启还推出光子门禁系统与光子覆盖系统。2014 年 6 月，珠海华策光通信也完成了 LED 白光室内定位系统（U-beacon），APP（易逛）已在江苏常州等地开展试运营及内测。此外，北京全电智领公司推出了基于可见光位置标签的博物馆展品讲解方面的产品，2015 年完成在北京正阳门博物馆的试运行，目前正在推出室内雾霾检测台灯等产品。

10.2　短距离可见光通信的标准化

2007 年，日本电子信息技术产业协会（Japan Electronicsand Information Technology Industries Association，JEITA）发布了 JEITA CP-1221 "可见光通信系统" 与 JEITA CP-1222 "可见光 ID 系统"，是世界首次颁布的 VLC 标准。前者规范了 VLC 基本要求，比如防止不同光通信系统之间干扰的最小技术要求，对特定光频建立子载波避免各通信系统之间的干扰。后者规范子载波 28.8 kHz 和四通道脉冲位置调制（Pulse Position Modulation，4-PPM）来传输 ID 和任意数据。2008 年，美国 IrDA 和 VLCC 合并致力于下一代自由空间光通信技术标准制定，2009 年 VLCC 扩展了 IrDA 物理层并发布 "IrDA/可见光通信物理层技术要求" v1.0 版，规范传输速率 4 Mbps。同年，IEEE 802.15 TG7 成立，致力于 VLC 标准化工作，于 2011 年发布 IEEE Std 802.15.7 TM-2011 "使用可见光的短距离无线光通信" v1.0 版。

IEEE802.15.7 对 VLC 定义了 4 类应用：局域网通信（WLAN）、定位增强信息广播、高分辨力定位（自动定位）及中等分辨力定位（室内导航）。该标准提供了高速 VLC 通信无闪烁可适应调光机制，支持点到点以及星状等多种网络拓扑结构，并对双向通信、广播模式物理层（PHY）和媒体存取控制层（MAC）进行了规定。其中，PHYI 为室外低速通信应用，其传输速率为 12～267 kbps；PHYII 用于室内中速通信应用，传输速率为 1.25～96 Mbps；PHYIII 用 RGB 作为传输源和接收器，其传输速率为 12～96 Mbps；IEEE 802.15.7 没有涉及千兆速率。德国物理学家哈斯教授提出了 Light Fidelity（Li-Fi）并进行标准化，该标准计划在未来达到 10 Gbps 传输速率。VLC 除了可以在 GPS 所不能发挥作用的室内和峡谷等场合进行定位，还可以用于水下通信、军用装备通信、电力线通信（PLC）及以太网供电（PoE）链路综合等。为了能够让 VLC 充分发挥其应用潜力，更为广泛应用的 VLC 国际标准还需要进一步开发。

10.2.1　VLC 光谱与网络结构

如表 10.1 所示，IEEE 802.15.7 v1.0 标准中要求网络支持指定设备、移动台及车载设备等，所有设备的通信工作在可见光谱（380～780 nm）内。

表 10.1　可见光波长带宽计划

波长/nm		频谱宽度/nm	码　字
380	478	98	000
478	540	62	001

波长/nm		频谱宽度/nm	码 字
540	588	48	010
588	633	45	011
633	679	46	100
679	726	47	101
726	780	54	110
		保留段	111

该标准提出"可见光波长带宽计划",将可见光划分为7段光带,用3 bit标识不同的光带ID号,并支持色移键控(Color Shift Keying,CSK)调制方式。IEEE 802.15.7 v1.0规定网络拓扑结构有点对点、星状和广播网络,在这三种结构中,需确保光的可见性,这将通过在媒体访问控制子层(Medium-Access Control,MAC)的信道分配中引入可见时隙来实现。该标准体系结构由物理层(Physical Layer,PHY)、MAC层、高级层和设备管理模块(Device Management Entity,DME)组成。PHY层包括可见光收发器与底层管理模块;MAC层向高级层提供物理信道的访问服务并保证可靠性;高级层提供网络配置和路由等服务,并实现特定功能;DME将亮度调节单元信息反馈给PHY层中PLME-SAP(PHY层服务访问点)和MAC层中的MLME-SAP(MAC层服务访问点),并根据PLME信息控制PHY层光源的选择。

10.2.2 物理层

物理层(PHY)的工作模式分为PHY I、PHY II、PHY III。PHY I工作在低频段内,数据速率低(11.67～266.6 kbps),采用二进制序列调制,PHY I时钟频率小于400 kHz,适合高直流驱动的LED,转换速度慢,适合以长帧形式长距离传输,如室外交通灯。PHY II工作在高频段内,数据速率较高(1.25～96 Mbps),与PHY I调制方式相同,PHY II时钟频率小于120 MHz,适合响应速度快的LED,可快速解码恢复数据,因此,PHY II适合以短帧形式近距离发送,如手机。PHY III与PHY II占据相同的高频段,数据速率高(12～96 Mbps),采用CSK调制,支持多光源带宽,CSK根据光带ID号将数据调制在不同波长的光波上并行传输,提高光谱利用率,因此,PHY III仅工作在RGB型LED器件下,与PHY II共存且互不影响,PHY III时钟频率小于24 MHz,适合短帧发送,用于室内。表10.2所示为PHY数据单元帧结构,该帧通过物理层服务接入点(PLME-SAP)调制在可见光载波上,用于空间中传输。

表 10.2　PHY 数据单元帧结构

前 序	物理层头部	物理层控制域	选 择 域	物理层数据
包头文	物理层头文			物理层净荷

由于 VLC 在传输数据或空闲状态时也能提供足够亮度的无闪烁照明服务，因此需要具备闪烁去除和亮度调节的功能。闪烁去除保证光强度变化时间不超过最大闪烁时间（MFTP<5 ms），可以分为帧内闪烁去除和帧间闪烁去除。帧内闪烁去除通过调整光补偿时隙来维持平均光输出功率；帧间闪烁去除是结合各调制方式与信道编码，确保帧与帧之间传送时光功率的恒定性。亮度调节是 VLC 支持用户可自行调整光亮度级别的功能，分为 OOK 调节、VPPM 调节和 CSK 调节。OOK 调节是在恒定范围内插入补偿时隙，维持一定的光功率输出，并通过改变补偿时隙周期改变平均亮度级别。VPPM（可变脉冲位置调制）调节则是通过改变脉冲位置或宽度来维持无闪烁照明的，它提供了恒定的数据速率，该方式通过改变数据时隙亮度级 A 与补偿时隙亮度级 B 在一个码元周期内的占空比来调节输出的平均亮度级 N（$N\%=AB$）。CSK 调制则根据"可见光波长带宽计划"在 7 段光带中选择 3 段组合，获得白光输出，通过选择颜色的 ID 标识改变组合，达到亮度调节的目的。

10.2.3　媒体访问控制层

MAC 层通过 MCPS-SAP（MAC 层数据服务接入点）和 MLME-SAP（MAC 层服务访问点）与上下层互通。该标准定义的 MAC 子层功能主要有六个方面。

（1）基于竞争的和非竞争的信道访问机制：前者采用带有冲突避免的载波侦听多路访问算法访问信道，后者由协调器使用保证时隙方式管理信道。

（2）启动和维护 V 盘（VPAN）：通过信道扫描选定一个合适的逻辑信道和一个在可见光覆盖范围内没有被占用的 VPAN 鉴别器，并以选中的设备作为协调器。

（3）设备加入和离开 VPAN：关联过程描述了设备如何加入或离开一个 VPAN，以及协调器如何实现设备加入或离开 VPAN 的过程。

（4）数据发送、接收和确认机制：为了描述发送帧、确认帧和解决重复帧问题，物理帧对具有相同目标地址的多个 MAC 帧进行封装，并使用一个确认帧对这些帧进行确认。

（5）安全性：根据上层要求，对数据加密、认证及重传保护，避免窃取 MAC 帧篡改重传。

（6）MAC 提供颜色函数、可视、色平衡及亮度调节等功能：当光源处于空闲或接收状态时，MAC 需提供无闪烁照明服务并满足用户调节亮度的需求。

表 10.3 所示为 MAC 帧结构，数据帧由应用层生成，经逐层处理发送到 MAC 层形成数据传输单元。

表 10.3　MAC 帧结构

字节数: 2	1	0/2	0/2/8	0/2	0/2/8	0/5/6/10/14	可变量	2
帧控制	序列号	目的 VPAN 识别号	目的地址	源 VPAN 识别号	源地址	安全信息	帧负荷	校验位
		地址域						
MAC 数据包							数据位	校验位

表 10.4 所示为颜色能见度渐变（Color Visibility Dimming，CVD）帧，为颜色、可见性和亮度调节提供支持，帧中的有效载荷部分为支持可见域。CVD 帧的亮度调节是在帧的带内（in-band）空闲模式中改变冗余时隙数量从而调节亮度的，并通过不同颜色的变换，提示用户通信状态和信道质量的变化。

表 10.4　CVD 帧结构

字节数: 2	字节: 2	变 量
帧控制	帧校验	支持可见域

10.3　可见光通信的关键技术

从前面的简单介绍中可以大概了解可见光通信的基本概念及标准化内容，但是想要真正实现可见光通信，还有很多技术上的难题需要攻克。下面将通过分析影响白光 LED 通信性能的因素，对白光 LED 通信中提高系统整体性能的若干关键技术进行分析讨论，为改善白光 LED 通信系统性能提供进一步努力的参考依据。

10.3.1　信道建模

对于无线通信系统来说，信道精确建模是实现可靠通信的关键。VLC 系统也概莫能外，关于 VLC 在室内外各种复杂环境下的信道测量与建模，目前只有少量研究成果，尤其是在有强光干扰、烟雾和灰尘遮挡的环境下的信道传输，以及干扰模型，更是亟需解决的问题。

一般来说，室内外场景 VLC 系统的信道模型有乘性噪声、加性噪声与多径时延等要素，研究内容包括以下几个方面。

（1）链路预算模型：静态特性建模，随距离变化的模型及参数。

（2）信道干扰强度：动态特性，可见光噪声对接收信号的影响。

（3）测量参数：包括光通量、光强角分布、传输速率、传输距离、可见光通信信道的频谱功率分布、多径效应影响、信道损耗等。

（4）信道传输部分实验：包括传输频率实验、传输波形实验、传输频率-传输波形-传输距离-传输衰减等四维因素的相关曲线实验及相关系数分析、传输中相关环境（如温度、湿度、环境亮度、物体反射率）等对传输衰减的影响程度检测及分析。

10.3.2　阵列光源的布局设计

在 VLC 系统中，光源的布局是影响系统性能的一个关键因素。光源布局需要考虑两个方面，一方面是组成白光 LED 阵列光源的内部 LED 灯的排布（个数及排列），另一方面是室内 LED 的整体布局（个数及室内分布）。通过两方面的合理布局可以使室内光分布同时满足照明和通信的需要。

在设计照明-通信的室内光源时，为符合照明场所国际标准的亮度分布要求，LED 光源最终设计成白光 LED 的阵列形式。组成每个 LED 阵列所需的白光 LED 的总个数取决于 LED 间隔的大小，间隔过大或过小，都会影响光照度的均匀性。间隔的取值，应平衡中心区域光强度与所需 LED 个数。LED 的排列需要考虑接收面的照度要求和光强分布，LED 的数目和排列需合理设计，在达到室内照明标准的同时，也要考虑码间串扰（Inter Symbol Interference，ISI）的影响。

在室内 VLC 系统中，要使通信效果达到最优，须根据房间的大小及室内设施，使房间内同一水平面上分布的光功率变化最小，尽量避免通信盲区（光照射不到的区域）的出现。由于行人、设备等的遮挡，会在接收机表面形成"阴影"，影响通信性能。对照明来讲，室内安装的照明灯越多，就越能降低"阴影"效应，同时接收功率大大增加，但多个不同的光路径会使得码间串扰 ISI 越发严重，因此合理安排 LED 阵列光源的布局尤为关键。

10.3.3　信道编码技术

信道编码是指为了提高通信性能而设计信号变换，以使传输信号能更好地抵抗各种信道损耗的影响，如噪声、干扰以及衰落等。在 VLC 中应用编码技术主要是为了提高通信质量，所以 VLC 的信道编码应该在满足带宽要求和复杂性要求的同时提高编码增益，在保证传输误码率的同时使编码效率最大化；能纠正随机错误，也能纠正突发错误及两者混合的错误。

不同的研究人员分别把通信系统中常用的信道编码，如 RS（Reed Solomon）码、卷积码、Turbo 码和 LDPC（Low Density Parity Check）码等应用到可见光通信中，也有学者利用 RS 码和卷积码形成级联码作为 VLC 的信道编码。一般来说，RS 码和卷积码在纠错方面不如 Turbo 码和 LDPC 码，但解码器结构的复杂度低，运行速度快，实时性高，能满足可见光通信的要求。可见光通信标准 IEEE 802.15.7 的 PHY I 层使用的信道编码是卷积码作为外码、RS 码作为内码的级联码，PHY II 层使用的是 RS 码，PHY III 层使用的是 1/2 RS(64,32)码。

在可见光通信中，需深入分析 Turbo/LDPC 等编/译码方法对整个编码调整系统性能的影响，基于 VLC 系统对传输距离、误码性能、吞吐率、延时、复杂度等多方面的要求及其错综复杂的交织机理，采用最优化理论得到整体性能最优的自适应编码调制方案，包括最优调制和编码方式的选择、星座图旋转角度的大小、码字的构造等使得 VLC 系统在各种典型的应用场景、不同谱段下获得与之匹配的最佳性能。

10.3.4　调制复用技术

为了克服白光 LED 的调制带宽的局限，必须深入探究频带利用率高、抗干扰性能好的调制复用技术。目前常见调制编码有开关键控（OOK）、脉冲位置调制（PPM）、多脉冲位置调制（MPPM）、差分脉冲位置调制（DPPM）等。相对于 OOK 调制方式，后三种利用率更好些；PPM 具有自提取同步信号，适合低信噪比的场合；MPPM 带宽效率和功率效率均较高；OFDM 是一种高效调制技术，具有频谱效率高、带宽扩展性强、抗多径衰落、频谱资源灵活分配等优点，是当今世界研究热点之一。早在 2001 年，日本庆应大学中川研究室提出，为提高传输的数据率，在 VLC 中引入正交频分复用（OFDM）调制方式的必要性。OFDM 技术的基本原理是将高速串行数据变换成多路相对低速的并行数据并对不同的载波进行调制。由于 OFDM 具有很强的抗多径能力，已经在高速无线通信中获得了广泛应用。对无线光通信来说，多径传播是引入码间串扰（ISI）的主要原因，限制了通信传输速率。在基于白光 LED 的 VLC 系统中，也可以采用 OFDM 方式降低 ISI。2005 年，西班牙的 Gonzalez 等提出了一种利用自适应 OFDM 调制，可根据当前信道状况调整各子信道分配的比特和功率，提高整个系统传输效率。长春理工大学研究学者近年来也对 OFDM 调制技术进行了研究，指出可以根据信道优劣选择恰当的 OFDM 调制解调方式。OMEGA 论证了基于正交频分复用/正交振幅调制（OFDM/QAM）技术的 3 m 以上距离进行 84 Mbps 光无线通信数据传输。

OFDM 在光无线通信系统中的缺点是直流（DC）成分导致的功效低。OFDM 在高效调制的同时，也会导致带宽通信系统复杂及影响照明均匀等问题。为了进一步提升传输速率，离散多音调制（DMT）技术逐步受到关注。目前 DMT 技术方面研究工作做得不是很多，尚需要进一步深入研究。总之，如何选择适合可见光的调制技术是当前亟待解决的关键问题。

10.3.5　均衡技术

VLC 中的均衡技术主要包括在发送端对 LED 窄带特性进行预均衡，以及在接收端消除干扰的均衡。

白光 LED 调制带宽窄的缺点严重限制了信号的传输速率，使用预均衡技术将 OOK 调制下的 40 Mbps 传输速率提高到 100 Mbps。现有的预均衡技术一般采用两种设计方案：一种是使用传统的模拟电路对信号衰减进行补偿，另一种是基于 FPGA（Field Programmable Gate Array），设计符合要求的 FIR 滤波器。

接收端均衡技术，也称为后均衡技术，可分为时域均衡和频域均衡。在可见光通信中，常用的时域均衡主要有线性横向均衡、判决反馈均衡、分数间隔均衡及自适应均衡。可见光 OFDM 系统的接收端则采用频域均衡。

可见光信号传输时可充分享用多维资源，如时间、空间、波长、码字等，但也会受到传输环境引起的畸变，造成在接收端信号检测的困难。针对可见光无线多维传输信道，需采用克服时频空域码间串扰的均衡技术和高级信号检测方法，结合多载波或脉冲调制，综合考虑多维子信道在不同时间空间和波长的关联性，研究适合室内外多场景多径传输的时频空域自适应预均衡和后均衡技术，有效克服多维传输信道对可见光信号的畸变，实现低复杂度和高性能的信号检测。

10.3.6 分集接收技术

基于分集技术的光接收机技术可以用来克服码间干扰和阴影的影响，分集接收的思想就是在接收机的不同方向上安装多个光电探测器，对多个探测器接收到的信号进行比较，选取信噪比最大的信号进行通信。

分集接收电路的设计根据信号传输速率的不同分为两类。在通信速率不是很高（通常低于 100 Mbps）时，采用低速率分集接收装置，就是简单地将多个信号直接相加，总体上提高接收信号的功率，如图 10.4 所示。当传输速率超过 100 Mbps 时，由于码间串扰的影响，不能将信号直接相加，必须设计专门的控制电路对信道进行自动判决和选择，高速率分集接收装置如图 10.5 所示。在高速通信中，信噪比最大的方向为直射链路的方向。此时，应选取最接近直射链路的方向作为最佳接收方向。

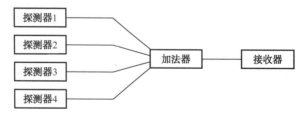

图 10.4 低速率分集接收探测器原理框图

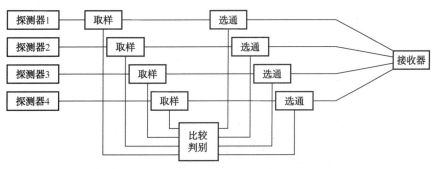

图 10.5　高速率分集接收器原理框图

关于探测器的个数和布局，需要根据具体环境和通信性能的要求来决定。理论计算和仿真结果表明，采用分集接收系统，能很好地克服不同路径引起的码间干扰的影响，而且当接收机随用户位置改变或室内有人员走动和其他物体产生阴影时，通过分集接收系统自动判决和选择，不需要人工设置就能保证通信系统的畅通。实验证明，在高速通信中，采用分集接收技术的系统信噪比平均提高了 2 dB，可以有效提高系统性能。

10.4　可见光通信的应用

VLC 在中、短距离安全保密通信、高精度准确定位、交通运输通信和室内导航等领域具有很大潜力，尤其是可以替代射频（RF）解决"最后 1 米"的问题。目前，可见光通信技术正从实验室走向现实并投入产业化，在各领域具有广阔的应用前景和发展空间。换句话说，未来有光的地方就能上网。如图 10.6 所示，客厅里的灯光下，一家人都可以自由上网；图 10.7 中，可见光通信的普及将会实现真正的移动办公，只要有光，走到哪里都不会耽误工作；在图 10.8 所示的办公室环境中，LED 灯同时用于照明和通信有助于实现普适化，并使得室内的每个设备都可用独立数据流。

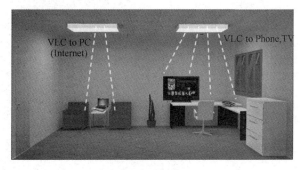

图 10.6　可见光通信的家庭环境应用

图 10.7 可见光通信的移动办公应用

更细致一点说，凡是用 LED 进行照明和指示的设备加上通信的功能即可衍生出新用途。

（1）可见光室内定位技术。不仅具备地图、导购等功能，还可以开发出更多室内真人互动游戏、社交类游戏等。对商场等大型项目来讲，既可以满足消费者线上互动、线下聚集，还能使商业场所实现提高人气、增加客流、引导消费的美好愿景。不仅如此，还可以应用到博物馆、美术馆等公共设施，推出易逛-博物馆、易逛-美术馆等，真正为参观者提供更多便利（如讲解、导航等）。如图 10.9 所示，用装有专门 APP 的手机对定位功能进行演示，持手机在会场内走动，系统会很快显示出其位置的移动，而且仅仅 1 m 的移动也可以显示。传统 GPS 定位的精度是 30～50 m，在室内小范围内就没有意义，Wi-Fi 的定位精度通常也只能达到 30～50 m，而可见光通信技术定位精度可达 1 m，这意味着在商场内这种定位和导航可以精确到具体的店铺。

图 10.8 可见光通信的办公室环境应用

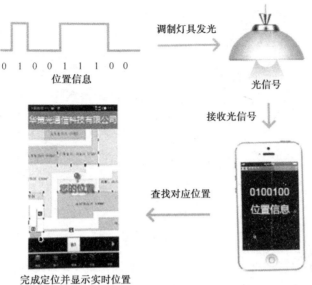

图 10.9　可见光通信定位功能示意图

（2）可见光通信技术应用于一些小商品，如手电筒、玩具、礼品等 LED 上，可成为前所未有的新产品。例如，可用作电子钱包的手机，可成为入场券的 LED 请柬，可互相打招呼的玩具等。图 10.10 所示的 LED 请柬就非常漂亮新颖，并且可以表达更多内容，让小小的请柬变得多姿多彩。

图 10.10　LED 请柬

（3）大屏幕 LED 显示及 LED 交通信号灯，成为实时信息下载平台，人们用手机对准即可下载屏幕上的显示内容，如商品广告和优惠信息、股市行情、实时交通信息等。如图 10.11 所示，LED 用到智能交通中，给生活带来了极大的方便。

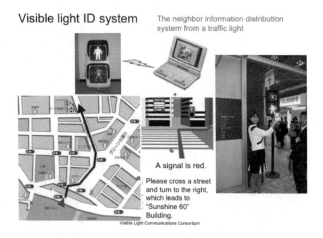

图 10.11　LED 智能交通应用

图 10.12　LED 矿灯

（4）井下人员定位系统，使用井下照明灯具发出的光作为载体，通过对矿井下固定的巷道灯与矿工佩戴的头灯（见图 10.12）之间的光信号交互，能实现 1 m 以下的高精度的人员定位，这套成本低廉、施工复杂度低的产品对矿难救援工作的意义是非常大的，而且因为减少了无线信号的使用，还能降低电火花引起爆炸的危险。

（5）白光 LED 照明未来最大的市场是车用照明领域，构成汽车大功率 LED 前照灯信息传输系统。将车牌号、车速、载重量等多种信息自动瞬时地传输到各种交通监测设备，实现自动缴费、车量登记、测速等，解决目前智能交通系统中最为头痛的车辆信息采集问题。LED 尾灯也可与后车快速传递路况、刹车等信息，避免交通事故的发生。此外，也可应用于自动车库门、私家停车场等，实现无人化管理。如图 10.13 所示，就像刹车灯"告诉"司机要停车一样，VLC 可以向发动机控制单元发送相同的消息以避免碰撞。

图 10.13　LED 车灯防追尾示意图

（6）如图 10.14 所示，在机场使用 LED 通信可以减少地面冲突，因为 LED 可以在机场照明基础设施、地面车辆和飞机之间提供信号。

图 10.14　LED 在机场导航中的使用

（7）医疗环境。可见光无电磁污染，可以用于医院等对电磁干扰比较敏感的地方的无线接入。VLC 技术可以用在医疗设备之间，特别是在某些不适合射频无线通信的医疗环境下，如图 10.15 所示。

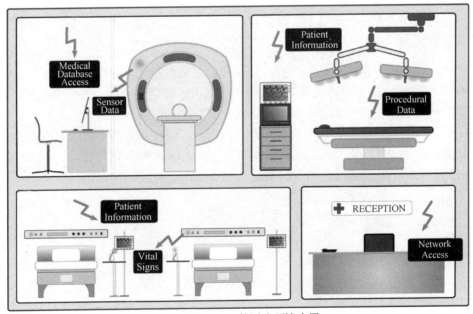

图 10.15　VLC 的医疗环境应用

（8）复杂电磁环境。在复杂的电磁环境下，传统的无线通信手段受到限制，而可见光频段则不会受到低频的电磁干扰，体现出 VLC 的特殊优势，如图 10.16 所示。

图 10.16　复杂电磁环境下的 VLC

10.5　本章小结

　　本章首先简单介绍了可见光通信的概念及目前的发展情况，特别是该通信系统具有避免电磁干扰、保密性好、节能环保等特点，使得它具有更加广阔的研究及应用前景；接着重点介绍了可见光通信的关键技术；最后简单介绍了可见光通信在实际生活中的应用，并展望了其发展前景。

　　总而言之，在照明领域，基于白光 LED 可见光通信的推广应用增加了半导体照明的附加值，有助于提高 LED 照明对现有照明光源的竞争力。在通信领域，它已成为光无线通信领域一个新的增长点。可见光通信具有不占用频谱资源、发射功率高、无处不在、无电磁干扰、节约能源等优点，具有极大的发展前景。但是，要真正实现室内超高速光无线数据通信，还有很多挑战需要面对，如光源及其布局、调制解调和编/解码技术、无线信道传输和复用技术、码间干扰的克服技术等相关技术需要进一步优化。

思考与练习

　　（1）什么是可见光通信？请简要概括。

　　（2）可见光通信系统的结构及工作原理分别是什么？

　　（3）可见光通信有什么基本特点？与其他短距离通信技术相比，它的优势是什么？

（4）可见光通信的关键技术有哪些？请简要概括。

（5）在室内 VLC 系统中，要使通信效果达到最优，有哪些注意事项？

（6）可见光通信的体系标准是什么？该标准体系结构分为哪几层？

（7）可见光通信的应用有哪些？

参考文献

[1] 迟楠. LED 可见光通信技术[M]. 北京：清华大学出版社，2013.

[2] 文湘益，汪井源，徐智勇，等. 室内可见光功率分布分析与仿真研究[J]. 军事通信技术，2013(1): 17-22.

[3] 何胜阳. 室内可见光通信系统关键技术研究[D]. 哈尔滨：哈尔滨工业大学，2013.

[4] 骆宏图. 基于以太网的 LED 可见光通信技术研究[D]. 广州：暨南大学，2012.

[5] 高小龙. 白光 LED 发光建模与通信系统研究[D]. 长沙：中南大学，2012.

[6] 李鑫. 井下白光 LED 无线通信系统研究[D]. 哈尔滨：哈尔滨工程大学，2012.

[7] 胡国永，陈长缨，陈振强. 白光 LED 照明光源用作室内无线通信研究[J]. 光通信技术，2006(7): 38-45.

[8] 于志刚，陈长缨，赵俊，等. 白光 LED 照明通信系统中的分集接收技术[J]. 光通信技术，2008(9): 49-66.

[9] 刘宏展，吕晓旭，王发强，等. 白光 LED 照明的可见光通信的现状及发展[J]. 光通信技术，2009(7): 32-41.

[10] 骆宏图，陈长缨，傅倩，等. 白光 LED 室内可见光通信的关键技术[J]. 2011(2): 79-83.

[11] 孙鹏飞，张骞，韩慧锋. LED 照明技术在室内照明中的应用[C]. 室内照明节能与新技术研讨会论文集，2009: 47-49.

[12] 杜鹏，许明明. 不同填充物的紫外灯与环境温度的实验对比与分析[C]. 中国长三角照明科技论坛论文集，2004: 142-146.

[13] 陈昌龙，王大鹏，徐家栋. LED 灯光仿真控制系统的软件设计[C]. 2006 年全国 LED 显示技术应用及产业发展研讨会论文集，2006: 168-170.

[14] 李农. LED 显示屏可视距离的计算[C]. 2008 年全国 LED 显示应用技术交流暨产业发展研讨会文集，2008: 215-217.

[15] 陈文成，林燕丹，陈大华. 公路隧道照明的质量评价[C]. 走近 CIE 26th 中国照明学会（2005）学术年会论文集，2005: 151-153v.

[16] 范供齐，施丰华，徐文飞，等. 白光 LED 封装进展的研究[C]. 海峡两岸第十八届照明科技与营销研讨会专题报告暨论文集，2011: 35-41.

[17] 傅倩，陈长缨，洪岳，等. 改善室内可见光通信系统性能的关键技术[J]. 自动化与信息工程，2010(2): 4-7.

[18] 丁德强，柯熙政. 可见光通信及其关键技术研究[J]. 半导体光电，2006(2): 17-20.

[19] S. Kitano, S. Haruyama, M. Nakagawa. LED road illumination communication system[C]. Vehicular Tech

Conf. 2003(5)：3346-3350.

[20] Grubor J, Rabdel S, Langer K D, et al. Broadband information broadcastion using LED-based interior lighting[J]. Journal of Lightwave Technology, 2008, 26(24): 3883-3892.

[21] Yin-Tsung Hwang, Kuo-Wei Lao, Chien-Hsin Wu. FPGA realization of an OFDM frame synchronization design for dispersive channels[C]. Proceedings of the 2003 International Symposium on Circuits and Systems, ISCAS '03. 2003(2)：25-28.

[22] Klaus-Dieter Langer, Jelena Grubor. Recent Developments in Optical Wireless Communications using Infrared and Visible Light[C]. 9th International Conference on Transparent Optical Networks(ICTON '07), 2007(3): 146-151.

[23] P. Amirshabi, L. Kavehrad. Broadband access over medium and low voltage power-lines and use of white light emitting diodes for indoor communications [C]. Proc. 3rd IEEE Consumer Communications and Networking Conference(CCNC'06), 2006: 897-901.

[24] J.M. Garrido-Balsells, A. Garcia-Zambrana, A. Puerta-Notario. Performance evaluation of rate-adaptive transmission techniques for optical wireless communications[C]. Proc. IEEE 59th Vehicular Technology Conference(VTC'04), 2004(2): 914-918.

[25] A.C. Boucouvalas. Challenges in optical wireless communications[J], Optics and Photonics News, 2005(16): 36-39.

[26] A.C. Boucouvalas. 513Mbit/s Visible Light Communications Link Based on DMT-Modulation of a White LED[J], Journal of Lightwave Technology, 2010, 28(24): 3512-3518.

第 11 章

Ad hoc 网络无线通信技术

Ad hoc 一词来源于拉丁语，是"特别地、专门地为某一即将发生的特定目标、事件或局势而不为其他的"意思。这里提出的"Ad hoc 技术"所标称的就是一种特定的无线网络结构，强调的是多跳、自组识、无中心的概念，所以国内一般把基于 Ad hoc 技术的网络译为"自组网"或者"多跳网络"等。

Ad hoc 技术起源于 20 世纪 70 年代的美国军事领域，它是在美国国防部 DARPA 资助研究的"战场环境中的无线分组数据网（PRNET）"项目中产生的一种新型的网络构架技术。DARPA 当时所提出的网络是一种服务于军方的无线分组网络，实现基于该种网络的数据通信。随着移动通信和移动终端技术的高速发展，Ad hoc 技术不但在军事领域中得到了充分的发展，而且也在民用移动通信中得到了应用，尤其是在一些特殊的工作环境中，比如所在的工作场地没有可以利用的设备或者由于某种因素的限制（如投入、安全、政策等）不能使用已有的网络通信基础设施时，用户之间的信息交流以及协同工作（Cooperative Work）就需要利用 Ad hoc 技术完成通信网络的立即部署，满足用户对移动数据通信的需求。

Ad hoc 作为移动通信和计算机网络结合的产物，是一种无须任何基础设施支持就可以实现通信的自组网络。与传统的固定网络和蜂窝网络相比，它具有部署快速、环境适应力强、抗毁性强等特点，因而在诸如战场、灾难救助、野外考察、工业现场监控等领域有着广泛的应用前景。

11.1 Ad hoc 网络概述

11.1.1 Ad hoc 网络的起源与发展

Ad hoc 网络技术的起源可以追溯到 1968 年的 ALOHA 网络和 1972 年美国 DARPA（Defense Advanced Research Project Agency）开始研究的分组无线网（Packet Radio Network，PRNET）。DARPA 研究的 PRNET 是一种应用于军事领域的无线分组网络，将数据分组交换

技术应用于无线网络。DARPA 在 1983 年进行了抗毁无线网络（Survivable Adaptive Network，SURAN）的研究，以提高无线通信网络在特殊环境或紧急情况下的抗毁性和扩展性。不论是 PRNET，还是 SURAN 都是为了在没有任何基础通信设施的环境中或者在通信设施被敌方控制的环境下，使战场上的战车、战士等移动节点能够进行基于分组交换的网络通信。PRNET 采用 ALOHA 与 CSMA 相结合的媒介接入协议，并引入了一种主动式的多跳距离矢量路由算法。而 SURAN 重点研究了其网络算法的可扩展性来对抗攻击，并采用成本低、功耗小的电台，增强了网络的抗电子干扰的能力。为提高可扩展性，SURAN 的其路由协议采用基于分层链路状态协议。

近年来，笔记本电脑、智能手机等具有无线通信设备的终端越来越普及，计算机之间、移动终端之间相互通信、传输数据的需求日益增长。1994 年 C. E. Perkins 和 D. B. Johnson 提出了使无线通信设备在没有基础网络设施的支持下，进行组网通信的构想。1994 年学者开始研究全球移动信息系统（Globle Mobile Information Systems，GloMo），该系统为了让无线移动用户在任何时间、任何地点提供 Internet 的多媒体连接。美军在其战术互联网中使用的近期数字无线电（Near-Term Digital Radio，NTDR）采用分层结构和链路状态路由协议，构成双频分层结构的 Ad hoc 网络。

由于 Ad hoc 网络逐渐开始采用 TCP/IP 等标准的商用网络协议，加上其应用领域也逐渐从军事应用向民用扩展，越来越多的研究人员参与到了对 Ad hoc 网络技术的研究工作中，研究的方向涉及 Ad hoc 网络技术的方方面面，包括信道接入、组网、网络管理、QoS、网络安全、节能、功率控制等。比较著名的究机构有康奈尔大学的无线网络实验室（Wireless Networks Laboratory）、加州大学洛杉矶分校的无线自适应移动性实验室（The Wireless Adaptive Mobility Lab）、伊利诺伊大学香槟分校的 Ad hoc 网络研究小组、马里兰大学的移动计算与多媒体实验室（The Mobile Computing and Multimedia Laboratory）和加州大学圣巴巴拉分校的移动性管理和连网实验室（The Mobility Management and Networking Lab）等。随着 Ad hoc 技术的逐渐民用，基于 Ad hoc 技术的移动终端及网络设备已经成为一些大型通信公司研发的重点。诺基亚公司已经发布了无线移动路由器，并提供了高速无线接入系统的解决方案；NEC 公司也提供了基于 PHS 系统的移动计算网络系统；美国 Azalea Networks 公司专门致力于 Ad hoc 技术产品研发，已经推出了整个通信系统的解决方案，以及各种网络设备和移动终端。

成立于 1991 年 5 月的 IEEE 802.11 委员会在制定 IEEE 802.11 协议标准时，将无线分组网络改为 Ad hoc 网络，提出了很多民用的建议，并将 Ad hoc 网络在军事方面的研究应用于民用方面。IETF（Internet Engineering Task Force）工作组在 1997 年专门为移动 Ad hoc 网络成立了工作组，称为 MANET 工作组，负责研究和开发移动 Ad hoc 网络的路由协议、MAC 协议等，并制定相应的协议标准。

11.1.2　Ad hoc 网络的特点

由于 Ad hoc 网络采用无线通信媒介，以及它与众不同的应用环境，因此 Ad hoc 网络具有与传统网络截然不同的特点。

（1）自组织和无中心特性。Ad hoc 网络不需要事先架设的通信基础设施，也不需要中心管理设备就可以实现网络内的各个节点进行通信。节点可以通过分布式的算法进行快速自行组网并协调各个节点的行为。任何节点在加入网络或者离开网络时，都不会对整个 Ad hoc 网络的造成影响，因此，Ad hoc 网络抗毁性较强。

（2）网络拓扑动态变化。由于 Ad hoc 网络节点任意移动，节点开、关机，节点加入或离开网络，以及无线媒介变化所导致节点间通信中断等因素的影响，Ad hoc 网络的拓扑结构随时可能发生动态的变化。在拓扑结构图中的主要表现就是代表移动节点的顶点的增加或减少，位置的移动和变化，代表无线信道的弧的增加或减少，以及部分网络拓扑的拆分和组合等。

（3）多跳组网方式。在传统的有中心的移动通信网络中，路由协议采用的是集中管理和维护的方式，移动节点不需要管理路由。而在 Ad hoc 网络中，节点能够直接通信的距离有限，当它需要与通信范围以外的节点进行通信的时候，就需要有中间节点为其转发数据。由于 Ad hoc 网络中的节点既可以作为终端，又可以作为路由器，因此 Ad hoc 网络中的多跳路由是由网络中的各个节点组成的，而不是像传统的固定网络由专门的路由器、交换机来实现的。源节点和目的节点之间的数据包通常需要经过多跳传递给对方。有时，中间节点会为多个源节点转发数据。

（4）分布式控制方式。Ad hoc 网络与蜂窝移动通信系统、无线局域网的最主要的区别就在于不需要中心设备来对网络进行集中管理和控制。在 Ad hoc 网络中，各个节点都具有网络的控制功能，节点自行管理和控制。Ad hoc 网络的节点既是移动终端，又有路由器的功能，并且网络中各个节点地位都是平等的，具有相同的功能，通过各节点的相互配合实现了 Ad hoc 网络的建立和维护。由于采用了分布式的控制方式，使得 Ad hoc 网络的抗毁性和鲁棒性得到很大的提高。

（5）无线通信带宽受限。在 Ad hoc 网络中，终端都是通过无线媒介来传输数据的。由于无线信道本身的物理特性，无线信道所能提供的容量明显低于有线信道，并且无线环境具有带宽有限、比特误码率高、链路质量和容量起伏波动等问题。另外，无线信道是一种共享媒介，由于竞争无线信道产生的碰撞、信号衰落、噪声、环境干扰等因素的影响，移动终端能得到的实际带宽容量常常比由理论得出的最大带宽容量小很多。在 Ad hoc 网络的多跳数据传输过程中，受无线信道质量的影响更明显。

（6）安全性受限。Ad hoc 网络采用无线信道传输的方式，无线网络比有线网络的安全性要差很多，无线传输容易被窃听，易遭到主动入侵、拒绝服务、信息阻塞、信息伪造等方式的攻击。如果使用复杂的加密算法，那么会耗费终端的大量能量，对于 Ad hoc 网络终端这种能量受限设备，使用复杂的加密算法是得不偿失的。另外，Ad hoc 网络的节点需要选择其他中间节点为自己转发数据包，如果这些中间节点中存在敌意节点，那么所发送的数据很容易被敌意节点截获造成失密，因此，Ad hoc 网络中的安全性问题很复杂，传统网中成熟的安全策略和机制不适合使用在 Ad hoc 网络中，需要针对 Ad hoc 网络的特点设计安全策略。

（7）终端设备受限。在 Ad hoc 网络中，所采用终端通常为膝上电脑、PDA 或者智能手机等便携式通信设备，这些设备便携性较好，但是运算处理能力跟台式电脑、大型的工作站、路由器、服务器相比要差很多。另外，这些移动设备都是依靠电池来提供能量，为提高便携性，电池的容量不能设计较大，因此，在设计 Ad hoc 网络协议的时候需要考虑终端设备的处理能力和能量消耗等问题。

11.1.3　Ad hoc 网络的体系结构

网络体系结构就是指网络的各层及其协议的集合，由于移动 Ad hoc 网络的特殊性，传统网络体系结构和已有的大量协议在 Ad hoc 网络中不再适用，Ad hoc 网络的体系结构应当充分考虑网络的自组织特性和特殊的应用环境。

1．节点结构

Ad hoc 网络的节点不仅要具备移动终端的功能，还要具备路由器的功能，因而就完成功能而言，网络节点可分为主机、路由器和电台三部分。其中主机部分完成移动终端的功能，包括人机接口、数据处理等；路由器部分主要负责维护网络的拓扑结构和路由信息，完成报文的转发功能；而电台部分则提供无线信息传输功能。从物理结构上分，结构可以被分为以下几类：单主机单电台、单主机多电台、多主机单电台和多主机多电台，手持机一般采用的单主机单电台的简单结构。作为复杂的车载台，一个节点可能包括通信车内的多个主机。多电台不仅可以用来构建叠加的网络，还可用于网关节点来互连多个 Ad hoc 网络。

2．网络拓扑

Ad hoc 网络的分布式工作方式确定了其网络拓扑通常采用完全分布式控制网络结构和分层分布式控制网络结构，即平面结构和分级结构。

（1）平面结构。平面结构（见图 11.1）的网络比较简单，所有节点在网络控制、路由选择和流量管理上是平等的，原则上不存在瓶颈，网络比较健壮。源节点和目的节点之间一般存在多条路径，可以较好地实现负载平衡和选择最优路由。然而在平面结构中，由于无法实施集中式的网络管理和控制，每一个节点都需要知道到达其他所有节点的路由信息，为了维护这些动态变化的路由信息需要产生大量的控制消息，当网络规模增加到某个程度时，就会造成网络的"瘫痪"。平面结构的可扩充性差，主要用于中小型网络。

（2）分级结构。在分级结构中，网络被划分为一个或多个簇（Cluster），每个簇由一个簇头（Cluster-header）和多个簇成员（Cluster-member）组成，这些簇头形成高一级的网络。在高一级的网络中，又可以再分簇，形成更高一级的网络，直至最高级。在分级结构中，簇头节点负责簇间数据的转发，它可以预先指定，也可以由节点利用算法选举产生。根据不同的硬件配置，分级结构的网络又可以分为单频分级和多频分级两种。

单频分级见图 11.2，所有节点使用同一个频率通信。实现簇头之间的通信，要有网关节点的支持。簇头和网关节点形成高一级的网络，称为虚拟骨干网络。在分簇结构中，网关是指同时位于两个簇头通信范围内的节点。

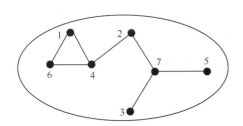

图 11.1　平面结构

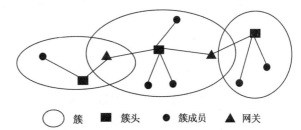

◯ 簇　■ 簇头　● 簇成员　▲ 网关

图 11.2　单频分级结构

而在多频分级网络（见图 11.3）中，不同级采用不同的通信频率。低级节点的通信范围较小，而高级节点要覆盖较大的范围。高级节点同时处于多个级中，使用多个频率，用不同的频率实现不同级的通信。在图 11.3 所示的两级网络中，簇头节点有两个频率，频率 1 用于簇头与簇成员的通信，而频率 2 用于簇头之间的通信。如果硬件支持的话，分级网络中的每个节点都可以成为簇头，这样需要适当的簇头选举算法，算法要能根据网络拓扑的变化重新分簇或废除和选举簇头。

总体来说，在分级结构中，簇成员的功能比较简单，不需要维护复杂的路由信息，大大减少了网络中路由控制信息的数量，具有良好的可扩充性；网络规模不受限制，可通过增加簇的个数和网络的级数来增加网络的规模；簇头节点可以随时选举产生，具有较强的健壮性。虽然分级结构也存在簇头选择算法和簇维护机制增加了控制的开销，以及簇头节点可能成为网络的瓶颈等缺陷，但从实施资源管理和提供服务质量保障的角度出发，分级结构有较大优势。因此，当网络的规模较小时，可以采用简单的平面式结构；而当网络的规模增大时，应采用分级结构。美军在其战术互联网中使用近期数字电台（Near Term Digital

Radio，NTDR）组网时采用的就是双频分级结构。

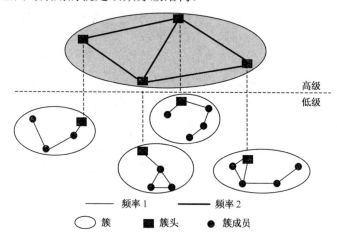

图 11.3　多频分级结构

3．网络协议栈

根据 Ad hoc 网络的特征，参照 OSI 的经典 7 层协议栈模型和 TC/IP 的体系结构，可以将 Ad hoc 网络的协议栈划分为 5 层，自下而上分别是物理层、数据链路层、网络层、传输层和应用层。在协议栈中，各层的功能描述如下。

（1）物理层。功能包括信道的区分和选择、无线信号的监测、调制解调等，其设计目标是以相对低的能量消耗，克服无线媒体的传输损失，获得较大的链路容量。

（2）数据链路层。MAC 子层规定了不同的用户如何共享可用的媒体资源，即控制移动节点对共享无线信道的访问，它包括两个部分：一是信道的划分，即如何把频谱划分为不同的信道；二是信道分配，如何把信道分配给不同的用户。逻辑链路控制 LLC 子层负责向网络提供统一的服务，屏蔽底层不同的 MAC 方法。具体包括数据流的复用、数据帧的检测、分组的转发/确认、优先级排队、差错控制和流量控制等。

（3）网络层。主要功能包括邻居发现、分组路由、拥塞控制和网络互连功能。邻居发现用于收集网络拓扑信息；路由协议的作用是发现和维护去往目的节点的路由，路由协议包括单播路由协议和多播路由协议，此外还可以采用虚电路方式来支持实时分组数据的传输。

（4）传输层。主要功能是向应用层提供可靠的端到端服务，使上层与通信子网（下三层的细节）相隔离，并根据网络层的特性来高效地利用网络资源，特别是当 Ad hoc 网络需要接入 Internet 等外部网络时尤其需要传输层协议的支持。

（5）应用层。主要功能是提供面向用户的各种应用服务，包括具有严格延时和丢失率限制的实时应用（紧急控制信息）、基于 RTP/RTCP 的自适应应用（音/视频）和没有任何服务质量保障的数据报业务。

（6）可选功能。包括功率控制、拓扑控制、分簇算法、信令协议、移动管理与位置定位、服务发现、地址自动配置和安全策略等，这些可选功能模块在协议栈中的具体的位置取决于各功能模块的作用，以及与上下层协议的关系。

Ad hoc 网络是为特定目的和临时场合构建的，在不同的应用环境中，节点的数量、功率和移动速度，以及链路的带宽因素各不相同，因此 Ad hoc 网络的体系结构应根据具体的使用环境和应用需求进行设计。采用严格的分层体系结构使得协议缺乏足够的适应性，不符合动态变化的网络特点，网络性能往往无法得到有效的保障，特别是当把能量或 QoS 作为约束条件时。因此为了满足 Ad hoc 网络的特殊要求，需要一种能够在协议栈的多个层支持自适应和优化性能的跨层协议体系结构，并根据所支持的应用来设计系统，即采用基于应用和网络特征的跨层体系结构。

11.1.4　Ad hoc 网络的关键技术

（1）链路层自适应技术。由于能量的限制，Ad hoc 网络的链路层设计面临许多新的挑战。由于多径衰落引起的幅度与相位的扰动、延迟扩展引起的码间串扰、来自其他节点信号的干扰等因素，使得无线信道的单位带宽容量相对较小。Ad hoc 网络链路层设计的目标是在相对小的能量条件下，使得数据速率接近最基本的信道容量。链路自适应技术主要包括自适应编码、自适应调制、自适应功率控制、自适应资源分配、自适应链路调整等技术。

（2）信道接入技术。Ad hoc 网络的无线信道是多跳共享的多点信道，所以不同于普通网络的共享广播信道、点对点无线信道和蜂窝移动通信系统中由基站控制的无线信道。信道接入技术控制节点如何接入无线信道，它主要解决隐藏终端和暴露终端问题，影响比较大的有 MACA 协议、控制信道和数据信道分裂的双信道方案、基于定向天线的 MAC 协议，以及一些改进的 MAC 协议。

（3）网络体系结构。网络主要是为数据业务设计的，没有对体系结构做过多的考虑，但是当 Ad hoc 网络需要提供多种业务并支持一定的 QoS 时，应当考虑选择最为合适的体系结构，并需要对原有协议栈重新进行设计。

（4）路由协议。Ad hoc 路由面临的主要挑战是传统的保存在节点中的分布式路由数据库如何适应网络拓扑的动态变化。Ad hoc 网络中多跳路由是由普通节点协作完成的，而不是由专用的路由设备完成的，因此必须设计专用的、高效的无线多跳路由协议。目前，一般普遍得到认可的代表性成果有 DSDV、WRP、AODV、DSR、TORA 和 ZRP 等。至今，路由协议的研究仍然是 Ad hoc 网络成果最集中的部分。

（5）QoS 保证。Ad hoc 网络出现初期主要用于传输少量的数据信息，随着应用的不断扩展，需要在 Ad hoc 网络中传输多媒体信息。多媒体信息对时延和抖动等都提出了很高的要求，即需要提供一定的 QoS 保证。Ad hoc 网络中的 QoS 保证是系统性问题，不同层都要提供相应的机制。

（6）多播/组播协议。由于 Ad hoc 网络的特殊性，广播和多播问题变得非常复杂，它们需要链路层和网络层的支持，目前这个问题的研究已经取得了阶段性的进展。

（7）安全性问题。由于 Ad hoc 网络的特点之一就是安全性较差，易受窃听和攻击，因此需要研究适用于 Ad hoc 网络的安全体系结构和安全技术。

（8）网络管理。Ad hoc 网络管理涉及面较广，包括移动性管理、地址管理和服务管理等，需要相应的机制来解决节点定位和地址自动配置等问题。

（9）节能控制。能耗问题是 Ad hoc 网络能否大规模应用的核心问题之一，可以采用自动功率控制机制来调整移动节点的功率，以便在传输范围和干扰之间进行折中；还可以通过智能休眠机制，采用功率意识路由和使用功耗很小的硬件来减少节点的能量消耗，这一点对军事应用和无线传感器网络尤为重要。

在以上关键技术中，有效的路由算法和协议，以及 QoS 保障是成功通信的前提和基础，因此也是本章重点介绍的内容。

11.2　Ad hoc 网络的 MAC 协议

由于移动无线网络节点的存储和计算能力较低，信道也是时变的，要实现灵活的高速率服务将会增加 MAC 层协议设计的复杂度，而同一网络中不同设备的不同特性引起的网络异质性也是另一个难点，所以基于 Ad hoc 网络的 MAC 协议在充分发挥其灵活多变、适应性强、易搭建等优点的同时，需要克服其应用于不同物理层时，由不同物理层特点带来 MAC 协议设计的复杂性，从而使系统资源得到充分利用，获得最优化的系统性能。为了充分利用 Ad hoc 网络的独特优点，系统对 MAC 协议设计提出了如下特殊要求。

（1）在无线网络中，各通信链路上信道环境时变快。为充分利用信道，MAC 协议需要根据信道的变化情况，及时判决是否允许某个用户接入，以及有效地对接入方式做出调整，快速建立起多用户的接入，并且保证用户的高速传输。

（2）在 Ad hoc 网络中，多个用户同时接入信道的情况会导致不同的用户数据包的碰撞。接收机无法分辨接收信号和干扰信号，将造成资源浪费以及系统吞吐量严重下降，因此，为满足 Ad hoc 网络中各用户的 QoS 要求，MAC 协议要设法避免不同的用户同时使用信道时产生的相互干扰。现有的研究结果表明，MAC 层与其他各层进行一体化设计能够得到更优化的系统性能。

（3）对 Ad hoc 网络所面向的应用来讲，必须考虑实时应用的问题，如视频传输，这类应用对时延，时延抖动和丢包率等参数都有很严格的要求，因此，基于 Ad hoc 网络的 MAC 协议必须采用高效的资源管理策略，减小端到端延时，以实现 QoS 保证。

（4）节省有限的能量资源，并对其进行有效利用，以及均衡全网的能量分配才能有效地提高网络生存时间，构建一个强健的网络。

11.2.1 信道接入的公平性

信道接入的公平性问题，就是期望所有的节点以均等的机会访问信道。Ad hoc 网络不存在中心控制节点，各节点处于平等地位，同时，该网络的高速传输对于公平接入有更为迫切的需要，因而需要有 MAC 协议来控制各节点接入信道的能力。而对信道的公平访问起着关键作用的是退避算法。下面以 CSMA 系列的 MAC 协议为例来解释在接入过程中是如何解决该问题的。CSMA（Carrier Sense Multiple Access）协议是 ALOHA 的一种改进协议，即每个节点在发送数据之前，首先对信道进行监听，以判断信道当时的状态。若发现信道空闲（即没有其他节点在发送数据）时，则立即发送数据；若监听到信道忙，或者就暂时放弃信道监听，根据协议的算法随机延迟一段时间后重新监听，这称为非坚持 CSMA；或者持续监听信道，一直坚持听到信道空闲为止。这时又有两种策略：一种是一听到信道空闲就立即发送数据，这称为 1 坚持 CSMA；另一种是听到信道空闲时以概率 p 发送数据，而以概率（$1-p$）延迟一段时间，重新监听信道，这称为 p 坚持 CSMA。

在 CSMA 系列的随机接入技术中，为了减小重发时再次发生冲突的可能性，当发生报文冲突时，发送节点要延迟一段随机时间后再重新发送，这一策略称为退避，而延迟的随机时间即退避时间。退避时间的大小直接反映了节点接入信道的能力，退避时间越大，节点抢占信道的能力就越弱；反之，节点抢占信道的能力则越强。如果退避算法赋予各节点的退避时间相差悬殊，就可能引发公平性问题，严重的可能造成某些节点一直无法接入信道，即造成"饿死"现象，所以，要采用适当的退避算法，以便在退避一段时间后能成功地发送报文，并保证移动 Ad hoc 网络信道访问的公平性。一种解决方法是赋予各节点相同的退避时间，这就能充分保证公平性，然而，这样做虽然能保证各节点访信道的能力完全相等，但却增大了各退避时间同时减小到零的可能性，从而增大了发生冲突的概率。

11.2.2 隐藏终端与暴露终端问题

隐藏终端和暴露终端问题是无线移动网络所特有的问题。隐藏终端是指位于接收节点的通信范围之内，而在发送节点的通信范围之外的终端；暴露终端是指发送者的通信范围内，而在接收者的通信范围之外的终端。隐藏终端的存在会造成接收节点处的报文冲突，降低了信道的利用率；暴露终端的存在不会造成报文冲突，但是会引入不必要的延迟，所以在设计 MAC 协议时必须要尽量解决隐藏终端和暴露终端问题。对于隐藏终端和暴露为解决隐藏终端和暴露终端的问题，早期出现了一系列的 MAC 协议，如 MACA 协议和 DBTMA 协议等。

（1）MACA 协议。MACA（Multiple Access Collision Avoidance）协议使用两种定长消息分组 RTS（Request To Send）和 CTS（Clear To Send）来控制信道访问，该协议的 RTS 和 CTS 分组包括源节点地址、目的节点地址和要发送的数据分组长度等信息。MACA 的原理是：当节点有数据要发送时，它先发送一个 RTS 分组给目的节点；如果目的节点收到了这个分组且它没有进入延迟状态，它立即回复一个 CTS 分组给源节点；接到从目的节点发来的 CTS 分组后，源节点立即向目的节点发送数据。在以上的过程中，任何接收到 RTS 分组的节点都需要进行延迟退避，在源节点和目的节点通信的过程中它不可进行接收，防止源节点发给目的节点的数据干扰自己的接收。同理，任何接收到 CTS 分组的节点也需要进行延迟退避，在目的节点接收源节点数据的过程中不可以进行发送，以免干扰目的节点的接收。使用 MACA 协议时，尽管仍有可能发生 RTS 分组和 CTS 分组的碰撞，但由于控制分组的长度很短，冲突的概率和时间都很小，从而可以提高信道利用率，同时，从表面上看，使用 MACA 协议时，只收到 CTS 分组未收到 RTS 分组的节点要延迟自己的发送从而解决了隐藏终端问题，只收到 RTS 分组未收到 CTS 分组的节点不能接收但可以发送从而解决了暴露终端问题。但实际上暴露终端问题并未解决。

（2）DBTMA 协议。DBTMA 协议把信道分割成控制信道和数据信道，分别传输数据信息和控制信息，并且在控制信道上还增开了 2 个带外忙音信号，一个指示发送忙，另一个指示接收忙。2 个忙音在频率上是分开的，以免干扰。与 MACA 相比，DBTMA 协议的效率有很大提高。由于忙音信号在通信期间一直存在，可以确保不存在用户数据帧之间的冲突。由于控制帧的长度很小，所以冲突发生的概率将大大减少，并且可以更好地解决暴露终端问题。

（3）MACAW 协议。MACAW（MACA for Wireless）协议针对 MACA 的缺陷做了改进，除了使用 RTS/CTS 握手信号外，还使用了其他控制信号（如 DS、ACK、RRTS），进一步解决暴露终端和隐终端问题。MACAW 采用了一种乘法增加线性减少退避算法（MILD），代替二进制指数（BEB）退避，同时也实现了退避复制机制，使得传输到同一个目的点的节点使用统一的计数器，保证了接入的公平性。另外，它还使用了多流模型以达到平衡传输。但是，过多的握手信号占用了大量的网络资源，如果考虑无线收发装置的转换时间，其效率并不是很高。MILD 退避可以在一定程度上解决公平问题，但是，使用单一的计数器会使拥塞问题过度扩散，需要的内存也更多，所以尽管 MACAW 提高了网络的吞吐量，但是网络开销和传输时延比 MACA 大，另外 MACAW 也不适合用多播环境。

（4）FAMA 协议。FAMA（Floor Acquistion Multiple Access）协议是 MACAW 的一个改

进协议。在 FAMA 协议中，节点轮询它的邻节点，看是否有邻节点要向它发生数据。如果被轮询的节点有要向它发送，这些节点将在执行了一些冲突避免算法后，开始向轮询节点发送数据；否则，轮询节点将继续轮其他邻节点。FAMA 协议比较适用于周期性较强的应用环境。

（5）IEEE 802.11 协议。IEEE 802.11 协议扩展了 FAMA 协议，在 RTS/CTS 控制帧基础上又增加了确认（ACK）机制，并且 802.11 摈弃了传统的 CSMA 技术，采用了 CSMA/CA 技术。在 802.11 协议中，DCF（Distributed Coordinated Function）机制是节点共享无线信道进行数据传输的基本接入方式，它把 CSMA/CA 技术和确认（ACK）技术结合起来，除了使用基于 RTS/CTS 的虚拟载波侦听机制，还可以使用帧分割技术，使得在信道差错率较高的情况下提高网络性能。802.11 协议同样采用了二进制指数退避，所以无法保证信道接入的公平性。现有的 Ad hoc 网络的实现大多数都是基于 802.11 协议的，该技术主要是针对无线局域网的，推广到多跳 Ad hoc 网络还有许多工作要做。

（6）MACA-BI 协议。MACA-BI（By Invitation）协议是在 MACA 基础上改进的由收方驱动的 MAC 协议。它没有使用 RTS/CTS 握手信号，而只采用了 RTR（Ready To Receive）信号。在 MACA-BI 中，节点只有在收到收方的邀请后才能发送数据。由于收方不知道源节点是否有数据要发送，所以它必须预测哪些节点有数据要发送。另外，收方不断地请求发送也影响了网络的性能。通过估计源节点数据队列的长度和到达的速率，可以规范邀请信号的发送。一种可行的方法就是把源节点的估计信息放入每个发送的数据包中，使得收方可以知道源节点的预约传输。对于 CBR 业务，MACA-BI 工作得很好，但是对于突发业务，其性能不如 MACA 协议。为了提高 MACA-BI 协议在非静态业务下的通信性能，可以对其加以改进。如果发方的队列长度或者包时延超过了可以容忍的极限，仍然可以采用 RTS 信号，这时就又回到了 MACA。由于只使用了一种控制信息，所以减少了发送/接收反转时间，发生冲突的可能性也更小，但是需要流量预测，协议实现上比较复杂。

11.2.3　MAC 协议中的跨层设计

Ad hoc 网络的跨层设计的目的是为了使得网络性能在某一个或几个方面得到优化，在这个过程中，MAC 层的参与、配合是必不可少的。例如，由于 Ad hoc 网络终端都用电池供电，因此减少节点的能量消耗变得尤为重要，若将网络生存时间作为第一性能衡量指标，MAC 层和网络层可以共同作用使得网络中节点的消耗趋于均衡化并且减少不必要的能耗，进而延长网络生存时间。在功率控制方面是出于这样的考虑：对于所有节点以固定的功率发送数据的 MAC 协议，节点的传输距离固定，造成冲突范围固定，其空间信道复用率没有优化，在很大程度上限制了网络的容量。为了在当前的无线环境中充分开发现有的资源，提高频谱的利用率，在 MAC 协议中引入了优化控制传输功率的机制，即正确估计传输功率

可调整的范围，保证新的传输的建立既不会干扰正在进行的其他传输，又可以尽可能地限制传输所占的区域。保证目的节点能够正确接收数据前提下，降低节点的发射功率，而功率的改变会影响到到物理层、MAC 层的空间复用、网络层路由选取，以及传输层的拥塞等，因此在最终决定发射功率的选择上，要同时综合考虑各层协议与功率控制之间的关系及其相互之间的影响。

在速率控制方面则是考虑到当接收端的信道条件变好，信干比增加时，链路上的传输速率将一直随之增加，即使该增加量非常小，该趋势也一直存在。这使得信道资源得到充分利用。

以物理层与 MAC 层的跨层协议 PCMA 为例来说明这个问题。控制节点的发射功率来减少各节点发射数据时的相互干扰，提高网络的吞吐量，当然降低网络中的冲突数量，也可以减少节点的功率消费，延长网络寿命。具体来说，PCMA 协议同样将信道分为忙音信道和数据信道，但是它根据收到的控制分组的信号强度来限制隐藏节点和暴露节点的发射功率，将开关型的固定功率发射模型推广为功率可变的发射模型。它的工作方式如下：发射端首先向接收端发射 RPTS（Request-Power-To-Send）帧来请求发射功率，接收端应答一个 APTS（Acceptable-Power-To-Send）帧，里面包含使接收端能成功接收分组的最小发射功率，这一机制保证发送节点可以按满足接收质量的最小功率来传输信息。然后发射端发送数据帧，接收端在成功接收数据后应答一个 ACK 帧，同时每个活跃的接收机周期性地在忙音信道上广播它能忍受的最大噪声，这一机制保证了每一个节点的信息发送不会干扰邻近接收节点的数据接收。这样，潜在的发射机通过监听忙音来决定它所有控制分组（RPTS、APTS、ACK）和数据分组的最大发射功率。隐藏节点收到控制信息时，并不是不能向外发送分组，而是根据控制信息的强度来限制自己的发射功率的。

11.2.4 节能 MAC 协议

Ad hoc 网络是一个能源受限系统，如何有效使用能源和尽量节省能源是进行网络设计时必须考虑的问题。在众多出于节省能量，在考虑的协议中，最具代表性的是 PAMAS 协议。

PAMAS（Power Aware Multi-Access protocol with Signaling）协议使用分离的信令信道（控制信道）来交换 RTS/CTS（Request-To-Send/Clear-To-Send）信息，使用数据信道发射数据帧。该协议节省节点能量的基本思想是：节点在不能发射和接收分组的情况下，关闭其无线网络接口且进入睡眠状态，它有选择地关闭某些不需要接收和发送的节点，以节省能量。在 PAMAS 中，当节点监听到不是发送给它们的数据时，可以关闭收发器，以节省能量。节点独立地决定是否关闭收发器，其关闭策略如下：当没有数据要发送且某个邻节点正在发送数据时，该节点关闭发射机；当一个邻节点在发送，另一个邻节点在接收，该节点关闭电台。关闭电台的时间由接收到的 RTS 中携带的数据长度来决定，PAMAS 根据以下方法来决定节点 A 的睡眠时间：如果 A 的邻居节点 B 开始发射分组，那么 A 从 B 发出的 RTS 帧中可以知道 B 的数据发射的持续时间，则 A 的睡眠时间就等于这个持续时间。当 A 醒来时，如果它在数据信道上仍然监听到有数据帧正在发射，则 A 在控制信道上发射探测分组（如果 A 没有数据需要发射）或 RTS（如果 A 有数据需要发射）来确定当前正在发射的数据帧的最终结束时间（因为该数据帧的接收端将会应答一个"忙音"信号，里面含有当前发射的结束时间），从而确定 A 再次进入睡眠状态的时间。如果 A 没有收到忙音信号，或者当 A 醒来的时候，它在数据信道上没有监听到有分组正在发射，则 A 保持活跃状态。实验表明 PAMAS 协议有明显的节能效果，但是由于其计算睡眠时间的过程比较复杂，使得网络开销增大。因此，在今后的设计中，应该在保证节能能力的前提下，充分降低睡眠时间算法的复杂度。

11.2.5 MAC 协议的 QoS 保障

随着无线网络技术的发展和业务的多样化，MAC 协议的 QoS 保障问题也变得越来越重要。MAC 层的 QoS 保障主要是解决实时性要求很高的业务快速获得信道使用权和避免过大的时延，以及减小能量消耗的问题。这些问题是 MAC 协议研究的一个重点和难点，这主要是因为信道使用权的获得通常采用分布式方式，这就导致业务的接入速度不仅取决于节点自身，而且在很大程度上依赖于相邻节点的个数、业务量及业务优先级。此外，无线信道特性不稳定性、节点业务量的变化、移动设备的有限可用能量、节点的移动性，以及网络拓扑的动态变化等因素，都给协议的可靠性和业务的接入时延带来了负面影响。

目前，设计具有 QoS 保障的 MAC 协议主要有 3 种方法：给定使用多种接入机制、采用区分服务优先级的方法和采用资源预留的方法。现有比较有代表性的协议包括 HRMA 协议、DPC 协议及 PMAW 协议等。

HRMA（Hop-Reservation Multiple Access）协议是基于半双工慢跳频扩频的，它利用了频率跳变时的时间同步特性。HRMA 使用统一的跳频图案，允许收发双方预留一个跳变频率进行数据的无干扰传输。跳变频率的预留采用基于 RTS/CTS 握手信号的竞争模式。握手信号成功交换后，收方发送一个预留数据包给发方，使得其他可能会引起冲突的节点禁止使用该频率进行数据传输。在预留跳变频率的驻留时间里，数据可在该频率上无干扰传输。HRMA 使用了一个公共的跳变频率，保持相连节点之间的同步。它把可用的 L 个频率分成一个用于同步的公共频率 F_0 和 $M = [(L-1)/2]$ 个（F_i, F_i'）频率对。F_i 用于发送和接收 HR（Hop-Reservation）、RTS、CTS 和 Data 帧，F_i' 用于发送和接收确认帧（ACK），从而避免了隐终端节点之间确认信息与数据信息的冲突。由于在每个 HRMA 时隙中都存在同步信息，所以节点很容易创建或者加入一个基于 HRMA 的系统，也易于两个独立 HRMA 系统的融合。分析表明，HRMA 协议的吞吐量比具有完全 ROCA 控制的时隙 ALOHA 协议要好，特别是在数据包的长度比跳频时隙大的时候。但是，HRMA 协议只能用在慢跳变系统中，并且与使用不同跳频图案设备的兼容性不好。此外，由于数据传输需要的驻留时间比较长，所以数据冲突的概率会增加。

DPC（Dynamic Private Channel）协议的通信信道包括一个广播控制信道（CCH）和多个单播数据信道（DCH），其中 CCH 可以被所有的节点共享，接入该信道是基于竞争模式的。只要 DCH 是空闲的，每个节点都可以使用其信道进行数据传输。DPC 是面向连接的。如果节点 A 有数据要发给 B，A 将在 CCH 上发送 RTS 信号给 B，同时 A 会预留一个数据端口以备和 B 通信。在发送 RTS 信号前，节点 A 选择一个空闲的 DCH 信道并把信道码字包含在 RTS 头中，当 B 收到 RTS 信号后，它将会检测 A 选择的信道是否可用，如果可用，就发送 RRTS（Reply to RTS）信号给 A，RRTS 头中包含相同的信道码字，如果不可用，B 会选择一个新的信道码字，并把该码字放入 RRTS 头中，征求 A 的同意。A、B 双方相互协商，直到找到可用的信道或者一方放弃协商为止。如果信道选择好了，B 发送 CTS 信号给 A，然后两者开始交换数据，直到通信结束或者预留时间满释放信道。DPC 协议采用了信道动态分配机制，很好地解决了多跳 Ad hoc 网络中多个子信道间的连接性和负载平衡问题。

在移动自组网中，节点的移动变化如果在 MAC 层及早被发现，就可以减少上层不必要的报文传送，降低冲突的发生，因此可以通过对节点移动性的预测来提高网络性能。PMAW（Power and Mobility-Aware Wireless Protocol）在 PAMAS 协议的基础上，利用信噪比 SNR（Signal to Noise Ratio）的改变来感知节点的移动，以避免冲突的发生。例如，SNR 持续下降，即噪声干扰强度增加，表示另一个连接的节点邻近，接收节点可根据优先级不同来判断是否暂停发送进入等待状态来避免冲突。但是由于增加了信噪比的计算以及优先级的判断，将使网络开销增大。

11.3　Ad hoc 网络的路由协议

路由协议与路由算法是网络路由技术的核心内容，前者侧重于在实际网络中如何实现路由算法，强调路由的健壮性和容错性，最大限度降低因链路或节点失效而导致的网络不稳定性，同时避免由于输入错误或过时信息而引起的网络灾难性崩溃；后者则是重点研究路由选择方法以确保在连接建立期间为会话中各发送者与接收者之间建立最佳和有效的连接。传统的路由协议主要分为基于距离矢量的路由协议（如 RIP）基于链路状态的路由协议（如 OSPF），这两类协议都是针对有线固定网络而设计的，它们的拓扑结构固定，不会出现大的网络结构变化；而 Ad hoc 网络由于节点的任意移动性导致网络拓扑结构动态、随机地变化，这使得常规路由协议要花费很大的代价重建和维护路由，将会占用大量的网络资源，最终导致信息无法成功传输。由于 Ad hoc 网络的特殊性使得传统的路由协议和算法已不再适用，因此路由算法和路由协议成为了当前 Ad hoc 网络研究的重点问题。

11.3.1　Ad hoc 网络的单播路由协议

1．Ad hoc 网络的单播协议分类

对于已经提出的 Ad hoc 网络的单播协议，从不同的角度有不同的分类方法。

（1）主动路由与按需路由。从路由发现策略的角度，可划分为主动路由协议、按需路由协议和混合路由协议。

① 主动路由协议，也称为表驱动路由协议或先验式路由协议。每个节点维护一个包含到达节点的路由信息的路由表，并根据网络拓扑的变化随时更新路由表，所以路由表可以准确地反映网络的拓扑结构。源节点一旦要发送报文，可以立即获得到达目的节点的路由，这类路由协议通常是通过修改现有的有线网络路由协议来适应 Ad hoc 无线网络要求的，如通过修改 RIP 协议得到的 DSDV 协议。因此这种路由协议的时延较小，但是协议需要大量的路由控制报文，开销较大。常用的主动路由协议有 DSDV、HSR、CGSR、WRP、FSR 和 GSR 等。

② 按需路由协议，也称为反应式路由协议，它是一种当需要时才查找路由的路由选择方式。节点不需要维护及时准确的路由信息，当需要发送数据时才发起路由查找过程。与主动路由协议相比，按需路由协议的开销小，但是数据报传送的时延较大，不适合于实时性的应用。常用的按需路由协议有 AODV、DSR、TORA、ABR 和 SSR 等。

③ 混合路由协议，是按需路由协议和主动路由协议的集成。它在小范围局部区域内使用主动路由协议，局部区域间则采用按需路由协议，这样可将主动路由协议的周期性广播限定在一个局部区域内，从而减轻由全网广播带来的路由负荷。混合路由协议实现了按需路由协议和主动路由协议强弱互补，具有相对低的带宽消耗和路由发现延迟，如 ZRP。但是实施混合式路由也面临着很多困难，如簇的选择和维护、先验式和反应式路由协议的合理选择以及网络工作的大流量等问题。

（2）平面结构和层次结构。从网络逻辑结构的角度，路由协议又可以分为平面结构和层次结构。

① 在平面结构中，所有的节点地位平等，所以又称为对等式结构。平面结构的优点是结构简单，不存在特殊节点，路由协议的鲁棒性好，流量平均地分散在网络中，路由协议没有移动性管理任务；其缺点是网络规模受到限制，当网络规模扩大时路由维护的开销指数增长而消耗掉有限的带宽。该结构的协议有 TORA、AODV、DSDV、ABR、DSR、FSR、WRP、SSR 等。

② 在分级结构中，网络被划分成簇，每个簇由一个簇首和多个簇成员组成，簇成员不

需要维护复杂的路由信息，可以大大减少网络中路由控制信息的数量，具有优于平面结构的可扩充性。由于簇首节点可以随时选举产生，分级结构也具有很强的抗毁性。分级结构的缺点是维护分级结构需要节点执行簇首选举算法，簇间的信息都要经过簇首，不一定能使用最佳路由，同时簇首节点可能会成为网络的瓶颈。该结构的协议有 ZRP、CEDAR、CGSR 等。

除以上两种主要的分类方法外，还有一些其他方法，例如，按是否有 GPS（全球定位系统）辅助进行划分，可分为基于网络拓扑的路由协议和基于位置的路由协议；按路由信息的更新方式可以分为周期更新协议和事件驱动更新协议；据每次为单个源/目的节点对创建的路由数量，可以将路由协议分为单路径型和多路径型路由协议等。

2. 几种典型的 Ad hoc 单播协议

（1）DSDV。DSDV（Destination-Sequenced Distance-Vector）协议是一个基于传统 Bellman-Ford 算法的主动路由协议，其主要特点是采用序列号机制来避免可能产生的路由环路。DSDV 通过给每个路由设定序列号来区分新旧路由，并防止路由环路。它在每个移动节点的本地都保留一张路由表，其中包括所有有效目的节点、路由跳数、目的节点路由序列号等信息，目的节点路由序列号用于区分有效和过期的路由信息，以避免环路的产生。

路由表更新分组在全网内周期性地广播而使路由表保持连贯性。每个节点必须周期性地将本地路由表传送给邻近节点，或者当其路由表发生变化时，也会将其路由信息传给邻近节点。路由表的更新有两种方式：一种方式是全部更新，即拓扑更新消息中将包括整个路由表，主要应用于网络变化较快的情况；另一种是部分更新，更新消息中仅包含变化的路由部分，通常适用于网络变化较慢的情况。

当邻近节点收到包含修改的路由表信息后，先比较源节点、目的节点路由序列号的大小，标有更大序列号的路由信息总是被接收，目的节点路由序列号小的路由被淘汰。如果两个更新分组有相同的序列号，则选择跳数（Metric）最小的，从而使路由最优。

在 DSDV 协议中，网络节点维护着整个网络的路由信息，当有数据报文需要发送时，可以立即进行传送，适用于一些对实时性要求较高的业务。DSDV 的优点是原理及操作简单，缺点是不适应快速变化的网络，不支持单向信道。

（2）DSR。DSR（Dynamic Source Routing）协议是一个基于源路由概念的、按需自适应路由协议，其最大特点是使用了源路由机制，每一个分组的头部都包含整条路由信息。采用 Cache（缓冲器）存放路由信息，且中间节点不必存储转发分组所需的路由信息，网络开销较少。DSR 协议包括两个过程：路由发现和路由维护。

DSR 协议具有以下特性：

● 路由开销小，支持节点睡眠。

● 支持中间节点的应答，能使源节点快速获得路由，但会引起过时路由问题。

● 每个分组都需要携带完整的路由信息，造成开销很大，网络可扩展性不强。

（3）AODV。AODV（Ad hoc On Demand Distance Vector）是一个典型的按需路由协议，它借用了 DSR 中路由发现和路由维护的基础程序，DSDV 的逐跳路由、顺序编号和路由维护阶段的周期更新机制，以 DSDV 为基础，结合 DSR 中的按需路由思想并加以改进。

AODV 在每个中间节点隐式地保存了路由请求和应答的结果，通过建立基于按需路由来减少路由广播的次数。和 DSR 相比，AODV 的好处在于源路由并不需要包括在每一个数据分组中，这样会使路由协议的开销有所降低。

AODV 协议可以实现在移动终端间动态的、自发的路由，使移动终端很快获得通向所需目的的路由，同时又不用维护当前没有使用的路由信息，并且还能很快对断链的拓扑变化做出反应。AODV 路由表中每个项都使用了目的序列号（Destination Sequence Number），目的序列号在目的节点创建并在发给发起节点的路由信息中使用，从而避免环路的发生，并且很容易编程实现。当源节点需要和目的节点通信时，如果在路由表中已经存在了对应的路由，AODV 不会进行任何操作。当源节点需要和新的目的通信时，它就会发起路由发现过程，通过广播 RREQ 信息来查找相应路由。建立路由表后，在路由中的每个节点都要执行路由维持、管理路由表的任务，在路由表中都需要保持一个相应目的地址的路由表，实现逐跳转发，因此只有源节点知道到目的节点的完整路由，而中间节点都不知道有关的路由信息。

（4）TORA。TORA（Temporally-Ordered Routing Algorithm）是一种源初始化按需路由算法，它采用链路反转（Link Reversal，LR）的分布式算法，具有高度自适应性、高效率和较好的扩充性，能同时支持按需和主动路由发现。TORA 算法中的每个节点都有一个相对于目的节点的高度，用于计算路由的度量。如果节点到目的节点的链路中断，就赋予该节点一个比其邻近节点都高的高度值，这样分组就可以通过其他节点流向目的节点。

TORA 由三个阶段组成：路由建立、路由维护和路由拆除。在路由创建和路由维护阶段，使用一种"高度"机制建立一个以目的节点为根的有向无环图。路由结果由链路方向决定，链路方向由两个节点之间的"高度"差决定，链路根据相邻两个节点的高度值来确定向上或向下的方向。

当一个节点需要一条路由到特定的目的节点时，它就广播一个包含目的节点地址的路由请求分组 QRY。路由请求分组的接收节点就广播一个列有目的节点的高度的更新分组 UPD（如果接收者为目的节点，则高度为 0）。当这个更新分组在全网内传输时，每一个接收节点都重新设置它到目的节点的高度值，这个值要比把更新分组传输给它的那个相邻节点的值要大。这样就建立了一条从发路由请求分组的节点到最初发更新分组节点的单向链路。

当节点的移动导致有效无环图（DAG）路由断开时，路由维护模块就重新产生一个源/目的有效无环图（DAG）。当节点的最后下行链路失效或没有下行链路时，则产生新的参考值，由邻近节点负责传播。TORA 还可以传播一个广播路由清除分组以删除无效链路。

TORA 需要全局同步时钟的支持，而且具有潜在的振荡可能。TORA 协议通过构造一个有向的无环图实现路由，算法分布性好，无周期性的广播操作，但依赖性较强，不支持单向链路，网络开销较大。

（5）ZRP。ZRP（Zone Routing Protocol）协议是一个典型的分级路由协议，它混合使用了主动和按需两种路由策略，巧妙地结合了这两种协议的优点，将整个网络分成若干个以节点为中心、一定跳数为半径的虚拟区。与一般的分级路由不同的是，ZRP 区内的节点数与设定的区域半径有关，因此 ZRP 的区域重叠程度很高，许多节点可能同时属于多个区域，每个区域的半径长度由用户设定。

ZRP 协议的特点可概括如下。

● 区内通信使用预先路由，没有按需路由中的初始延迟问题，且因区域范围有限，路由更新的代价不大。
● 区间通信采用了按需方式，避免预先通信路由交互开销大的问题。
● 区间查找路由时，将请求分组发给边界节点，提高了路由查找速度。
● 只允许目的区域内的节点应答，延长了源节点获得路由的时间。
● 需要周期性地广播分组，需要消耗一定的电池能源和网络带宽。

通过对以上协议的分析可知，主动路由协议需要维护全网所有节点的路由信息，要尽可能使得路由信息能够反映当前网络拓扑的即时变化，需要较大的开销，但它能够在发送者和接收者之间建立起快速连接，数据分组的发送延迟较小；按需路由协议不用维护全网的路由状态，只在有数据分组发送时才由源节点发起路由的建立，可有效地减少即时路由维护的开销，但会带来分组等待引起的延迟；混合路由协议综合了主动和按需两种方式的优点，将主动方式限制在有限的区域内，在区域之间采取按需方式，可有效地减少路由维护的开销，同时也会减小待发数据分组的等待延迟，但是如何合理划分出高效的区域来提高协议效率也是一个必须要考虑的问题。与平面结构的路由协议相比，分层结构具有更大的灵活性和扩展性，虽然增加了簇首的选举和维护等开销。总之，在 Ad hoc 路由协议的研究中，基于混合方式、采用分层结构的路由协议是未来重要的发展方向。

11.3.2 Ad hoc 网络的多播路由协议

多播（Multicast）是一种一点（或多点）对多点的分组传输方式，与传统的点对点通信方式相比，它能有效地减轻网络和服务器负载，改善传输性能。在一个典型的 Ad hoc 网络中，移动单元通常以组工作来完成给定任务，多播方式将是提高其工作效率的重要手段。基于 Ad hoc 的特殊性，固定网络中已有的多播协议，如 DVMRP、MOSPF、CBT、PIM 及 MSDP 等，均不能很好地适应。如何在 Ad hoc 网络中实现有效的多播已经成为一个极具挑战性的问题。在 Ad hoc 网络中实现多播的最直接的方法是洪泛法，每个收到数据包的节点直接广播这个包到所有与它直接相连的邻居节点，通过这种方式，数据包可以被发送到整个网络。洪泛法在高速移动的 Ad hoc 网络中不失为一个可靠的多播路由协议，但是由于传输大量重复数据包，引起 MAC 层过多的包冲突，将产生大量额外开销。目前 Ad hoc 研究者们已经提出了一些典型的 Ad hoc 多播路由协议，这些协议根据不同角度有多种不同的分类方法，根据多播组创建后的拓扑结构可以分为三种类型：基于树（Tree-Based）的多播路由协议、基于网格（Mesh-Based）的多播路由协议，以及混合（Hybrid）多播路由协议。

1. 基于树的多播路由协议

基于树的多播路由协议沿用传统多播路由算法的思想，在所有组成员之间建立一个共享多播树，多播数据在共享树上传输，到达所有的树成员。这类协议的主要特点是多播树的建立算法较为成熟，在建立起多播树后，只有树成员参与数据转发，非成员节点不转发数据分组，从而开销小。但从 Ad hoc 网络的结构特点分析，由于树状结构中各个节点之间不存在冗余路径，因此多播树的健壮性较差，节点的移动和被毁都会影响多播树的稳定性。具有代表性的此类多播协议包括 MAODV（Multicast Ad hoc On-Demand Distance Vector Protocol）、AMRIS（Ad hoc Multicast Routing Protocol Utilizing Increasing ID Numbers）、LGT（Location Guided Tree Construction Algorithm for Small Group Multicast）和 LAM（Lightweight Adaptive Multicast）。

2. 基于网格的多播路由协议

基于网格的多播协议是建立一个共享的节点网格，多播分组在这个网格中传输。这类协议优于基于树的多播路由协议的一个特点就是提供了路径的冗余性，即使少数链路断开时也允许多播数据传输，从而在移动性情况下增强了协议的可靠性。但是由于要维护网格结构，基于网格的多播路由协议需要传输的路由控制信息比基于树的多播路由协议要多。此类多播路由协议主要包括 CAMP（Core-Assisted Mesh Protocol）、ODMRP（On-Demand Multicast Routing Protocol）、NSMP（Neighbor Supporting Multicast Protocol）和 FGMP（Forwarding Group Multicast Protocol）。

3. 混合多播路由协议

基于树的多播路由协议提供了较高的数据转发有效性，但是鲁棒性较差；而基于网格的多播路由协议能提供较好的鲁棒性，但是数据转发有效性降低，同时会带来较大的网络控制开销。为了兼顾鲁棒性和有效性，研究者提出的混合多播路由协议能较好地发挥基于树的多播路由协议和基于网格的多播路由协议的优点，具有代表性的多播路由协议有 AMRoute（Ad hoc Multicast Routing Protocol）和 MCEDAR（Multicast Core Extraction Distributed Ad hoc Routing）等。

基于树的多播路由协议在有线网络中得到了很好的应用，目前该思想已被许多研究者扩展到 Ad hoc 中，如上文中介绍的 MAODV、AMRIS、LGT 及 LAM。基于树的多播路由协议虽然具有较高的数据传输效率，然而由于鲁棒性差，已有许多研究表明它们并不太适应 Ad hoc 频繁变化的网络拓扑。与之相比，CAMP、ODMRP、NSMP 和 FGMP 等基于网格的多播路由协议似乎更适合 Ad hoc 的动态环境，因为它们可以在源节点和目的节点间提供多条可选路径，保证在某些链路断开时多播数据包的正常传递。但这些协议虽然提供了较好的鲁棒性，却增大了网络开销。为了能在一个协议中综合二者的优点，获得更好的性能，研究者又提出了 AMRoute 和 MCEDAR 等结合了网格和树两种拓扑结构的混合多播路由协议。表 11.1 对上述基于 Ad hoc 网络的多播路由协议的多项性能指标进行了对比分析，从分析结果可以看出，不同类型的路由协议有着各自的优缺点，适用于各自不同的网络环境。

表 11.1　基于 Ad hoc 的多播路由协议性能比较

多播协议	多播拓扑结构	主动/按需	是否依赖单播	是否有环路	路径是否冗余	控制包是否洪泛	是否发送周期消息
MAODV	树	按需	是	否	否	是	是
AMRIS	树	按需	否	否	否	是	是
LGT	树	按需	否	否	否	否	是
LAM	树	按需	是	否	否	否	否
CAMP	网格	按需	是	否	是	否	是
ODMRP	网格	按需	否	否	是	是	是
NSMP	网格	按需	否	否	是	是	是
FGMP-RA	网格	按需	是	否	是	是	是
FGMP-SA	网格	按需	否	否	是	是	是
AMRoute	混合	按需	是	是	是	是	是
MCEDAR	混合	按需	是	否	是	是	是

11.4　Ad hoc 网络的 QoS 研究

11.4.1　QoS 简介

服务质量（Quality of Service，QoS）是指发送和接收信息的用户之间，以及用户与传输信息的集成服务网络之间关于信息传输的质量约定。QoS 不是对网络中某个个体或元素的行为描述，它涉及用户与用户、用户与网络，以及网络内部节点（或元素）的整体行为。RFC2386（Request For Comments）中关于 QoS 的定义为：QoS 是指网络在传输数据流时所必须满足的一系列服务要求，这些服务要求通常可以用带宽、分组延迟、延时抖动和分组丢失率等 QoS 参数来描述。传统的 Internet 只提供单一的服务，即"尽力而为"的服务。为了在 Internet 上提供有质量保证的服务，必须制订有关服务数量和服务质量水平的规定，规定中需要在网络方面增加一些协议，对具有严格时延要求的业务和能够容忍延迟、抖动和分组丢失的业务进行分类，同时采用多种分组调度机制和算法对这些业务进行处理，这就是 QoS 机制的职责。也就是说，QoS 机制不是用来增加网络带宽，而是通过最优化的使用和管理网络资源使其尽可能满足多种业务的需求。

1. 传统 QoS 路由问题

现有的 Internet 路由协议，如开放最短路径优先 OSPF、路由信息协议 RIP 等，基本上是基于"最短路径"算法的路由技术，即路由是在单个特征值下的优化。它们可以根据链路的传播延迟或源节点、目的节点之间的跳数等来选择路由，但这些度量标准一般不在一个算法中同时使用。为了支持更大范围的 QoS 需求，路由协议需要一个更复杂的模型，该模型将采用多个特征值（如带宽、延迟、延迟抖动、包丢失率等）来描述网络特性。通常把这种根据网络上可利用的资源和数据流的 QoS 需求来决定的路由机制称为 QoS 路由。

QoS 路由的基本问题就是在源节点和目的节点之间，如何找到一条能够同时满足多个约束条件且具有最小代价的路径。多特征值可以在某种程度上满足多个约束条件的路径要求，在某种程度上可以更精确地描述网络。然而，具有多重目标的 QoS 路由选择问题是典型的 NP 完全问题。对于这样的问题，一般可以使用一些标准近似方法如启发式算法来求解。QoS 路由算法需要使用许多不同的度量来判定最佳路由，以下是目前大量的 QoS 路由算法或协议中主要选取的度量。

（1）路径长度（跳数）：由到达目的节点的路径长度（路径上的跳数）来表示。

（2）带宽：带宽用来描述给定介质、协议或链路的有效通信容量，也就是链路能达到的最大吞吐量，相当于相应路由的最小带宽。

（3）分组延迟：分组延迟就是分组通过网络从源节点到目的节点所需要的时间长度。

（4）分组抖动：如果网络发生拥塞，排队延迟将影响端到端延迟，并导致通过同一连接传输的分组的延迟各不相同。分组延迟的变化程度称为分组抖动。

（5）分组丢失率：分组丢失率规定了传输期间丢失的分组数量。网络拥塞以及传输线路破坏都会导致分组的丢失。分组丢失率通常是指在特定时段内丢失的分组占传输的分组总数的比例。

（6）稳定性：通常用组成路由的各个链路的误码率来表示，依据这种度量确定的最佳路由拥有最高的稳定性。

（7）代价：分配给每一个网段、链路的一个任意值（通常来自其他"固定"的准则，如带宽等），依据这个度量确定的最佳路由意味着路径上遍历的每一个链路的开销总和最小。

QoS 路由问题可以归纳为两种情况：最优化问题和性能界约束问题。最优化问题就是寻找对应 QoS 度量的最优路径；而性能界约束问题就是寻找大于对应 QoS 度量（如带宽）或小于对应 QoS 度量（如时延）的一条路径，即在满足性能界要求的集合中选择一个解。优化问题要求最优解，而约束问题则要求次优解就可以满足需求。针对这两种问题，研究人员提出了多种解决方法，包括启发式算法、神经网络、遗传算法、蚁群算法等。启发式策略有多种，包括贪心策略、方向策略、区域策略和层次策略等。结合使用多种启发式策略可以有效地提高路由算法的效率。基于神经网络的路由方案可在有限时间内找到满意解，但是由于能量函数较多，各参数之间相互耦合，参数之间难以整合，以及强制输出连续可导，因此导致梯度下降，逼近方法准确度受影响。用遗传算法解决多约束条件下的 QoS 路由问题，由于遗传算法原理简单，易于分布处理，可以使 QoS 路由设计相对简单和有效，但遗传算法本身所具有的随机性，极易引起个体"早熟"，导致局部最优；另外，遗传操作不易控制，易于得到无效解。由于目前尚未出现能实际应用的 QoS 路由算法，而且对路由协议的 QoS 支持方面考虑很少，因此研究高效率、高质量的 QoS 路由算法，并将路由协议与算法有机结合，仍旧是该领域研究热点和难点。

2．传统有线网络的 QOS 服务模型

为了满足 Internet 上多种业务对 QoS 的需求，Internet 工程任务组 IETF 主要制定了三种 QoS 服务模型：集成服务模型（Int-Serv/RSVP）、区分服务模型（Diff-Serv）和多协议标记交换（MPLS），用来在不同的场合提供相应的质量保证。

（1）集成服务模型（Int-Serv/RSVP）。Int-Serv 以 RSVP（资源预留协议）作为信令工作协议，通过 RSVP 信令建立一条从源节点到目的节点的数据传输通道，并在该通道的各个节点上进行资源预留，以满足沿该通道传输的业务流的 QoS 要求，从而实现端到端的 QoS 服务。Int-Serv 模型为应用程序提供了选择多个可控制的服务等级的能力，它规定了以下 3 种不同等级的服务。

① 可保证的服务（Guaranteed Service）：应用于需固定时延的业务，对端到端数据包延迟有严格界定，并具有不丢失包的保证。

② 可控负载服务（Controlled Load Serviee）：应用于可能产生时延的业务，在网络负荷较大的情况下能够提供近似于没有过载时的服务。

③ 尽力而为服务（Best-effort Service）：应用于无时延限制的业务，网络对其负载的业务不提供任何 QoS 保证。

Int-Serv 尽管提供 QoS 保证，但其扩展性差。因为其工作方式是基于每个流的，这就需要保存大量的与分组队列数呈正比的状态信息。此外，RSVP 的有效实施必须依赖于分组所经过路径上的每个路由器，在骨干网上，业务流的数目可能很大，因此要求路由器的转发速率很高，这使得 Int-Serv 难于在骨干网上得到实施。

（2）区分服务模型（Diff-Serv）。IETF 提出 Diff-Serv 体系结构，旨在定义一种能够实施 QoS 并且更容易扩展的方式，以解决 Int-Serv 扩展性差的缺点。Diff-Serv 简化了信令，对业务流的分类粒度更粗。Diff-Serv 通过汇聚（Aggregate）和 PHB（Per Hop Behavior）的方式提供 QoS。汇聚是指路由器把 QoS 需求相近的业务流看成一个大类，以减少调度算法所处理的队列数；PHB 是指逐跳的转发方式，每个 PHB 对应一种转发方式或 QoS 要求。由于 Diff-Serv 采用对数据流分类聚集后提供差别服务的方法实现对数据流的可预测性传输，所以对 QoS 的支持粒度取决于传输服务的分级层次，各网络节点中存储的状态信息数量仅正比于服务级别的数量而不是数据流的数量，由此 Diff-Serv 获得了良好的扩展性。

（3）多协议标记交换（MPLS）。

多协议标记交换（MPLS）将灵活的三层 IP 选路和高速的两层交换技术完美地结合起来，从而弥补了传统 IP 网络的许多缺陷，它引入了"显式路由"机制，对 QoS 提供了更为可靠的保证。

以上 3 种体系结构仅仅是提供了一种在子网络域内实施 QoS 的框架结构，而具体的一些策略和相应的实现机制则由不同的厂商来决定。目前有关 IP QoS 的 4 种实现机制大致可归纳为队列管理机制、队列调度机制、基于约束的路由（CBR）和流量工程。

3. 移动 Ad hoc 网络中的 QoS 问题

移动 Ad hoc 网络的特殊性使得原有关于有线网络的 QoS 问题的研究成果不再适用，在 Ad hoc 网络中实现 QoS 将要面临以下困难：无线链路的时变特性导致链路性能无法预测，同时数据分组以广播的方式发送，引起了相互间的碰撞和干扰，最终导致链路带宽和延迟预测的不精确；移动终端有限的电池容量要求在提供 QoS 保障时必须要考虑如何节约能量以延长网络的生存时间；网络动态的拓扑结构导致难以精确地获得网络状态信息等。因此，Ad hoc 网络必须建立起适合自己特点的 QoS 模型，这是进行 QoS 研究的基础。目前对移动 Ad hoc 网络中 QoS 问题的研究主要集中在 Ad hoc 网络的 QoS 服务模型、QoS 媒体接入协议（即 MAC 协议）、QoS 信令，以及 QoS 路由等方面。这里仅介绍移动 Ad hoc 网络的 QoS 服务模型和 QoS 信令两类问题。

11.4.2 Ad hoc 网络的 QoS 服务模型

传统 Internet 上支持 QoS 服务的集成服务模型（Int-Serv/RSVP）和区分服务模型（Diff-Serv）都不支持 Ad hoc 网络的动态环境，就 RSVP 而言，网络中每个节点需要保存每个基于业务流的状态信息，随着网络拓扑的频繁变化，控制分组的开销急剧增长，Ad hoc 网络有限的带宽，以及节点有限的存储和处理能力将无力支持。NRSVP 扩展了 RSVP，使得资源预留能够在一个范围内进行，DRSVP 对应用请求进行判决并在此范围为该请求提供尽可能好的服务，从而实现应用请求的动态预约。预约请求的范围从能接受的最小服务级别到能利用的最大服务级别，然后在此范围内根据网络的可用资源进行自适应调整。预约请求的参数可以根据不同的网络模型和业务种类来确定。DRSVP 在基本不增加控制开销的基础上提高了资源的使用效率和协议的自适应性，但它仍旧无法克服基于 RSVP 协议开销较大、可扩展性不好的弱点，因此其应用于只局限于小型的 Ad hoc 网络。Diff-Serv 基于服务级别而不是而按照数据流的工作方式大大减少了控制开销，但是它也存在着服务级别如何划分，以及资源如何动态分配等问题。

针对移动 Ad hoc 网络的特点，研究者提出了首个 Ad hoc 网络的 QoS 模型 FQMM，该模型类似于 Diff-Serv，它沿用了 Diff-Serv 中对节点功能的划分，定义了三种类型的节点，即入口节点（Ingress Node）、内部节点（Interior Node）和出口节点（Egress Node）。入口节点指发送数据的源节点，内部节点指为其他节点转发数据的节点，出口节点指数据的目的节点，每个节点可以具有多重身份。FQMM 采用的是一种称为混合（Hybrid）模式的资源分配策略，它既支持 Int-Serv 的基于流的资源分配，又支持 Diff-Serv 的基于类的资源分配，对高优先级的业务提供基于业务流的资源分配方式，而低优先级的业务流则按照业务类型来分配资源，以减小节点需保存的基于流的状态信息，提高了 FQMM 的可扩展性。FQMM 还采用自适应的业务量调节机制来适应无线链路带宽的变化。

虽然 FQMM 采用了混合模式的资源分配策略，能够根据网络状态的变化自适应地调整工作方式，但是它仍旧存在着一些不足。例如，与 Diff-Serv 类似，仍旧没有很好地解决类的划分和资源分配问题，以及混合工作方式增大了网络节点处理的复杂程度等。

11.4.3 Ad hoc 网络的 QoS 信令

QoS 信令主要用于在 QoS 策略中预留和释放资源，以及协商、建立和取消业务流的连接。INSIGNIA 是一种专为移动 Ad hoc 网络设计的 QoS 带内信令协议，它支持 Best-Effort 和自适应的实时业务。INSIGNIA 提供 QoS 信令所需的流建立（Flow Setup）、流恢复（Flow Restoration）、软状态管理（Soft-State Management）、自适应调节（Adapation）和 QoS 报告（QoS Reporting）5 种操作，它们共同完成 QoS 信令功能。INSIGNIA 在选择路由时通过带内信令系统来适应网络资源的变化，与 RSVP 采用带外信令的方法不同，INSIGNIA 利用 IP 分组报头携带带内信令信息，其内容包括服务类型、有效载荷类型、带宽请求和带宽指示等，从而能够在新的路径上快速重建预约和重建链路，并能动态地增加和撤销数据流，对网络拓扑的动态变化做出快速反应。在 INSIGNIA 中提出了一种用于移动 Ad hoc 网络的业务流管理模型，它的目标是在 Ad hoc 网络中支持自适应的实时业务。各种业务流能够规定它们的最小和最大的需求带宽，而后由 INSIGNIA 根据网络资源来分配带宽。通过与允许控制模块相配合，INSIGNIA 可以为业务流分配相应的带宽或将它降级为尽力而为业务。由于 INSIGNIA 将信令信息与数据一起封装在 IP 包中，因而它能避免信令信息与数据包竞争无线信道，从而减小碰撞概率和信令协议的开销。但是，由于 INSIGNIA 采用基于流的资源预留策略，因此，对于节点的存储和处理能力仍有很高的要求，存在明显的可扩展性问题。另外，INSIGNIA 只支持 Best-Effort 和具有自适应能力的实时业务，这限制了它的应用范围。再有，尽管 INSIGNIA 能在一定程度上保证实时业务的带宽，却不能保证实时业务的时延，因此，对于实时业务，INSIGNIA 的支持能力也是有限的。

11.5　Ad hoc 网络的应用

11.5.1　Ad hoc 网络的应用领域

由于 Ad hoc 网络的特殊性，它的应用领域与普通的通信网络有着显著的区别，它适合用于无法或不便预先铺设网络设施的场合、需快速自动组网的场合等。针对 Ad hoc 网络的研究是因军事应用而发起的，因此军事应用仍是 Ad hoc 网络的主要应用领域，但是在民用方面，Ad hoc 网络也有非常广泛的应用前景，它的应用场合主要有以下几类。

（1）军事应用。军事应用是 Ad hoc 网络技术首先得到应用的领域，也是其最主要应用领域，因其特有的无须架设网络设施、可快速展开、抗毁性强等特点，它是数字化战场通信的首选技术。Ad hoc 网络技术已经成为美军战术互联网的核心技术，美军的近期数字电台和无线互联网控制器等主要通信装备都使用了 Ad hoc 网络技术。

（2）传感器网络。传感器网络是 Ad hoc 网络的另一重要应用领域，如图 11.4 所示，传感器网络是由一组集成有传感器、数据处理单元和通信模块的微型传感器以自组织方式构成的无线网络。传感器的发射功率很小，节点的通信距离较短，因此传感器网络适合采用 Ad hoc 网络的多跳传输方式将大量的传感数据传输给数据处理中心，这种网络具有非常广阔的应用前景，时下最热门的物联网就是一种基于传感器网络的物与物之间的互联网。如何改进 Ad hoc 网络技术，使其能够有效应用于传感器网络目前成为了一个研究热点。

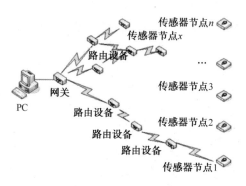

图 11.4　传感器网络

（3）紧急和临时场合。在发生了地震、水灾、强热带风暴或遭受其他灾难打击后，固定的通信网络设施（如有线通信网络、蜂窝移动通信网络的基站等网络设施、卫星通信地球站，以及微波接力站等）可能被全部摧毁或无法正常工作，对于抢险救灾来说，这时就需要 Ad hoc 网络这种不依赖任何固定网络设施又能快速布设的自组织网络技术。类似地，处于边远或偏僻野外地区时，同样无法依赖固定或预设的网络设施进行通信。Ad hoc 网络技术的独立组网能力和自组织特点，是这些场合通信的最佳选择。图 11.5 为 Ad hoc 网络在应急通信中的应用。

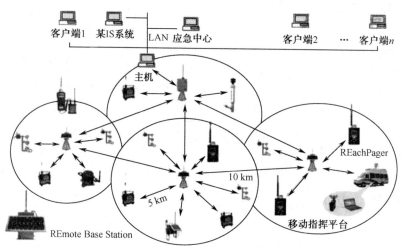

图 11.5　Ad hoc 网络在应急通信中的应用

（4）个人通信。个域网（Personal Area Network，PAN）是 Ad hoc 技术的另一应用领域。个域网就是在个人周围空间形成的无线网络，既然应用于人体附近，为了使用者的健康，就应降低无线电发射功率。Ad hoc 网络的多跳通信特点，可以尽量地降低个域网通信设备的发射功率。由于个域网所使用的设备都是短距离使用的设备，相对移动性较弱，因此在设计是不需要把移动性作为重点考虑。如图 11.6 所示，Ad hoc 不仅可用于实现 PDA、手机、手提电脑等个人电子通信设备之间的通信，还可用于个域网之间的多跳通信。

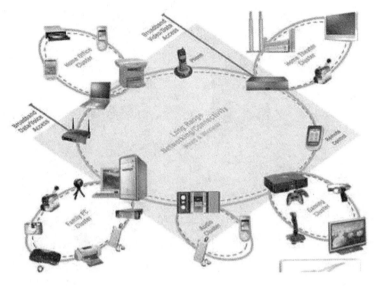

图 11.6　Ad-hoc 在个人通信中的应用

（5）与移动通信系统的结合。Ad hoc 技术具有设备简单、多跳通信的特点，使之成为当前各种通信系统研究引入的热门技术。蜂窝移动通信技术与 Ad hoc 技术相结合，可以提高系统覆盖范围、均衡邻区业务、提高小区边缘的数据速率等，还可以增强系统的适应性。在实际应用中，Ad hoc 网络除了可以单独组网实现局部的通信外，它还可以作为末端子网通过接入点接入其他的固定或移动通信网络，与 Ad hoc 网络以外的主机进行通信。因此，Ad hoc 网络也可以作为各种通信网络的无线接入手段之一。

（6）移动会议和协同工作。Ad hoc 网络不依赖路由器、AP 或基站等固定的基础通信设施，在移动会议中，能够快速组织搭建无线网络，方便快速地完成提问、讨论和交流等。类似地，在一些临时工作环境中，工作人员也可以通过 Ad hoc 网络系统快速地完成网络架设，完成邮件收发、资料共享，还能协同工作，进行会议讨论等。

（7）其他应用。由于 Ad hoc 网络的特性，它有很广泛的应用领域，可以用 Ad hoc 网络技术来组建家庭无线网络（HomeRF，见图 11.7）、远程医疗监护系统等，也可以用来实现地铁和隧道等场合的无线覆盖，实现车载通信系统和机载通信系统等交通工具之间的通信，如用于辅助教学，以及构建未来的移动无线城域网和自组织广域网等。

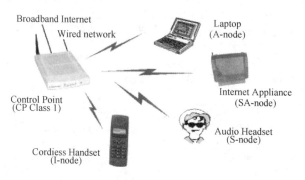

图 11.7　家庭无线网络 HomeRF

11.5.2　Ad hoc 传感器网络

1．体系结构

无线自组传感器网络的典型体系结构示意如图 11.8 所示，包括 4 类基本实体对象：目标、观测节点、传感节点及其构成的传感视场。另外，还需要定义远程任务控制单元和用户来完成对整个系统的刻画。

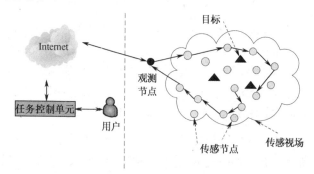

图 11.8　典型网络结构示意图

（1）目标（Target）。目标是指面向应用的信号源，通过目标的热、红外、声呐、雷达或地震波等信号，能获取包括温度、湿度、噪声或运动方向和速度等目标属性。可能的应用包括事件检测，目标定位、跟踪和识别等。

（2）传感节点（Sensing Node）。具有原始数据采集、本地信息处理，以及与其他节点协同工作的能力。传感节点通常包括四个基本组件：感知单元、处理单元、无线通信单元和电源。依据应用需求，它可能还有定位模块、能源补给模块或者移动模块。不同的传感节点可携带多个相同或不同的感知单元。节点间以无线多跳的无中心方式连接，网络拓扑动态可变。

传感节点数量众多且资源受限，单个节点只能采集有限围和类型的原始信号，进行本地信息的初步处理，在有限的存储空间保存有限时间内的处理结果。传感节点的信息获取范围称为该节点的传感视场（Sensor Field），网络中所有节点视场的集合称为该网络的传感视场。

传感节点的部署方式可以采用飞行器撒播、火箭弹射或者人工埋置等。

（3）观测节点（Observer Node）。观测节点在网内作为接收者（Sink）和控制者（Commander），被授权监听和处理网络的事件消息和数据，可向网络发布查询请求或派发任务。面向网外，它可作为中继（Relay）和网关（Gateway），通过 Internet 或者卫星链路连接远端控制单元和用户。

观测节点有两种工作模式，一种是响应式（Reactive），被动地由传感节点发出的感兴趣事件或消息触发；另一种是主动式（Proactive），周期地扫描网络和查询传感节点，其中响应式较常用。在一个无线传感器网络中，观测节点可以有一个或多个。

2．典型应用

无线自组传感器网络能实时感知和采集网络传感视场中被监测对象的感兴趣数据，通过节点自身处理和节点间协同处理获得所需信息并分发给相应用户，它可广泛应用于国防军事、安全反恐、环境监测、交通管理、医疗卫生、抗灾救险和工业生产制造等领域，典型应用包括：

- 监测和收集敌方部署，运动和其他感兴趣信息的军用传感器网络。
- 检测和标记化学、生物、放射、核、爆炸材料和攻击的安全反恐传感器网络。
- 监测草原、森林或海洋等环境及其变化的环境监控传感器网络。
- 监控高速公路和城市拥挤路口流量的交通管理传感器网络。
- 指示空闲车位的停车场车位传感器网络等。

3．基本功能

无线自组传感器网络是面向应用的，不同应用环境中的任务要求网络具有不同的功能，但仍可以抽取并定义不同应用共有的基本功能。

（1）给定区域中被观测对象的参数值测定：比如，在环境传感器网络中，对某位置点的温度，气压或相对湿度等参数的测定，传感节点可同时装备多个感知设备，能以不同的采样速率对不同的信号源进行数据采集和分析。

（2）感兴趣事件的检测和相关参数估计：比如，在交通传感器网络中，当车辆通过十字路口时将触发事件，并估计车辆的运行速度和方向。

（3）对被观测对象的分类和识别：比如，在交通传感器网络中，判断当前通过车辆的类型。

（4）对被观测对象的定位和跟踪：比如，在军用传感器网络中，对敌方运动坦克目标的定位和跟踪。

11.6 本章小结

本章首先简要概述了 Ad hoc 技术的起源与发展，并介绍了 Ad hoc 的特点和关键技术等；接着重点介绍了 Ad hoc 技术的 MAC 协议和路由协议；然后介绍了移动 Ad hoc 网络的 QoS 相关研究，包括 QoS 服务模型、QoS 信令等；最后介绍了 Ad hoc 技术的应用。

Ad hoc 网络是一种新颖的移动计算机网络的类型，它既可以作为一种独立的网络运行，也可以作为当前具有固定设施网络的一种补充形式。其自身的独特性，赋予了其巨大的发展前景。在 Ad hoc 网络的研究中还存在许多亟待解决的问题，如设计具有节能策略、安全保障、组播功能和 QoS 支持等扩展特性的路由协议，以及 Ad hoc 网络的网络管理等。

思考与练习

（1）简述 Ad hoc 网络的特点。

（2）简述 Ad hoc 网络的关键技术。

（3）简述 Ad hoc 网络信道接入公平性原理。

（4）如何理解节能 MAC 协议？

（5）移动 Ad hoc 的单播协议有哪些？

（6）移动 Ad hoc 的多播协议根据拓扑结构分类有哪些？

（7）简述移动 Ad hoc 网络的 QoS 问题。

（8）简要描述移动 Ad hoc 网络的应用有哪些？

参考文献

[1] 郑少仁，王海涛，赵志峰，等. Ad hoc 网络技术[M]. 北京：人民邮电出版社，2005.

[2] 郑相全，等. 无线自组网技术实用教程[M]. 北京：清华大学出版社，2004.

[3] 王金龙，王呈贵，吴启晖，等. Ad hoc 移动无线网络[M]. 北京：国防工业出版社，2004.

[4] Ad hoc. 百度百科[EB/OL]. http://baike.baidu.com/view/28428.htm.

[5] 英春，史美林. 自组网体系结构研究[J]. 通信学报，1999, 20(9): 47-54.

[6]　杨盘龙，郑少仁. Ad hoc 网络中的路由算法[J]. 无线电工程，2001, 31(9):46-50.

[7]　曹常义，程青松. Ad hoc 技术与 WMANET 网络体系结构[J]. 通信世界，2003, 9(1): 43-45.

[8]　岳然. 基于 Ad hoc 网络的 MAC 协议的研究[D]. 哈尔滨：哈尔滨工业大学，2007.

[9]　向阳. 移动 Ad hoc 网络 QoS 路由技术研究[D]. 武汉：武汉理工大学，2007.

[10]　孙强. 移动 Ad hoc 网络高能效路由技术的研究[D]. 武汉：武汉理工大学，2007.

[11]　黎宁. Ad hoc 网络节能机制研究[D]. 南京：解放军理工大学，2003.

[12]　黄全乐. Ad hoc 网络的发展及其在军事通信中的应用[J]. 国防技术基础，2006(12): 42-46.

[13]　赵志峰，郑少仁. Ad hoc 网络信道接入技术研究[J]. 解放军理工大学学报，2001(3): 47-51.

[14]　R. Bhatia, L. Li, H. Luo, R. Ramjee. ICAM: integrated cellular and Ad hoc multicast Mobile Computing[J]. IEEE Transactions on Mobile Computing, 2006, 5(8): 1004-1015.

[15]　Liu Kun, Walaa Hamouda, A. Youssef. WSN07-5: Performance of directional MAC protocols in Ad-Hoc networks over fading channels[C]//IEEE Global Telecommunications Conference, 2006: 1-5.

[16]　Z. Li, A. Das, A.K. Gupta, et al. Full auto rate MAC protocol for ireless Ad hoc networks[J]. IEE Proceedings Communications, 2005, 152(3): 311- 319.

[17]　S.Roy, J.R. Foerster, V.S. Somayazulu. Ultrawideband Radio design: The Promise of High-Speed, Short-Range Wireless Connectivity[J]. Proceedings of the IEEE, 2004, 92(2): 295- 311.

[18]　R.R. Choudhury, Yang Xue, R. Ramanathan, et al. On designing MAC protocols for wireless networks using directional antennas. Mobile Computing[J].IEEE Transactions on Mobile Computing, 2006, 5(5): 477- 491.

[19]　Yang X., G. deVeciana. Inducing multiscale clustering using multistage MAC contention in CDMA Ad hoc networks[J]. IEEE/ACM Transactions on Networking, 2007, 15(6): 1387-1400.

[20]　Chiu ChunYuan, E.H.-K Wu, Chen Gen-Huey. A reliable and efficient MAC layer broadcast protocol for mobile Ad hoc networks[J]. IEEE Transactions on Vehicular Technology, 2007, 56(4): 2296- 2305.

[21]　Y. Pan, W Hamouda, A. Elhakeem. An efficient medium access control protocol for mobile Ad hoc networks using antenna arrays[J]. Canadian Journal of Electrical and Computer Engineering, 2007, 32(1): 19- 25.

[22]　B. Bensaou, Fang ZuYuan. A fair MAC protocol for IEEE 802.11-based Ad hoc networks: design and implementation[J]. IEEE Transactions on Wireless Communications, 2007, 6(8): 2934- 2941.

[23]　H. Zhai, X. Chen, Y. Fang. Improving transport layer performance in multihop Ad hoc networks by exploiting MAC layer information[J].IEEE Transactions on Wireless Communications, 2007, 6(5):1692-1701.

[24]　A. Al Parvez, M.A. Khan, M.E. Hoque. Performance evaluation of TH-BPPM and TH-BPAM with private MAC in UWB Ad-hoc networks[C]//The 9th International Conference on Advanced Communication Technology, 2007, 1: 852- 857.

[25]　Burlacu Mihai. Ultra wide band technologies[C]//Ad hoc Mobile Wireless Networks Research Seminar on

Telecommunications Software, 2002: 1-14.

[26]　C.E. Perkins, P. Bhagwat. A mobile networking system based on Internet protocol. Personal Communications[J]. IEEE Personal Communications, 1994, 1(1): 32-41.

[27]　J. Xie, A. Das, S. Nandi, et al. Improving the reliability of IEEE 802.11 broadcast scheme for multicasting in mobile Ad hoc networks[J]. IEE Proceedings Communications, 2006, 153(2): 207-212.

[28]　S. R. Das, C.E.Perkins, E.M.Royer, et al. Performance comparison of two on-demand routing protocols for Ad hoc networks[J]. IEEE Personal Communications, 2001, 8(1): 16-28.

[29]　P. Karn. MACA: a new channel access method for packet radio networks[J]. IEEE Transactions on Magnetics, 1997, 33(5): 3631-3633.

ACL	Asynchronous Connection-Less	异步无连接
AES	Advanced Encryption Standard	高级加密标准
AGC	Automatic Gain Control	自动增益控制
AIT	Artificial intelligence technology	人工智能技术
AMPS	Advanced Mobile Phone System	高级移动电话系统
AODV	Ad-hoc On-demand Distance Vector routing	按需距离矢量路由
AP	Access Point	接入点
API	Application Program Interface	应用程序接口
APS	Application Support Sub-Layer	应用支持子层
ARQ	Automatic Repeat Request	自动重传请求
ASK	Amplitude Shift Keying	幅移键控
ATM	Asynchronous Transfer Mode	异步传输模式
BAP	Bluetooth Access Point	蓝牙接入点
BRS	Bluetooth Routing Scheme	蓝牙路由机制
BS	Base Station	基站
BSI	British Standards Institution	英国标准协会
BSS	Basic Service Set	基本业务集
BWA	Broadband Wireless Access	宽带无线接入
C/S	Client/Server	客户机/服务器
CA	Certificate Authority	认证中心
CBR	Constant Bit Rate	恒定比特率
CCIR	Consultative Committee of International Radio	国际无线电咨询委员会
CCK	Complementary Code Keying	补码键控

续表

CCH	Broadcast Control Channel	广播控制信道
CDMA	Code Division Multiple Access	码分多址
CES	Consumer Electronics Show	消费电子产品大展
CN	Core Net	核心网
CPU	Central Processing Unit	中央处理器
CR	cognitive Radio	认知无线电
CRC	Cyclic Redundancy Check	循环冗余校验
CS	Circuit Switch	电路交换
CSCF	Call Session Control Function	呼叫会话控制
CSK	Color Shift Keying	色移键控
CSMA/CA	Carrier Sense multiple Access with Collision Avoidance	载波监听多路访问/冲突避免
CSMA/CD	Carrier Sense Multiple Access with Collision Detection	带有冲突检测的载波侦听多路存取
CVD	Color Visibility Dimming	颜色能见度渐变
CVSD	Continuous Variable Slope Delta Modulation	连续可变斜率增量调制
DAC	Device Access Code	设备访问码
DAMPS	Digital Advanced Mobile Phone System	高级数字移动电话系统
DARPA	Defense Advanced Research Projects Agency	（美国）国防高级研究计划局
DCF	Distributed Coordination Function	分布式协调功能
DCH	Dedicated Channel	专用信道
DCM	Dual Carrier Modulation	双载波调制
DECT	Digital Enhanced Cordless Telephone	数字增强无绳电话
DHCP	Dynamic Host Configuration Protocol	动态主机配置协议
DLCI	Data Link Connection Identifier	数据链路连接标识符
DMT	Discrete Multi-tone	离散多音调制
DPPM	Differential Pulse Position Modulation	差分脉冲位置调制
DQPSK	Differential Quadrature Phase Shift Keying	差分四相相移键控
DSSS	Direct-Sequence Spread Spectrum	直接序列扩频
DTS	Draft Technical Specification	技术规范草案
EAN	European Article Number	欧洲商品编码
EAP	Extensible Authentication Protocol	可扩展身份验证协议
EEPROM	Electrically Erasable Programmable Read - Only Memory	电可擦只读存储器

EHF	Extremely High Frequency	极高频
EIRP	Equivalent Isotropic Radiated Power	等效全向辐射功率
EPC	Electronic Product Code	产品电子代码
EPOSS	European Platform on Smart Systems	欧盟智慧系统整合科技联盟
E-UTRAN	Evolved UMTS Terrestrial Radio Access Network	演进的 UMTS 陆地无线接入网
FCC	Federal Communications Commission	（美国）联邦通信委员会
FCS	Fast Cell Selection	快速蜂窝选择
FDMA	Frequency Division Multiple Access	频分多址
FDX	Full Duplex	全双工
FEC	Forward Error Correction	向前纠错
FFD	Full Function Device	全功能设备
FH	Frequency Hopping	跳频
FHSS	Frequency Hopping Spread Spectrum	跳频扩频
FIFO	First In First Out	先入先出
FIR	Fast Infrared	快速红外协议
FM	Frequency Modulation	频率调制
FPGA	Field Programmable Gate Array	现场可编程门阵列
FSK	Frequency Shift Keying	频移键控
GAP	Generic Access Profile	通用接入子集
GFSK	Gaussian Frequency Shift Keying	高斯频移键控
GOEP	Generic Object Exchange Profile	通用对象交换协议子集
GPS	Global Position System	全球定位系统
GSM	Global System For Mobile Communication	全球移动通信系统
HCI	Host Controller Interface	主机控制器接口
HDLC	High-level Data Link Control	高级数据链路控制
HDX	Half Duplex	半双工
HF	High Frequency	高频
HSI	High Speed Interface	高速率接口
HSS	Home Subscribe Server	用户归属服务器
IAC	Inquiry Access Code	查询访问码
IAP	Information Access Protocol	信息获取协议

IEC	International Electrotechnical Commission	国际电工委员会
IEEE	Institute of Electrical and Electronic Engineers	（美国）电气和电子工程师协会
IFD	Interface Device	接口设备
IFRB	International Frequency Registration Board	国际频率登记委员会
IFS	Inter Frame Space	帧间隔
IMT-2000	International Mobile Telecommunications 2000	国际移动通信 2000
IMTS	Improved Mobile Telephone Service	改进型移动电话业务
IOT	Internet of Things	物联网
IrCOMM	Infrared Communication	红外通信
IrDA	Infrared Data Association	红外数据协会
IrLAN	Infrared Local Net	红外局域网
IrLAP	Infrared Link Access Protocol	红外链接访问协议
IrLMP	Infrared Link Management Protocol	红外链接管理协议
IrOBEX	Infrared Object Exchange	红外对象交换协议
IrPHY	Infrared Physical Layer Link Specification	红外物理层链接规范
ISDN	Integrated Service Digital Network	综合业务数字网
ISL	Inter-Satellite Link	卫星之间的链路
ISM	Industry Scientific Medical	工业科学医疗
ISO	International Organization for Standardization	国际标准化组织
ISI	InterSymbol Interference	码间串扰
IT	Information Technology	信息技术
ITU	International Telecommunication Union	国际电信联盟
JEITA	Japan Electronics and Information Technology Industries Association	日本电子信息技术产业协会
L2CAP	Logical Link Control and Adaptation Protocol	逻辑链路控制与适配协议
LAN	Local Area Network	局域网
LDPC	Low Density Parity Check	低密度奇偶校验
LED	Light Emitting Diode	发光二极管
LF	Low Frequency	低频
Li-Fi	Light Fidelity	光保真
LLC	Logical Link Control	逻辑链路控制
LMP	Link Manager Protocol	链路管理协议

LOS	Line of Sight	视距
LQI	Link Quality Indication	链路质量指示
LSAP	Link Service Access Point	链路服务访问点
LTE	Long Term Evolution	长期演进计划
MAC	Media Access Control	介质访问控制
MAN	Metropolitan Area Network	城域网
MCU	Micro Controller Unit	微控制器
ME	Mobile Equipment	移动设备
MIMO	Multiple Input Multiple Output	多输入多输出
MPPM	Multiple Pulse Position Modulation	多脉冲位置调制
MSC	Mobile Switching Center	移动交换中心
MSDU	Medium Service Data Unit	介质服务数据单元
MSK	Minimum Shift Keying	最小移位键控
MT	Mobile Terminal	移动终端
MTU	Maximum Transmission Unit	最大传输单元
MW	Microwave	微波
NDM	Normal Disconnect Mode	常规断开模式
NFC	Near Field Communication	近场通信
NLOS	Non Line Of Sight	非视距
NRM	Normal Response Mode	常规响应模式
OBEX	Object Exchange Protocol	对象交换协议
OFDM	Orthogonal Frequency Division Multiplexing	正交频分复用
ONS	Object Name Service	对象名解析服务
OOK	On-Off Keying	开关键控
OSI	Open System Interconnection	开放系统互连
PAM	Pulse Amplitude Modulation	脉冲调幅（脉幅调制）
PAN	Personal Area Network	个人局域网或个域网
PAPR	Peak-to-Average Power Ratio	峰均值功率比
PC	Personal Computer	个人计算机
PC	Point Coordinator	协调点
PCF	Point Coordination Function	点协调功能

续表

PCM	Pulse Code Modulation	脉冲编码调制
PDA	Personal Digital Assistant	掌上电脑
PDH	Pseudo-synchronous Digital Hierarchy	准同步数字系列
PDU	Protocol Data Unit	协议数据单元
PHY	Physical Layer	物理层
PIN	Personal Identification Number	个人识别码
PJM	Phase Jitter Modulation	相位抖动调制
PLC	Power Line Communication	电力线通信
PoE	Power over Ethernet	以太网供电
PPM	Pulse Position Modulation	脉冲相位调制
PPP	Point-to-Point Protocol	点对点协议
PPR	Packet Packaged Restructuring	数据包打包重组
PRNET	Packet Radio Network	分组无线网
PSK	Phase shift keying	相移键控
PSK	Pre Shared Key	预共享密钥
PSD	Power Spectrum Density	功率谱密度
QAM	Quadrature amplitude modulation	正交振幅调制
QoS	Quality of Service	服务质量
QPSK	Quadrature Phase Shift Keying	正交相移调制
RF	Radio Frequency	射频
RFD	Reduced Function Device	简化功能设备
RFID	Radio Frequency Identification	射频通信
RPC	Remote Procedure Call	远程过程调用
RSN	Robust Security Network	健壮安全网络
SAR	Segmentation and Reassembly	分段与重组
SC	Single Carrier	单载波
SCO	Synchronous Connection-Oriented	同步面向连接
SDAP	Service Discovery Application Profile	服务发现应用规范
SDH	Synchronous Digital Hierarchy	同步数字体系
SDLC	Synchronous Data Link Control	同步数据链路控制
SDMA	Space Division Multiple Access	空分多址

SDP	Service Discovery Protocol	服务发现协议
SDU	Service Data Unit	服务数据单元
SIG	Special Interest Group	蓝牙特殊利益集团
SIR	Serial Infrared	串行红外协议
SNR	Signal to Noise Ratio	信噪比
SoC	System on Chip	片上系统
SPI	Serial Peripheral Interface	串行外围设备接口
SPP	Serial Port Profile	串口协议子集
SRAM	Static Random Access Memory	静态随机存储器
SSID	Service Set Identifier	服务集标识符
SWAP	Shared Wireless Access Protocol	共享无线接入协议
TDD	Time Division Duplex	时分双工
TDMA	Time Division Multiple Access	时分多址
TD-SCDMA	Time Division-Synchronization Code Division Multiple Access	时分同步码分多址
TKIP	Temporal Key Integrity Protocol	暂时秘钥集成协议
TTP	Tiny Transport Protocol	微型传输协议
UART	Universal Asynchronous Receiver/Transmitter	通用异步接收/发射器
UCC	Uniform Code Council	代码一体化委员会
UDP	User Datagram Protocol	用户数据报协议
UHF	Ultra High Frequency	超高频
UI	User Interface	用户界面
UID	Ubiquitous ID	泛在识别
UMTS	Universal Mobile Telecommunication System	通用移动通信系统
UPC	Universal Product Code	统一商品编码
UWB	Ultra Wide Band	超宽带
VFIR	Very Fast Infrared	特速红外
VHF	Very High Frequency	甚高频
VLC	Visible Light Communication	可见光通信
VLCC	Visible Light Communications Consortium	可见光通信协会
VPN	Virtual Private Network	虚拟专用网
VPPM	Variable Pulse Position Modulation	可变脉冲位置调制

WAE	Wireless Application Environment	无线应用环境
WAP	Wireless Application Protocol	无线应用协议
WBFH	wide band frequency hopping	宽带跳频
WCDMA	Wideband Code Division Multiple Access	宽带码分多址
WDM	wavelength-division multiplexing	波分复用
WEP	Wired Equivalent Privacy	有线等价私密
WG	Work Group	工作组
Wi-Fi	Wireless Fidelity	无线保真
WiGig	Wireless Gigabit	无线千兆比特
WiMAX	Worldwide interoperability for Microwave Access	全球微波接入互操作性
WLAN	Wireless Local Area Network	无线局域网
WMAN	Wireless Metropolitan Area Network	无线城域网
WML	Wireless Markup Language	无线标记语言
WMN	Wireless Mesh Network	无线网状网
WPAN	Wireless Personal Area Network	无线个域网
WSIS	World Summit on the Information Society	信息社会世界峰会
WSN	Wireless Sensor Network	无线传感器网络
WWAN	Wireless Wide Area Network	无线广域网
XML	extensible Markup Language	可扩展标识语言
ZBR	ZigBee Routing	ZigBee 路由
ZDO	ZigBee Device Object	ZigBee 设备对象